W0473297

RANDONNÉES

Vers les LACS & SOMMETS

PYRÉNÉES

À LA MÉMOIRE DE GEORGES VÉRON

Je l'avais rencontré pour la première fois le 10 juillet 1971, au col d'Aratille (2 528 m), alors que j'entreprenais la "Traversée des Pyrénées" d'Hendaye à Collioure, avec mon ami Michel Soula.

Curieuse coïncidence, Georges Véron était là, lui, pour parfaire et peaufiner la H.R.P. (Haute Randonnée Pyrénéenne), son itinéraire idéal pour cette entreprise qu'il avait réalisée peu d'années auparavant.

Une preuve qu'il travaillait toujours à ses livres avec beaucoup de passion,
mais aussi avec beaucoup de rigueur et d'exigence.

Tous ses topos-guides ont été rédigés avec les mêmes scrupules et le même sérieux.

Il fut le maître en ce domaine.
Et des milliers de montagnards ont entrepris et réussi leurs ascensions grâce à ses ouvrages et à son travail minutieux.

Sa passion et son amour des Pyrénées palpitaient tout au long des descriptions de ses itinéraires ; passion et amour qu'il transmettait ainsi à ses lecteurs.

JACQUES JOLFRE

Randonnées

Vers les LACS & SOMMETS

PYRÉNÉES

RANDO éditions

PYRÉNÉES-ATLANTIQUES

HAUTES-PYRÉNÉES

HAUTE-GARONNE

ARIÈGE

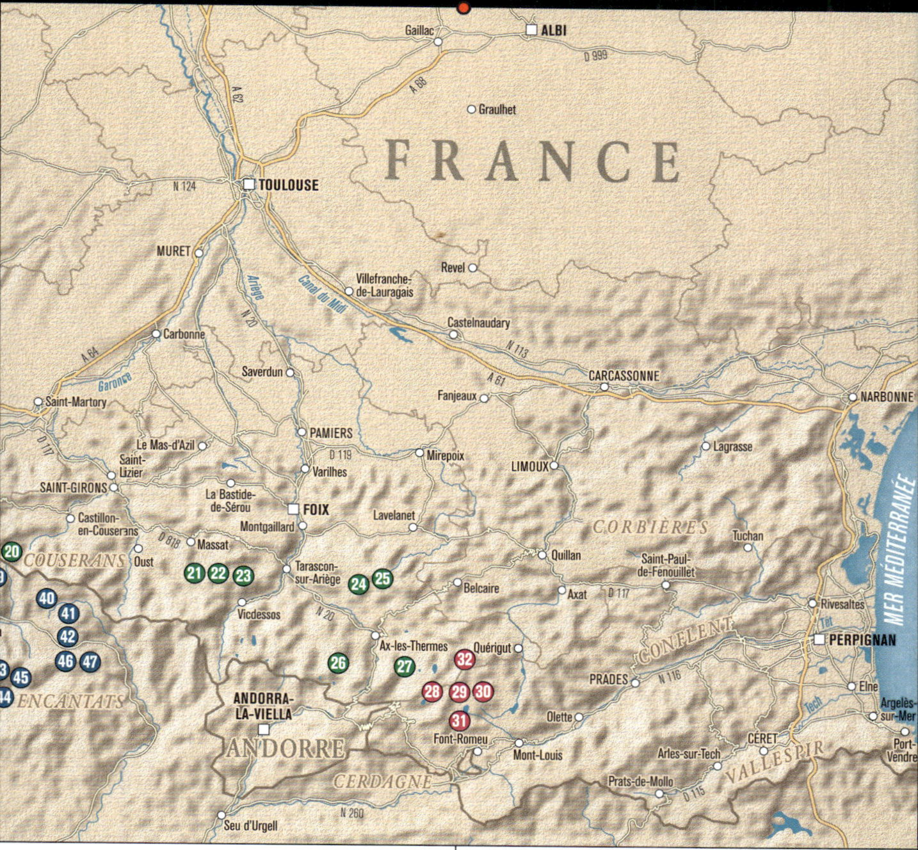

ALBI
Gaillac
D 999
A 68
A 62
Graulhet
FRANCE
TOULOUSE
N 124
MURET
Revel
Ariège
Canal du Midi
Villefranche-de-Lauragais
N 20
Castelnaudary
Carbonne
N 113
A 64
Saverdun
A 61
CARCASSONNE
Garonne
Fanjeaux
NARBONNE
Saint-Martory
PAMIERS
D 117
Le Mas-d'Azil
D 119
Mirepoix
Lagrasse
Saint-Lizier
Varilhes
LIMOUX
SAINT-GIRONS
La Bastide-de-Sérou
FOIX
Castillon-en-Couserans
Montgaillard
Lavelanet
CORBIÈRES
Tuchan
D 618
Massat
Quillan
Saint-Paul-de-Fenouillet
COUSERANS
Oust
Tarascon-sur-Ariège
Belcaire
Axat
D 117
Rivesaltes
Vicdessos
N 20
Têt
CONFLENT
PERPIGNAN
Ax-les-Thermes
Quérigut
MER MÉDITERRANÉE
PRADES
N 116
Elne
ANDORRA-LA-VIELLA
Olette
Argelès-sur-Mer
Tech
ENCANTATS
Font-Romeu
CÉRET
Port-Vendres
ANDORRE
Mont-Louis
Arles-sur-Tech
VALLESPIR
CERDAGNE
Prats-de-Mollo
D 115
N 260
Seu d'Urgell
20
21
22
23
24
25
26
27
28
29
30
31
32
40
41
42
45
46
47

LE LAC DE PEYREGET 2 074 m & LE PIC DE PEYREGET 2 487 m

EN CIRCUIT, DEPUIS LE LAC (PARKING) DE BIOUS-ARTIGUES (1 422 m)

1 Le lac de Peyreget ? Simple, discret certes, mais sa modestie est rehaussée par sa plage herbeuse où des randonneurs ont édifié des murets pour bivouaquer ; elle est grandie par la stature vertigineuse de l'Ossau. Non ! On ne se lassera pas de passer là des heures à regarder, à rêver, à méditer, à se fondre dans la nature enfantée à l'ère primaire, il y a quelque 350 millions d'années…
Le pic de Peyreget, lui, donne une vue stupéfiante sur l'Ossau dont on découvre une face inhabituelle. À cette vision s'ajoute un panorama en cinémascope sur 180°. Du Balaïtous, à l'est, jusqu'à l'Anie, à l'ouest.

ACCÈS ROUTIER

Carte Michelin n° 342 Local - Case J 5 (bas, gauche)

ACCÈS/DÉPART

Au sud de Pau, prendre la D 934 en direction du col du Pourtalet. À la sortie de Gabas, on s'engagera, par la droite, sur la petite D 231, goudronnée et bonne (mais parfois étroite) jusqu'à son terminus : un grand parking à la hauteur du barrage de Bious-Artigues (1 422 m).

HORAIRES

- jusqu'au lac de Peyreget : 2h20 (aller)
- jusqu'au pic de Peyreget : + 1h10 (aller), soit 3h30 au total
- pour le circuit complet : 7h30

DIFFICULTÉS

- jusqu'au lac et pic de Peyreget : aucune
- pour le circuit complet : pour montagnards et randonneurs très bons marcheurs

DÉNIVELÉES

- jusqu'au lac de Peyreget : 660 m
- jusqu'au pic de Peyreget : + 420 m, soit 1 080 m au total
- pour le circuit complet : 1 300 m env.

CARTES

Rando Éditions n° 3 Béarn, au 1/50 000
IGN Top 25 n° 1547 OT, au 1/25 000

INFORMATION

Toutes formes de camping (tente, bivouac, camping-car, etc.) sont formellement interdites. Seul point autorisé : le terrain de camping au-dessous du lac de Bious-Artigues (1 302 m), "Camping de Bious-Oumette" - Parc National - 64440 Gabas - Tél. : 05 59 05 38 76 (60 emplacements)

Le petit lac et le refuge de Pombie

LE LAC DE PEYREGET 2 074 m

0h00 Nous abandonnerons notre voiture sur le grand parking de Bious-Artigues, s'il y a de la place, car en été… Source à une centaine de mètres du départ. Nous longeons la berge par la gauche, empruntant un large chemin (GR 10) presque horizontal qui, à l'extrémité amont, montera calmement par un délicieux sous-bois.

0h30 Sortant de la forêt, nous débouchons sur un immense plateau coupé en deux, dans le sens de la longueur par un torrent assagi et paressant en méandres : le gave de Bious. Panneau : *"Pombie par Peyreget : 2h30"* ; voilà notre direction bien indiquée, quant à l'horaire, nous pourrions dire, comme Cyrano, *"c'est un peu court, jeune homme"*.

Un petit pont enjambe le ruisseau (nous entrons dans le Parc National), et devant nous se déroule la vallée de Bious, aussi plate et aussi grande qu'un aérodrome, barrée par une haute crête où se dressent, entre autres, deux sommets trapus : le pic de Castereau et la Pène de Peyreget. Marche plane, facile et rapide. Le soleil caresse les cimes, puis les

inonde graduellement de sa lumière jaunâtre, tandis que les deux versants demeurent encore vêtus du vert foncé des forêts de sapins. Avant le haut du vallon et sur la gauche, un sentier zigzague sur la pente ; ce sera la voie pour le retour, en fin de journée.

0h45 Un panneau cloué sur un poteau n'apporte rien de nouveau. Seulement, il manque le principal (tombé ou arraché) qui devait indiquer sur la gauche le départ du GR menant au lac de Peyreget (nous déboucherons ici, au retour de notre circuit). Continuons notre chemin (une piste, plutôt).

0h55 Sur la droite (alt. : 1 566 m), un ruisseau dévale la pente, à la base d'une falaise où bute et finit la forêt de sapins. Un petit détour d'une dizaine de min nous amènerait à un porche de grotte qui expulse ces eaux. Éclairage en main, au bout de quelques mètres, nous stopperions à la base d'une cascade provenant des "entrailles" de la montagne. Son origine ? Tout simplement, l'exutoire du lac de Roumassot (à 1 812 m d'alt.) qui déverse son trop-plein dans un gouffre ! La première exploration (descente intégrale de 212 m) fut réalisée en 1956 par le spéléologue Pierre Minvielle. La piste, cimentée ici, attaque la pente assez relevée.

1h05 La grande et belle cabane du Cap de Pount (1 643 m) est en vue. Nous devons quitter la piste et nous y diriger. Un panneau sur un mur propose : *"Vente directe : fromage de brebis"*.

De là, et partant à angle aigu, un sentier (cairns) louvoie vers le nord pour s'infiltrer dans un couloir. Celui-ci passé, le terrain s'élargit en pelouse ; l'itinéraire se poursuit vers l'est, presque rectiligne, et monte encore (c'est normal !). Ignorer un sentier horizontal qu'il recoupe. Plus haut, orties, odeurs de… moutons, de vaches et de chevaux, parc grillagé. Nous arrivons à…

1h45 La cabane de Peyreget (1 928 m), sur la droite. Une belle cabane, ancienne mais restaurée en 1992, réservée au berger (fermée), mais dont une pièce (ouverte) peut recevoir quatre ou cinq randonneurs. Sans confort, nue, juste une table, mais très propre. Eau courante juste à l'entrée. De ce refuge, nous partons vers la gauche (nord, petite sente) afin de rejoindre, en trois minutes, le *"GR du tour du pays d'Ossau"* (cf. carte IGN). Maintenant, la clarté du sentier est telle qu'aucun souci de recherche ne viendra nous troubler. Nous avons tout loisir de "décrypter" notre progression sur un terrain étonnant.

D'abord, sur la gauche, l'Ossau (2 882 m). Sur la droite, donc, se développe le lapiaz de Peyreget, paradis des spéléologues. Là, en 1973 et 1974, deux grands gouffres y furent découverts et explorés ; l'un – le *"Gouffre-perte de la cabane de Peyreget"* – profond de 200 m, l'autre – le *"Gouffre Blanc"* –, profond de 169 m pour un développement de près d'un kilomètre !

Le lac de Peyreget

Toute cette rétrospective nous a tellement occupé l'esprit que c'est avec étonnement que nous arrivons – déjà ! – au…

2h20 Lac de Peyreget (2 074 m). Une grande place herbeuse, la haute stature de l'Ossau : un cadre de haute montagne impressionnant, hors du commun. Pas un bruit, pas un murmure ; juste les clochettes de centaines de moutons animent ces lieux. Mais, n'en restons pas là. Le "spectacle" se poursuit encore.

LE PIC DE PEYREGET 2 487 m

À quelques mètres au-dessus du lac (sud), deux itinéraires s'opposent et pourtant convergeront pour notre circuit prévu. Nous délaisserons le GR qui grimpe sur la droite pour franchir le col d'Iou (nous reviendrons par là) pour suivre, plein est, le petit sentier qui nous mènera sur le col de Peyreget. La vue de ce col, quelques cairns rassurants font de cette montée un moment d'insouciance.

2h30 Un minuscule laquet ne retiendra pas l'attention tant est grande notre impatience d'arriver au col. Un chaos à traverser, mais la netteté du sentier (avec cairns et balisage trait jaune) s'impose au milieu des blocs, et nous voici au…

3h00 Col de Peyreget (2 330 m). L'Ossau écrase encore et toujours de sa masse vertigineuse. Au-delà du col (300 m plus bas) : le refuge de Pombie avec ses lacs, et à l'horizon, se détachant sur le ciel pur et bleu, le Palas, le Balaïtous, les Frondellas.

Nous dégusterons tout cela une fois le sommet de Peyreget atteint. Son ascension n'est qu'une simple marche, malgré les 400 m de dénivelée à grimper encore. Il suffit de suivre les cairns et de nous fier à notre instinct de montagnard. La voie suit d'abord la croupe nord-sud, avec de beaux coups d'œil sur Pombie et ses lacs, puis elle s'oriente délibérément vers le pic où nous prenons pied…

3h30 Sommet-belvédère du Peyreget (2 487 m) ! Un panorama sur 180°, sans aucun obstacle. Donnons quelques noms, d'est en ouest : Palas, Balaïtous, Frondellas, Enfer ; et, au-delà du col du Pourtalet, lui juste sous nos yeux, un enchevêtrement de massifs et de pics difficiles à identifier en détail dans le flou de la brume d'été : Tendeñera, Collarada, massif d'Aspe, crête de Bernera, Visaurin, et, tout au fond à l'ouest, les blancs sommets (blancs parce que calcaires) de Peña Forca, Acherito, Ansabère, Trois Rois, Anie, Orgues de Camplong…

Et au nord, une montagne unique et magique barre tout l'horizon : l'Ossau avec ses quatre pointes. Ses parois altières nous renverront peut-être, en échos dispersés, des cliquetis de mousquetons, des tintements de pitons, des appels, car des grimpeurs se mesurent sans cesse à ces aiguilles du vertige.

Un solide casse-croûte, puis reprenant le sac à dos et le bâton du pèlerin, nous rejoignons…

3h50 Le col de Peyreget. Le retour en circuit, bien que long, sera d'une grande clarté parce que toujours sur chemin ou sur sentier bien net. Aussi, ne donnerons-nous que quelques repères. Du col, nous dégringolerons le sentier qui zigzague sur la pente, nous approchant d'un lac caché, puis d'un second et enfin d'un troisième sur lequel – surface de miroir – se réfléchit…

4h30 Le refuge de Pombie (2 031 m). Eau à proximité. Gardé du début juin au début octobre. Tél. : 05 59 05 31 78. 48 places. Gestionnaire : le CAF de Pau. Réservation pour groupes importants deux mois à l'avance ; pour les individuels : 48 heures. Sage précaution !

C'est ici que passe (du nord au sud) le grand sentier du "GR du tour du Midi d'Ossau" que nous retrouvons, en fait, après l'avoir quitté au lac de Peyreget. Nous nous dirigerons vers le sud (direction col du Pourtalet) pour atteindre tranquillement, par une douce montée d'une centaine de mètres (en dénivellation)…

4h55 Le col de Soum de Pombie (2 129 m). Cairn énorme. Vue sur le col du Pourtalet. C'est à ce cairn qu'il faut tourner à droite (ouest, aucun panneau indicateur !) pour gagner le petit col d'Iou (2 194 m). Vous vous souvenez ? Ce col entrevu depuis le lac de Peyreget (voir à 2h20).

Ce cheminement presque rectiligne (est-ouest) longe la base (face sud) du pic de Peyreget. Marche "pépère" puisque horizontale, et même légèrement descendante. Vaste vallon sur la gauche (cirque d'Anéou) barré au sud par une longue crête bornée par les pics d'Anéou, Canaourouye, d'Astu. Dix min plus tard, le bon sentier remonte lentement mais gentiment pour nous déposer au…

5h40 Col de l'Iou (2 194 m). Nous reconnaissons sous nos pieds le lac de Peyreget et le sempiternel Ossau ! De ce promontoire, la vue sur ce site est une grande récompense pour notre détour en circuit. Il ne reste plus qu'à descendre sur…

5h55 Le lac de Peyreget. Nous poursuivrons la descente jusqu'à la…

6h10 Hauteur de la cabane de Peyreget (sur la gauche) que nous ne rejoindrons pas, préférant poursuivre notre retour sans quitter notre bon GR. Il va osciller en longs et nombreux lacets sur le versant pentu et traverser un bois de sapins à l'ombre bienfaisante. Puis, il nous déposera en plein milieu du vallon de Bious. Où ? Au…

6h50 Poteau-repère vu à la montée (voir à **0h45**). Finie la descente "casse-genoux". Déambulation quasi horizontale. La suite de notre retour ne sera que patience.

7h00 Pont sur le gave de Bious. Et à…

7h30 Le parking de Bious-Artigues. Une journée extraordinaire, pleine de belles images et de bons moments, au point que nous en oublions la fatigue !

QUELLE ÉTRANGE MONTAGNE !

Voici 350 millions d'années, les convulsions du plissement hercynien, au carbonifère (époque primaire), font jaillir les granits, les roches magmatiques. L'Ossau naquit au cours de cette ère mouvementée. Son origine a de quoi surprendre : ce n'est pas un pic comme les autres, c'est une grandiose cheminée volcanique. Plus qu'une cheminée (ce terme sous-entend creux vertical) ; il s'agit plutôt du remplissage de ce tube colossal, d'une sorte de moulage dont la pâte serait de l'andésite (genre de porphyre gris vert), le moule – les versants du volcan – ayant été curieusement, miraculeusement décortiqué par les agents atmosphériques. Et sur la droite de notre GR ? 300 millions d'années plus tard : la suite ! Au secondaire, les mers submergent l'ensemble. Alors, au fond de ces océans commence la lente mais puissante sédimentation, accumulation de dépôts marins en strates superposées qui deviendra le calcaire.

Enfin, au tertiaire, il y a 50 millions d'années, sous la force extraordinaire de poussées dues aux mouvements de l'écorce terrestre, les couches se soulèvent, se plissent, se déforment.

Ainsi surgissent les Pyrénées, ainsi l'Ossau bénéficie-t-il de ce lifting géologique qui engendre des gouffres et, au quaternaire, des lacs. Nous retrouvons tout cela autour de cette prestigieuse montagne. Nous évoluons au cœur même de l'Histoire d'une partie de notre planète !

LES LACS D'AYOUS alt. maxi. : 1 947 m & LE PIC D'AYOUS 2 288 m

EN CIRCUIT, DEPUIS LE LAC DE BIOUS-ARTIGUES (1 422 m), PAR GABAS

2 Superbe ! Grandiose ! Paradisiaque !... Les qualificatifs les plus exaltés ne peuvent traduire la magnificence de ces lacs d'Ayous. Le pic d'Ayous ? Il est – sans aucun doute – le plus beau belvédère pour contempler cette extraordinaire région dont les points les plus fascinants sont bien le majestueux Ossau et les "Miroirs de l'Ossau", ces trois lacs d'un bleu azur sur lesquels se dédouble l'image du grand pic.

ACCÈS ROUTIER

Carte Michelin n° 342 Local – Case J 5 (bas, gauche)

ACCÈS/DÉPART

Au sud de Pau, prendre la D 934 en direction du col du Pourtalet. À la sortie de Gabas, on s'engagera, par la droite, sur la petite D 231, goudronnée et bonne (mais parfois étroite) jusqu'à son terminus : un grand parking à la hauteur du barrage de Bious-Artigues (1 422 m).

HORAIRES

- jusqu'au dernier lac (Gentau) : 1h40 (aller)
- jusqu'au pic d'Ayous : + 0h55, soit 2h35 au total (aller)
- pour le circuit complet : 5h20

DIFFICULTÉS

- pour les lacs et le pic d'Ayous : aucune, sur bon sentier.
- pour le circuit complet : pour bons marcheurs et randonneurs expérimentés

DÉNIVELÉES

- pour le dernier lac (Gentau) : 530 m
- pour le pic d'Ayous : + 340 m, soit 870 m au total

CARTES

Rando Éditions n° 3 Béarn, au 1/50 000
IGN Top 25 n° 1547 OT, au 1/25 000

INFORMATION

Toutes formes de camping (tente, bivouac, camping car, etc.) sont formellement interdites. Seul point autorisé : le terrain de camping sous le lac de Bious-Artigues (1 302 m), "Camping de Bious Oumettes", Parc National – 64440 Gabas – Tél. : 05 59 05 38 76 (60 emplacements).

LES LACS D'AYOUS alt. maxi. : 1 947 m

0h00 Nous abandonnerons notre voiture sur le grand parking de Bious-Artigues, s'il y a de la place, car en été... Pancarte : *"Lacs d'Ayous, 2h00 - Col d'Ayous, 2h30".* Source à une centaine de mètres du départ. Nous longeons la berge par la gauche, empruntant le large chemin (GR 10) presque horizontal qui, à l'extrémité amont, montera calmement sous un délicieux sous-bois. Auparavant, nous aurons reconnu de l'autre côté du lac (ouest) le long vallon d'Aas par lequel nous reviendrons en fin de circuit.

0h30 Sortant de la forêt, nous débouchons sur un immense plateau coupé en deux, dans le sens de la longueur, par un torrent turbulent : le gave de Bious. Un peu avant un petit pont

(le "Pont de Bious") et sur la droite, grimpe un sentier s'engageant sous les hêtres et les sapins. Pancarte : *"Lacs d'Ayous, 1h30 - Col d'Ayous, 2h00 - GR 10".*
"La marche en montagne est une volupté", disait Russell. Cette affirmation s'applique parfaitement à cette montée sylvestre : fraîcheur du sous-bois, chants des oiseaux heureux du jour naissant, soleil lançant ses rayons rasants aux milieux des troncs élancés, des feuilles et des aiguilles, clarines des vaches paissant sur le grand plateau de Bious, silhouette de l'Ossau s'éclairant et se dégageant de la brume matinale... La journée s'annonce belle !
0h55 Nous sortons de la forêt (1 704 m) pour frôler la base d'une grande clairière ; cabane du col Long d'Ayous. Le GR s'oriente vers la gauche, se glisse encore dans un court sous-bois pour tracer son profil sur le versant herbeux que des iris se sont empressés de décorer.
1h20 Le lac Roumassot (1 845 m). Troupeau de vaches dont les clarines – la musique de la montagne – tintent de tous côtés... Pic Casterau (2 227 m) avec son sommet blanc comme neige... Le lac reflète superbement le prestigieux Ossau !
Pour peu que vous soyez attentif et d'un caractère curieux, vous serez étonné de ne pas voir de déversoir. Ce lac reçoit pourtant bien des torrents qui sautillent sur les pentes et toutes les eaux des lacs supérieurs. Et ce Roumassot ne déborde pas ! Certes, ce déversoir existe, mais il est souterrain. En aval et légèrement à droite, les eaux s'engouffrent dans une fissure, au milieu de blocs rocheux pour revoir le jour 212 mètres plus bas, de l'autre côté de l'escarpement calcaire, dans le vallon de Bious. L'impatience de connaître les autres lacs nous fait hâter le pas. A moins de cinq minutes, proche du sentier, le berger sort de sa cabane de Roumassot et se prépare aux travaux journaliers habituels.
Vers l'amont, une belle cascade argentée dégringole d'une forte pente au-delà de laquelle nous soupçonnons le deuxième lac.
1h30 Le lac du Miey (1 914 m). Il est un peu en retrait du GR ; il mérite, cependant, un petit détour. Il miroite, il scintille de mille feux, de mille étoiles sous la lumière aveuglante du soleil. Le lac supérieur (Gentau) lui envoie ses eaux qui s'éparpillent ici, à son amont, en filets,

Vue depuis le pic d'Ayous

Vaches au lac Roumassot

en ruisselets qui se fraient un passage sur la pelouse marécageuse.
La marche reprend, rapide, pressés que nous sommes de découvrir le troisième lac !
1h40 **Le lac Gentau (1 947 m)** et le refuge CAF (dit refuge d'Ayous), à l'opposé, sur une terrasse du versant. Ne nous pressons pas, car en traversant le déversoir et en montant sur une petite butte, le spectacle est fabuleux ! Le lac du Miey est juste là, au-dessous, alimenté par une chevelure de ruisselets scintillants ; en fond l'omniprésent Ossau émerveille !
À mi-berge du lac Gentau, le sentier bifurque. À gauche, il mène directement au grand refuge du CAF dont nous donnons ici quelques précisions.
Ouvert du 15/06 au 15/09. Tél. : 05 59 05 37 00. 50 places. Partie hiver ouverte : 10 places. Propriétaire : le Parc National des Pyrénées. Hors saison, tél. : 05 62 44 36 60. Gérante : Mme Domec Louisa. Tél. (domicile) : 05 59 05 36 14.
Nous aurions grande envie de consacrer la journée à regarder, à flâner et à rêver dans ce site lacustre. Mais... des décors encore plus éblouissants nous attendent au pic d'Ayous, pour un petit effort supplémentaire. "Allez... On y va !"

LE PIC D'AYOUS 2 288 m

Revenons à la bifurcation pour adopter la branche de droite qui, par une pente sympathique, oscille en lacets. Une lourde muraille nous domine ; elle relie le pic d'Ayous (2 288 m) au pic des Aroujos (2 279 m). Sa couleur étonnante de grès rouge mauve ajoute une note insolite au vert lumineux des pelouses que nous foulons.
2h10 Le col d'Ayous (2 200 m). *"Que c'est beau !"* Mots bien pauvres et banals pour décrire la grandeur des montagnes qui nous entourent ! Vue plongeante sur les trois lacs, et notamment sur le lac Gentau, avec son refuge, et la stature du sempiternel Ossau de plus en plus stupéfiant, envoûtant. Nous ne nous en lasserons jamais !
Vers l'ouest : la grande et très longue vallée de la Baigt de Saint-Cours (de gauche à droite) dont l'aval (entre Urdos et Etsaut) est parcouru par le "Chemin de la Mâture". Ce chemin, creusé, taillé dans le roc au temps de la marine à voile, permettait d'acheminer les troncs d'arbre, abattus dans le bois supérieur de Pacq, qui, dirigés ensuite sur les chantiers navals de Bayonne, devenaient des mâts de navire !
Ne tardons pas trop, impatients de voir plus loin ! Deux sentiers partent du col et filent sur la droite (nord-est). C'est celui qui monte le plus, évidemment, qui nous conduira au but final.
Tranquillisez-vous, le pic d'Ayous n'est pas ce premier sommet très raide, inaccessible, cet énorme rognon de grès mauve à deux pas d'ici. Il est plus loin, derrière. Nous contournons par la gauche ce "faux pic" pour gagner la crête finale qui, auparavant, s'incurve en une sorte de col...
2h20 Un "balcon" offrant encore une vue surprenante sur les lacs d'Ayous ! La sente ondule sur la pente herbeuse finale, et à...
2h35 Nous ne sommes pas peu fiers de nous dresser sur le **pic d'Ayous (2 288 m),** crête plane plutôt que "pic". Portée à son paroxysme, cette même exaltation renaît devant l'image toujours grandissante du massif de l'Ossau, avec ses lacs auxquels s'ajoute le lac Bersau, plus en retrait.
Quant aux crêtes lointaines qui – comme une couronne royale – coiffent l'infini, nous ne pouvons donner que quelques noms parmi des centaines : Anie, Ansabère, Acherito, Visaurin, Castillon de Acher, Aspe, Anayet, Collarada, Frondellas, Balaïtous, Palas, Arriel...
Nous resterions là jusqu'à la nuit tombante ! Et pourtant, il nous faut revenir vers le monde fou que l'on appelle

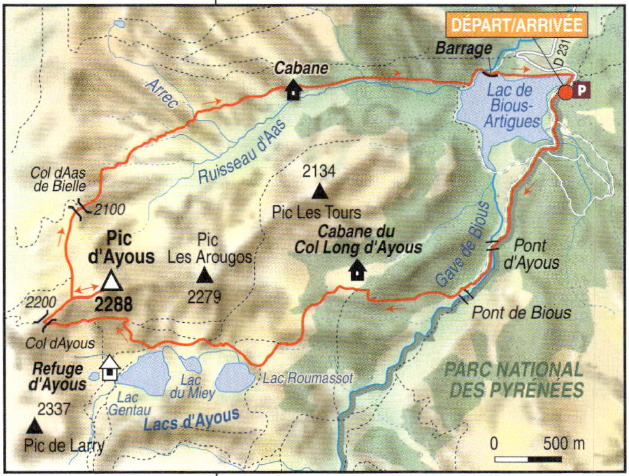

(charmant euphémisme !) le "monde civilisé" ! Pour amorcer le retour du circuit, nous franchirons d'abord le col d'Aas, facilement repérable d'ici : cette profonde échancrure qui entaille la crête filant vers le nord. Demi-tour, donc, jusqu'au "balcon" (voir à **2h20**). En ce point, descend sur la droite un "mini vallon", disons plutôt un thalweg (sud-nord) où s'imprime une vague sente en zigzags. Du "balcon", le départ est invisible ; il faut s'avancer de quelques mètres pour le déceler. Après, tout devient clair. Le col d'Aas se devine au nord et à droite (nous ne le voyons pas entièrement) ; mais repéré déjà depuis le pic d'Ayous, nous sommes plus à l'aise. Il nous faut descendre encore, suivant plus ou moins un ruisselet, au creux du thalweg. Notre fine trace (ce n'est pas un boulevard !), après un passage marécageux, devient sentier plus net, souligné par quelques cairns. Le col d'Aas se fait plus distinct, très à droite.

3h10 Le col d'Aas (2 100 m). De l'autre côté (vers l'est), descend une large et longue vallée, presque rectiligne, que nous allons suivre toujours sur son versant de gauche. Dès le départ du col, plusieurs traces de bêtes peuvent compliquer la reconnaissance du vrai itinéraire, pas facile à trouver ! Sans trop descendre, nous aurons plus de chance de déceler, au-dessous de nous, la petite sente bien soulignée par des cairns. Une fois identifié, l'itinéraire descend progressivement, régulièrement, suivant le relief du versant, assez haut par rapport au ruisseau du bas-fond.

Le grand massif du Balaïtous (3 144 m) et ses satellites (Frondellas, Palas, Arriel) ainsi que les deux pointes altières de l'Ossau (toujours lui !) décorent notre retour. Quelle que soit notre hauteur (si nous sommes égarés), nous devons apercevoir, sur la pente bien dégagée...

3h40 Un parc à bestiaux (un enclos) en tubes métalliques (en place en août 2005). Il faut y passer. Là, les cairns disparaissent ! Peu après, nous traversons le thalweg de l'Arrec (ruisseau), vers le point coté 1 825 de la carte IGN. Quelques cairns... puis, ils s'évaporent à nouveau ! Ne pas suivre un semblant de "bon sentier" horizontal (il s'évanouira lui aussi), mais descendre en oblique jusqu'à trouver un vrai sentier de montagne, assez mince cependant.

Nous nous rapprochons du ruisseau d'Aas (à quelque 200 m, en distance) et d'une grande forêt qui occupe le fond de la vallée. Nous remarquons au plus creux un immense rocher, haut comme une maison, semblable à un colossal menhir. Nous sommes sur la bonne voie ; les cairns réapparaissent, alors qu'ils sont inutiles, maintenant !

4h30 Une belle cabane de berger (fermée), "luxueusement" retapée (1 668 m). Grand sentier bien net et... cairné. L'errance s'achève ici. Notre voie recoupe par deux fois (en raccourcis) une piste.

4h55 Une dernière fois, nous prenons pied sur la piste, toute proche du lac de Bious-Artigues. Si... nous ne voulons pas le traverser à la nage pour retrouver le parking, sur l'autre rive, nous suivrons cette piste par la gauche pour emprunter le barrage. Et à...

5h20 Nous nous mêlons à la foule bruyante des randonneurs, arrivant de tous côtés, qui regagnent, eux aussi, leur véhicule.

LE LAC D'AULE 2 042 m & LE PIC GAZIÈS

DEPUIS BIOUS-OUMETTE (1 302 m), AU-DESSOUS DU BARRAGE DE BIOUS-ARTIGUES

3

"Situé au fond d'un cirque très vaste aux pentes douces, le lac d'Aule est le centre de l'alpage où, tout l'été, viennent les troupeaux de moutons ou de chevaux. C'est un lac paisible où il fait bon se reposer."

(Louis Audoubert)

Le pic Gaziès, par contre, est plus sauvage car aucun sentier, voire aucun repère, ne tracent l'itinéraire d'ascension. Une fois, j'y ai vu six ou sept montagnards y monter séparément, chacun choisissant son cheminement comme bon lui semblait ! Un vaste panorama vous y attend, du pic d'Ossau au sud jusqu'au pic de Sesques au nord.

ACCÈS ROUTIER

Carte Michelin n° 342 Local - Case J 5 (milieu, gauche).

ACCÈS/DÉPART

Au sud de Pau, prendre la D 934 en direction du col du Pourtalet. À la sortie de Gabas, on s'engagera, par la droite, sur la petite D 231, goudronnée et bonne (parfois étroite) jusqu'à Bious-Oumette (parking, en face du terrain de camping).

HORAIRES

- jusqu'au lac d'Aule : 2h00 (aller)
- jusqu'au pic Gaziès : + 1h30 (aller), soit 3h30 au total

DIFFICULTÉS

- pour le lac d'Aule : pour tous randonneurs bons marcheurs.
- pour le pic de Gaziès : pour randonneurs entraînés et montagnards.

DÉNIVELÉES

- pour le lac d'Aule : 750 m
- pour le pic Gaziès : + 420 m, soit 1 170 m au total

CARTES

Rando Éditions n° 3 Béarn, au 1/50 000
IGN Top 25 n° 1547 OT, au 1/25 000

INFORMATION

Voir randonnée n° 1

Pinson des montagnes

LE LAC D'AULE 2 042 m

0h00 Pour une fois, tournons le dos à l'Ossau ! Le gave de Bious traverse le plat herbeux de Bious-Oumette. De l'autre côté du torrent, le berger vaque à ses occupations près de sa cabane. Sur sa droite, un sentier attaque une montée assez raide pour se fondre dans un bois. Là est notre itinéraire.

Une passerelle enjambe le gave, et nous commençons l'ascension par ce petit raidillon qui nous fait entrer dans l'étroite gorge d'Aule. Arrivés dans le bois et ayant pris de la hauteur, la vue plonge, comme dans un précipice, sur le torrent qui gronde dans le bas-fond (à notre gauche).

0h10 Un départ de sentier à gauche est à délaisser (barbelé fermant le passage) ; il conduit à une prise d'eau. Rapidement, la pente aidant, nous gagnons de l'altitude, ce qui nous donne le plaisir de reconnaître, au sud et proche, le grand lac de Bious-Artigues surveillé par l'austère et royal Ossau. La raideur du sentier se calme enfin, rendant la marche plus agréable.

0h40 Nous voici à découvert ; la vue s'ouvre soudain sur de grands espaces, d'immenses versants et de hauts sommets que nous allons approcher bientôt.

0h45 Une bifurcation nous fait hésiter sur la bonne direction à prendre. En fait, les deux itinéraires se rejoignent bien plus haut, à proximité de la cabane d'Aule. Mais il est plus logique et plus intéressant de remonter la branche de gauche qui, après nous avoir fait traverser le torrent par des pierres, s'élève sur le versant opposé. Nous pouvons ainsi bénéficier d'une vue continue sur le gave (à notre droite, donc) tumultueux, grondant, pressé, écumeux. Plus haut, il chute en une cascade coléreuse dans une gorge étroite et sombre.

1h00 La pente s'adoucit, ce qui annonce la proximité de la cabane d'Aule. Bruyère en fleurs, iris et colchiques annonciateurs de l'automne proche ajoutent leurs belles couleurs au vert du pâturage.

1h10 La cabane d'Aule (1 711 m) où je retrouve avec plaisir le sympathique berger qui séjourne là tous les étés, depuis des décennies ! C'est toujours un bon moment qu'apprécie tout montagnard lorsqu'il croise un berger devant sa cabane, affairé à mille besognes par les soins de son troupeau ou pour préparer le lait qui servira à la fabrication des fromages.

Très vite, nous retraversons le ruisseau et depuis une des nombreuses buttes qui s'échelonnent sur le trajet, il faut marquer une pause et nous retourner. Le spectacle est fantastique : la cabane que frisent les premiers rayons du soleil, les centaines de moutons, tâches ocres sur les pelouses éclatantes, l'Ossau qui, par la magie du contre-jour matinal, n'est que silhouette, ombre chinoise bleutée se détachant sur un ciel lumineux…

Le vallon grandit en largeur, des crêtes du pic d'Auliou, à l'ouest, à celles du pic d'Aule, à l'est. Il s'élève par gradins pour découper sur l'azur les hauteurs de son cirque, du Turon Garié au pic Gaziès.

Il n'y a ni cairn, ni sentier de randonnée, mais des dizaines de traces de moutons qui, en troupeaux, ont gravé sur le sol leurs passages habituels dans tous les sens ! Sur la droite, le ruisseau principal, mais au débit plus faible, ne tombe plus qu'en cascatelles paresseuses, çà et là. Notre sentier que nous avons cru "le bon" (finalement avec raison) s'approche d'une petite croupe sur la gauche, fleurie de chardons bleus. Une échancrure laisse présager, derrière, la présence du…

2h00 **Lac d'Aule (2 042 m),** grande nappe d'un bleu profond séparée d'un laquet par un isthme. Paysage de toute beauté, avec l'Ossau (encore !) qui s'impose comme une obsession, mais pour notre plus grand bonheur. Sur la berge, un randonneur solitaire est là, à côté de sa tente, immobile, assis sur un rocher, pensif et admirateur du site. Installé la veille au bord de l'eau, il a passé la soirée à "écouter le silence" de la montagne, le chuchotement des ruisselets, à suivre l'endormissement de la Terre, à suivre l'image de l'Ossau s'estompant puis se fondant dans la nuit noire. Et ce matin, sorti de son duvet, il a scruté le réveil du massif, la pointe rougie du grand pic et son illumination progressive sous les rayons fulgurants du soleil. L'amoureux de la montagne est un sage, un philosophe.

Quant à nous, nous allons nous élever un peu pour mieux détailler le lac, le contempler, le déguster. Et… si nous allions sur un sommet pour profiter encore plus de la chance d'être dans ces montagnes béarnaises ?

LE PIC GAZIES 2 457 m

Nous revenons un peu en arrière pour retrouver le sentier quitté tout à l'heure pour venir sur les bords du lac. Nous poursuivons notre marche montante. Devant nous (plein est) un très large col souligne le ciel sur plusieurs centaines de mètres ! Il relie le Turon Garié (à gauche, ouest) au pic Gaziès (à droite, nord). Cette ligne horizontale s'incurve très légèrement en son milieu : c'est le col de Turon Garié (2 265 m).

Notre premier but sera de rejoindre ce col ; but mais aussi préoccupation : que de sentiers de bêtes, à en perdre la tête ! Ils sont tous horizontaux et parallèles. Aucun ne mène au col. Voilà la montagne sauvage

Le lac d'Aule et l'Ossau vus en montant au col du Turon Garié

comme nous l'aimons. Alors, nous monterons pour le rejoindre au gré de notre fantaisie ou plutôt au gré de la pente et de notre rythme respiratoire et cardiaque ! La pente n'est pas trop forte.

3h00 Le col de Turon Garié (2 265 m). Une exclamation "Whouau" ! Traduisez : "Que c'est beau !" À l'ouest, un versant long, très long s'affaisse jusqu'à la grande vallée d'Aspe, par le célèbre "chemin de la mâture" (voir rando n° 2 à **2h10**). C'est surtout la vue vers l'est qui a remué notre âme de montagnard : le lac d'Aule et toute la vallée verdoyante, un troupeau de moutons qui s'éparpillent et... l'immortel Ossau plus grandiose que jamais ! Cependant, il n'est pas seul à nous plaire ; à l'horizon le massif du Balaïtous (3 144 m) et tous ses sommets satellites captivent nos regards.

Positions-nous. Au sud de notre longue et spacieuse crête : le Turon Garié (2 381 m), massive pyramide herbeuse appréciée des chevaux puisqu'une trentaine y évoluent paisiblement en toute liberté.

Au nord : derrière un rognon rocheux se cache le pic Gaziès, finalement tout proche, "à côté". De son sommet, que l'on devine plus qu'on ne le voit, court une fine arête horizontale qui aboutit, cent mètres plus loin, à un autre sommet herbeux (avec cairn), sensiblement de même altitude.

La montée (plein nord, donc), est une "promenade" splendide où, à chaque bosse de terrain, le point de vue grandit sur le lac d'Aule, l'Ossau et les lointains. Nous nous arrêterons fréquemment, fascinés par ces images superbes. La progression s'effectue pratiquement à toute crête, parfois sur une sente "en pointillés".

3h15 Un petit replat accueille un vilain laquet tout boueux dont nous pardonnerons la laideur devant le décor rendu plus beau par ce contraste. Nous approchons du rognon rocheux, facile à aborder, et à...

3h30 Nous posons le pied sur le **pic Gaziès (2 457 m).** Un sommet sans cachet, sans grâce par lui-même, mais le panorama géant qu'il nous offre rachète sa disgrâce.

Au nord dégringole, comme dans un précipice, le vallon de Gaziès, avec sa cabane 700 m sous nos pieds. Mais, comme une table d'orientation, notre cime développe un tableau phénoménal. En deux mots, d'ouest en est : Balaïtous, Frondellas, Palas, Lurien ; devant : l'Ossau, toujours lui ! Puis, massif d'Aspe, Sierra de Bernera, Visaurin, Castillo de Acher, Acherito, Ansabère, Trois Rois, Anie.

Et à quelque cent mètres de nous, un deuxième sommet, lui herbeux et doux comme un soum, de même altitude, avec un cairn pour tout parement. Une crête étroite, horizontale, nous en sépare ; facile pour un montagnard habitué.

Pour le retour, nous pouvons reprendre le même chemin, bien sûr, ou, faisant l'école buissonnière, nous pouvons aussi innover selon notre bon plaisir. Ça passe partout. Par exemple, de ce deuxième sommet descendre en oblique (pente forte en éboulis) pour rejoindre le col du Turon Garié ou bien descendre schuss pour rattraper l'itinéraire de montée, entre le lac d'Aule et le col. Mais, cette divagation nous fera louvoyer, zigzaguer, jouer avec le terrain. Cette errance volontaire ne peut être entreprise que par des montagnards coutumiers de ces situations.

Le retour à Bious-Oumette peut se réaliser entre 2h30 et 3h30, suivant nos égarements.

LE LAC D'ANGLAS 2 068 m & LE PIC D'ARRE SOURINS 2 614 m

EN CIRCUIT, DEPUIS GOURETTE (1 346 m)

4 Encerclé par des versants herbeux dont le vert lumineux rehausse le bleu pur de sa surface, le lac d'Anglas (ou plus précisément son site), aujourd'hui solitaire, connut beaucoup d'effervescence ; il fut aussi le théâtre d'une tragique histoire d'avalanche.
Quant au pic d'Arre Sourins, son ascension des plus faciles est captivante par la variété des paysages révélés en chemin et par le point de vue immense, certes, mais insolite sur des montages en calcaire blanc comme la neige !

ACCÈS ROUTIER
Carte Michelin n° 342 Local - Case K 5 (milieu, gauche) sommet non porté sur la carte mais que l'on peut situer à droite de Pène Blanque

ACCÈS/DÉPART
Depuis Pau, prendre la direction de Gan, puis remonter la route du col du Pourtalet (D 934). À la sortie de Laruns, prendre sur la gauche la D 918 (direction : col d'Aubisque) jusqu'à Gourette. Stationner au bas du village (immense parking pour voitures et camping cars)

HORAIRES
- jusqu'au lac d'Anglas : 2h10 (aller)
- jusqu'au pic d'Arre Sourins : + 2h00 (aller), soit 4h10 au total
- pour le circuit complet : 6h50

DIFFICULTÉS
- pour le lac d'Anglas : facile.
- pour le pic d'Arre Sourins et le circuit : itinéraire long. Pour montagnard.

DÉNIVELÉES
- jusqu'au lac d'Anglas : 730 m
- jusqu'au pic d'Arre Sourins : + 550 m, soit 1 280 m au total

CARTES
Rando Éditions n° 3 Béarn, au 1/50 000
IGN Top 25 n° 1547 OT, au 1/25 000

LE LAC D'ANGLAS 2 068 m

0h00 Vus du parking : des pylônes, des câbles, des téléskis et des télécabines, comme une toile d'araignée géante, couvrent tout le versant sud-ouest. Sur la gauche (sud), un long et profond vallon entaille la montagne que draine le Valentin, torrent dont l'origine principale se situe au lac d'Uzious. En simplifiant, nous dirions que, pour l'instant… "c'est tout droit !" L'extrémité du parking donne sur le Valentin qui s'évase, là, en un laquet, espace "réservé aux enfants pour la pêche" (pancarte). Un petit sentier s'élève jusqu'à un…
0h05 Court de tennis où il se joint à un bon chemin qui a démarré, lui, d'un autre parking supérieur. Panneau *"GR 10 – Lac d'Anglas, 2h30 – Sentier à Loulou, 1h00, très facile".* Très facile ? On s'en doute d'après son nom de baptême ! Plus haut, une solide base en béton qui supportait jadis un pilier et des câbles atteste l'existence d'anciennes exploitations minières, tout là-haut ; vestiges que nous retrouverons çà et là au cours de notre progression.
Un balisage (trait jaune) et celui, traditionnel, du GR 10 (blanc/rouge) seront les "cailloux du Petit Poucet" du randonneur. Sur la droite et bien en contrebas monte le grondement du Valentin, invisible, emprisonné dans une épaisse forêt de hêtres.
0h15 Par une solide passerelle, le chemin passe sur l'autre rive et propose une branche sur la droite : "le sentier à Loulou", et, sur la gauche : "Lac d'Anglas – GR 10", direction à suivre, évidemment. Montée toujours en sous-bois.
0h25 Le vallon s'expose entièrement à découvert. Malheureusement, nous sommes trop enfoncés dans cette vallée pour avoir un coup d'œil, vers la droite, sur les falaises aériennes et surtout sur l'arête fine et aiguë de Pène Sarrière. *"Voie funambulesque ; en son début l'arête n'est guerre plus large qu'une semelle de chaussure ! Les meilleurs alpinistes ne seront pas rassurés…"* (Patrice de Bellefon).
0h30 Notre vallon, lui, est loin d'être funambulesque puisqu'une piste, maintenant, y zigzague ! Nous ne ferons que

la traverser. À gauche, rails et poulies ; tout ce qu'il reste des anciennes mines. Au plus creux, le terrain s'aplanit en pacages où paît un troupeau de vaches. Après un resserrement des deux versants, le vallon s'élargit à nouveau pour offrir encore d'amples pâturages.
0h50 La grande cabane de Coste de Goua (1 664 m) où aboutit une branche de la piste retrouvée. Sur cette piste, un panneau *"Lac d'Anglas"* désigne, sur la droite, la suite à suivre pour atteindre ce lac. Nous nous élevons assez vivement par ce GR 10, tout en surplombant (sur notre gauche) le ruisseau principal – le Valentin – qui coule dans la vallée parallèle à la nôtre, vallée barrée par les falaises d'un cirque. Dans ce "bout du monde", le torrent supérieur s'éparpille en cascades, et c'est sur leur droite (vu d'ici) que nous redescendrons en fin de journée. Voilà donc une première reconnaissance.
Pour l'instant, devant nous, une belle cascade – la cascade d'Anglas – s'échappe du lac, but de notre randonnée. Derrière son tremplin, nous l'imaginons tout proche.
Le bon sentier ondule en lacets confortables puisque, nous le ver-

Vue depuis le sommet de l'Arre Sourins ; à droite : le pic de Ger

rons bientôt, il fut creusé et construit pour une importante exploitation minière.

1h35 Confirmation donnée par une grande plate-forme qui devait supporter un pylône pour transporter par câble le minerai extrait. Vieux restes rouillés de poulies, de câbles et de rails. Vision plus montagnarde : la crête de Pène Sarrière se révèle maintenant dans toute son ampleur et toute sa verticalité effrayante. Rappelez-vous : *"L'arête n'est guère plus large qu'une semelle de chaussures !"*

Nous approchons du haut de la cascade d'Anglas. Dans les premiers éboulis, les marmottes poussent leurs cris stridents, dressées sur les blocs que le soleil commence à éclairer et surtout à réchauffer.

2h10 **Le lac d'Anglas (2 068 m),** dans sa solitude, dans toute sa splendeur aussi. L'azur de sa surface, le vert vif des pelouses, les crêtes de l'ouest illuminées par l'heure matinale, le profil convulsé du pic d'Arre Sourins… bien des raisons pour passer la journée sur ces lieux à déchiffrer tous leurs charmes et leurs secrets.

D'abord, la surface du lac ? 2 ha. Sa profondeur ? 30 mètres. Sur la rive opposée, des blocs gigantesques s'amoncellent, suite à un éboulement titanesque qui eut lieu en 1990. L'un d'eux a culbuté dans le lac et forme une île !

Sur notre rive, de longues allées pavées et construites, des restes de bâtiments délabrés sont les reliques d'anciennes exploitations minières. "Mines de fer" indique par erreur la carte IGN. Il s'agit plus exactement de blende (sulfure de zinc) et de plomb argentifère. Cette exploitation fut très importante puisque les premières mines furent entreprises dans la vallée parallèle d'Uzious dès 1860 (voir la rando n° 5). Ici, à Anglas, des galeries furent creusées pour rejoindre Uzious, galeries aujourd'hui effondrées.

Durant l'hiver 1910, une avalanche balaya les chantiers d'Anglas, tuant seize mineurs ! Deux ans plus tard, pour non rentabilité, ces exploitations cessèrent.

Que de choses à apprendre au cours d'une randonnée ! Et si, pour parfaire notre connaissance du massif, nous montions au…

PIC D'ARRE SOURINS 2 614 m

Rien de plus facile, du moins pour des montagnards aguerris. Le GR qui nous y conduira, pour une grande partie, suit une des allées minières, la plus élevée (balisage blanc/rouge). À l'amont du lac (sud), le versant se redresse fortement, fendu par un torrent. Nous en remonterons la pente grâce au bon sentier qui tanguera sur sa gauche pour gagner une pente plus raisonnable.

Insensiblement, pour feinter la raideur du terrain, le GR se déporte sur la gauche, et à…

3h05 Frôle une dépression de la crête (poteau… sans pancarte), une sorte de large

Le lac d'Anglas

col (légèrement au sud du point coté 2 269 m de la carte IGN) qui sépare le lac d'Anglas de celui d'Uzious. À notre retour du pic, nous franchirons ce col pour rejoindre ce dernier lac et poursuivre notre circuit pour rejoindre Gourette.

Plus haut, le sentier passe au-dessus de la ceinture rocheuse qui domine Anglas pour se déporter vers l'ouest. La courbe de la Hourquette d'Arre se dessine sur le ciel, tout en haut d'un long éboulis, ce qui explique ce détour vers l'ouest pour éviter la montée désagréable sur ce terrain de "roulements à billes".

3h15 Une cuvette rocheuse retient un minuscule laquet (vers 2 260 m).

3h30 Vers le nord, une crête reliée à Pène Médaa impressionne par sa verticalité folle et débridée. Sensibles au vertige… fermez les yeux ! Le GR se déporte maintenant vers l'est pour rejoindre la hourquette d'Arre. Le pic est devant nous, présentant une face accessible mais une peu raide et donc pénible pour la suivre à la montée ; elle sera notre voie pour la descente. Pour l'instant, mieux vaut suivre un temps le GR, car nous allons prendre notre sommet à revers. Un peu avant la hourquette, dès que le terrain adouci le permettra, notre quitterons le sentier pour atteindre les pelouses, bien à droite du col (N.-E.). Placés là, sur la croupe accédant au pic, nous rechercherons des cairns et une petite sente. Elle se dirige vers un minuscule col soudé à la croupe finale. Des repères à la peinture jalonnent notre itinéraire.

4h00 Petit col. Stupéfaction : vue extraordinaire sur le pic Amoulat (2 594 m) et son proche voisin la Grande Arcizette (2 513 m) ! De là, un petit sentier mieux dessiné longe et escalade les derniers ressauts. Et à…

4h10 Nous sommes au sommet d'**Arre Sourins (2 614 m).** Un paysage lunaire avec ses montagnes toutes blanches (calcaires). Vers le nord, juste en face, la Pène Médaa (2 520 m), sommet à la crête folle ; puis le pic de Ger (2 613 m) à la face quasi verticale, aux strates tordues, comme par la souffrance, lors de la surrection des Pyrénées ; Amoulat et Arcizette, et au loin l'Ossau aux prises avec les nuages, le Palas (à ses pieds, le grand lac d'Artouste), le Balaïtous ; encore des dizaines de massifs et enfin, à l'infini, le Vignemale.

Pour le retour, la face (exposée à l'est) entrevue à la montée nous paraîtra fort simple à descendre (excellent raccourci). Du sommet, à la première brèche, nous nous engagerons dans un long couloir d'éboulis, et à travers la rocaille et des bosses herbeuses nous retrouverons…

4h35 Le GR (voir à 3h30) que nous reprendrons jusqu'à la *"dépression sur la crête (poteau… sans pancarte) qui sépare le lac d'Anglas de celui d'Uzious"* (voir à **3h05**).

4h55 Cette dépression. Nous abandonnons le GR pour basculer sur le vallon et le lac d'Uzious qui s'étale en contrebas, immense et beau. Un petit sentier (vieux balisage rouge/jaune) descend, rapide, en direction du…

5h20 Déversoir du lac d'Uzious (2 115 m). Là, nous retrouvons l'itinéraire décrit à la randonnée n° 5, mais à la montée, itinéraire que nous prendre donc "à l'envers", à la descente, ce qui confirmera la "haute pensée philosophique" de Pierre Dac : *"Un chemin qui monte n'est en fait qu'un chemin qui descend, mais vu dans l'autre sens"* !

Juste quelques jalons pour nous y retrouver. Ce retour se déroule toujours sur la rive gauche du torrent né du lac. Descente assez forte d'un escarpement, le long d'une ancienne conduite d'eau (entre paroi et ces tuyaux rouillés qui peuvent servir de gardefou). Sans problème pour un montagnard.

5h50 Grand plateau où des cabanes de Congues il ne reste que des ruines.

6h10 Nous débouchons sur la piste de la cabane de Coste de Goua, à la fourche *"lac d'Anglas – Lac d'Uzious"* reconnue à la montée, ce matin (voir à **0h50**). Et à…

6h50 Nous retrouvons Gourette, le parking et notre voiture bien-aimée, mais cependant avec regret : la course était si belle !

LE LAC D'UZIOUS 2 115 m & LE PIC SANCTUS 2 482 m

EN CIRCUIT, DEPUIS GOURETTE (1 346 m)

5 Une randonnée sans soucis dans un cadre de montagne de plus en plus varié et sauvage ; et en haut du vallon remonté, une puissante cascade annonce l'arrivée au grand lac d'Uzious. Là, tout est grandiose, certes, mais aéré, large et reposant. On s'y sent à l'aise.
Quant au pic Sanctus, c'est aussi une sympathique et facile montée, sans sévérité, qui vous conduira à son sommet d'où la vue est immense. Dans la brume de chaleur des lointains : la silhouette fantomatique de l'Ossau, la masse imposante mais élégante du Vignemale, le profil aigu du Palas, l'aspect patriarcal du Balaïtous… Toutes ces hautes cimes donnent au paysage grandeur et magnificence.

La cabane de Coste de Goua

ACCÈS ROUTIER

Carte Michelin n° 342 Local - Case K 5 (haut, gauche)

ACCÈS/DÉPART

Depuis Pau, prendre la direction de Gan, puis remonter la route du col du Pourtalet (D 934). À la sortie de Laruns, prendre, sur la gauche, la D 918 (direction : col d'Aubisque) jusqu'à Gourette. Stationner au bas du village (immense parking pour voitures et campings cars).

HORAIRES

- jusqu'au lac d'Uzious : 3h05 (aller).
- jusqu'au pic Sanctus : + 1h15 (aller), soit 4h20 au total
- pour le circuit complet : 6h20

DIFFICULTÉS

- pour le lac d'Uzious : facile. L'arrivée au lac est une grimpette qui, pour des adolescents "timides", demande un minimum d'attention
- pour le pic Sanctus : aucune.

DÉNIVELÉES

- jusqu'au lac d'Uzious : 780 m
- jusqu'au pic Sanctus : + 370 m, soit 1 150 m au total

CARTES

Rando Éditions n° 3 Béarn, au 1/50 000
IGN Top 25 n° 1647 OT, au 1/25 000

LE LAC D'UZIOUS 2 115 m

Cette excursion empruntant, au départ du moins et donc dans un premier temps, le même itinéraire que la randonnée précédente (n° 4), on se reportera à cette ascension jusqu'à…

0h50 La grande cabane de Coste de Goua (1 664 m) où aboutit une branche de la piste retrouvée. Sur cette piste, un panneau *"Lac d'Anglas"* désigne, sur la droite, la suite à suivre pour atteindre ce lac. Mais, pour nous : "stop !" Nous allons bien au lac d'Uzious ? Alors nous abandonnerons cette direction et le GR pour suivre la piste qui semble buter, plus loin, sur le torrent. En réalité, elle s'arrête là, cédant la place à un petit sentier qui, toujours sur cette même rive, va nous piloter. Mais, pas de cairn, pas de balisage, à croire que nous sommes en terre inconnue !
Plus haut, un bombement du terrain pourrait faire croire que derrière se déploie le grand lac d'Uzious… Eh bien, non !

2h20 Nous émergeons sur la partie haute du vallon du Valentin. Une vaste étendue plane, encombrée de chaos, d'éboulis, de blocs énormes, entourée de murailles : un vrai champ de bataille ! Et pourtant, des ruines de cabanes – nous sommes aux cabanes de Congues – sont la preuve que, il y a fort longtemps, des bergers y gardaient leurs troupeaux.
Tout au fond : un hémicycle de parois verticales où dégringolent, fougueuses, exubérantes, plusieurs cascades parallèles. Le lac ne peut être qu'au-delà. Mais comment l'atteindre ? Tout est abrupt ! Faisons confiance au sentier obstiné qui se dirige vers la base de ces chutes ; des cairns, miraculeusement présents, maintenant, nous rassurent. Il suffit de les suivre. À droite des cascades, un "serpent" trace une ligne droite jusqu'à la crête sommitale ! Rampe ? Chaîne ? Aménagement pour faciliter l'escalade ?

2h50 Nous voici à la base du "serpent". C'est une ligne de tuyaux d'eau, rouillés, boulonnés les uns aux autres. Sur la droite, un court tunnel encombré d'énormes "machi-

Le site du lac du Lavedan

nes" en piteux état, de poulies, de tubes : ruines et restes des anciennes mines.
Suivons la "ligne des tuyaux", unique voie d'escalade pour déboucher sur la crête. Derrière nous, arrive une famille nombreuse : les parents et leurs cinq enfants, dont deux d'une dizaine d'années ! Et tout ce monde grimpe avec une aisance de ouistitis ! Ce qui remet en question la valeur des termes "facile" et "difficile"... Escalade "facile", oui, certes, mais pas pour des randonneurs débutants et "timides".
Après cette grimpette, nous jaillissons sur un grand plateau où clapote...
3h05 **Le lac d'Uzious** (2 115 m) qui, sans aucune gêne, accapare tout l'espace libre pour notre plus grand plaisir. Rhododendrons, œillets sauvages, gentianes mêlent leurs couleurs au bleu profond de l'eau.
Consacrer la journée sur les berges du lac sera un vrai bonheur ; ascensionner le pic Sanctus ajoutera un autre enchantement, complémentaire. Nous remettons le sac sur les épaules.

LE PIC SANCTUS 2 482 m

Un peu plus haut et légèrement sur la gauche, un col tout débonnaire s'ouvre sur la crête ; c'est le col d'Uzious. Une sente s'y dirige.
3h30 Lac du Lavedan (2 180 m). Encore une merveille !
3h40 Le col d'Uzious (2 236 m). Une profusion de sommets, de crêtes, de vallées profondes ; nous détaillerons tout cela une fois le sommet atteint. Le sentier, bien net, s'élève sur la droite d'une crête (sud-nord). Le sommet se cache au-delà. Nous apparaissons sur une croupe secondaire (ouest-est), dernier relief avant le sommet convoité, tout au bout d'une longue et facile crête.
4h20 **Le pic Sanctus (2 482 m).** Un petit sommet, mais qui a tout d'un grand ! Quel belvédère ! D'abord, 300 mètres plus bas, les deux lacs d'Uzious et du Lavedan dont nous longions les berges fleuries, il y a moins d'une heure. Le lac d'Anglas, tant signalé par les panneaux, est enfin visible ! Quant aux sommets, ils se déploient tout autour de nous par dizaines, par centaines : le légendaire Ossau, le Vignemale, le Balaïtous, le Palas, le Ger... pyramides de granit gris ou de calcaire blanc. Et vers le nord : l'étendue des plaines paloises, comme un océan sans limite.
Le traditionnel casse-croûte, indispensable, sera le prétexte pour prolonger cette vision en "cinémascope".
Pour le retour en circuit, il se révèle à nos pieds avec une clarté telle que quelques repères suffiront à le matérialiser : un grand arc de cercle, d'abord vers le nord, longeant la base d'une longue arête, du pic de Louesque (2 554 m) au pic Esquerra (2 453 m), avant de plonger sur la cabane de Coste de Goua approchée ce matin à la montée.
0h00 Nous quittons le sommet pour piquer (descente à vue, facile) sur le...
0h10 Premier lac supérieur de Louesque à la forme allongée, aux rives encore enneigées (exposition au nord !) que nous côtoyons par sa droite. Plus loin, et derrière une massive butte, nous arrivons à un...
0h20 Deuxième lac à la forme d'un cœur qui reçoit le trop-plein du précédent. Là encore, l'itinéraire le contourne par sa droite, très près de sa berge, pour longer le

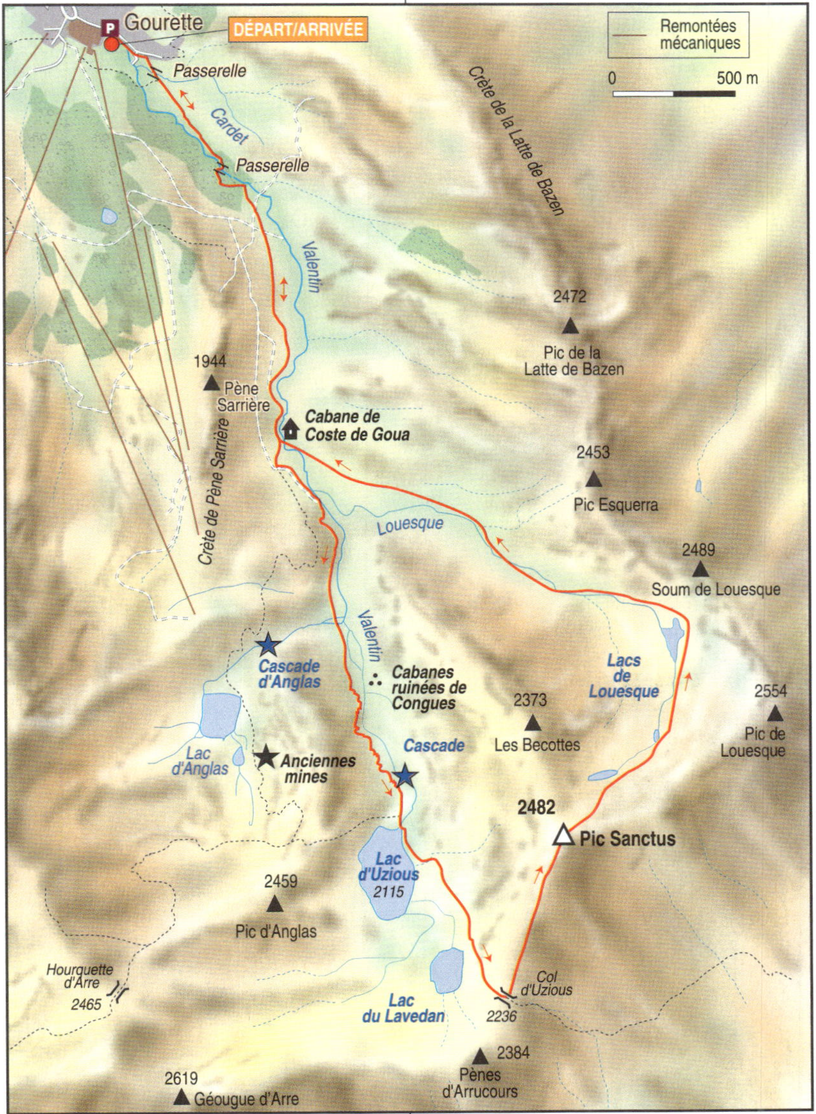

ruisseau qui s'en échappe et qui creuse un vallon s'orientant à 90° (donc est-ouest) pour retrouver, bien plus bas, le grand vallon du Valentin remonté ce matin.

0h40 Jouant avec le relief du versant, notre sentier passe maintenant sur la rive gauche, avant de revenir sur la droite pour éviter un…

0h50 Ravin dans lequel se jette le torrent.

1h20 À l'approche du vallon du Valentin, nous reconnaissons la grande cabane de Coste de Goua dont nous nous approchons pour retrouver l'embryon de piste et pour traverser facilement la rivière. Sur la rive droite orographique, une ancienne cabane en pierres, en bon état cependant, rappelle la vie dure et inconfortable des bergers d'autrefois…

Revenus en terrain connu, nous n'aurons plus qu'à poursuivre tranquillement la descente pour retrouver…

2h00 Le parking de Gourette.

LE LAC D'ISABY 1 558 m & LE SOUM DE LASCOURS 2 485 m

EN CIRCUIT, DEPUIS LE COL DE LA MOULATA (1 670 m), STATION DE SKI DU HAUTACAM

6 Rejoindre les berges du lac d'Isaby ne relève pas de l'exploit ! Et pourtant sa couleur, les teintes des versants qui l'entourent (surtout le rouge vif des myrtilles à l'automne), les ruisselets qui forment marécage en amont, les buttes sur lesquelles on peut s'isoler pour contempler et pour déguster le silence… Voilà tous les ingrédients qu'on y trouvera pour composer une journée riche en images et en émotions.
Si la mode pousse les montagnards à importuner le pic de Léviste (2 463 m), nous irons plutôt à ce Soum de Lascours, aussi beau, aussi généreux en paysages ; mais nous y trouverons aussi plus de liberté, plus de tranquillité, plus de sérénité.

ACCÈS ROUTIER

Carte Michelin n° 342 Local - Case M 5 (milieu, gauche). Le Soum de Lascours n'est pas nommé, mais simplement coté (2 485 m)

ACCÈS/DÉPART

À l'entrée d'Argelès-Gazost (sud de Lourdes), sur la D 921, on remontera, à gauche, la route de la station de ski du Hautacam. Parvenus au grand parking, on poursuivra encore (carte Rando Editions ou Top 25 en main, car il n'y a aucun panneau) jusqu'au parking de Moulata, terminus de la route-piste, après les cols de Tramassel et de Moulata.

HORAIRES

- pour le lac d'Isaby : 0h35 (aller).
- pour le Soum de Lascours : + 2h30 (aller), soit 3h05 au total.
- ou aller/retour par variante : 5h50.

DIFFICULTÉS

- pour le lac d'Isaby : aucune. Mille sentes y conduisent !
- pour le Soum de Lascours : aucune, mais sa situation n'étant pas évidente, il faudra suivre attentivement l'itinéraire décrit ci-dessous.

DÉNIVELÉES

- pour le lac d'Isaby : - 120 m ! Eh oui, son altitude étant inférieure à celle du parking du départ, on "montera" au lac… en descendant !
- pour le Soum de Lascours : 950 m.

CARTES

Rando Éditions n° 4 Bigorre, au 1/50 000 ou IGN Top 25 n° 1647 ET, au 1/25 000

Vue sur le lac d'Isaby

Depuis le parking, on domine un grand vallon rectiligne remontant vers le sud et barré par une crête sommitale sur laquelle s'alignent notamment le Soum de Lascours, à l'extrême gauche, puis la Mail de la Sède, le Soum Arrouy et le pic de Léviste. Baissant les yeux, on apercevra une grande tache sombre : le lac d'Isaby, 112 mètres plus bas en dénivellation ! Carte en main, on pourra situer la "Grande Estibère", sorte de cirque à son origine et même le Soum de Lascours, sommet en haut d'une pente herbeuse régulière, à gauche, donc, de la crête sommitale.

LE LAC D'ISABY 1 558 m

0h00 En bout du parking, nous délaisserons le grand chemin qui fait suite, pour emprunter un sentier sur la droite, sensiblement horizontal. Quelque 5 min plus tard, sans que nous y prêtions attention, il bifurque en deux branches peu écartées. Celle de gauche monte insensiblement au col d'Ouscouaou (1 872 m) ; c'est par-là que nous reviendrons au retour de l'ascension.
Nous poursuivons tout droit, un peu déconcertés par l'abondance des sentes de bêtes plus ou moins parallèles. Marchant à vue en direction du lac, et sans nous en rendre compte, nous quitterons le vrai sentier pour suivre, à l'occasion d'un embranchement, une sente, parmi tant d'autres, qui nous guidera finalement vers ses berges.
0h30 Sur la gauche, à quelque 50 mètres plus haut, la cabane de Picoulet pourra recevoir notre visite si nous restons sur ce site lacustre. Ouverte. Si elle n'offre aucun confort (juste une cheminée et trois tables, mais pas un seul siège !), elle domine le lac et s'incorpore bien dans ce cadre de montagne.
0h35 Quelques petites buttes sont autant de belvédères sur la grande nappe bleutée, et les amoureux de calme et de silence pourront s'y isoler. En deux foulées nous touchons la berge du **lac d'Isaby (1 558 m).**

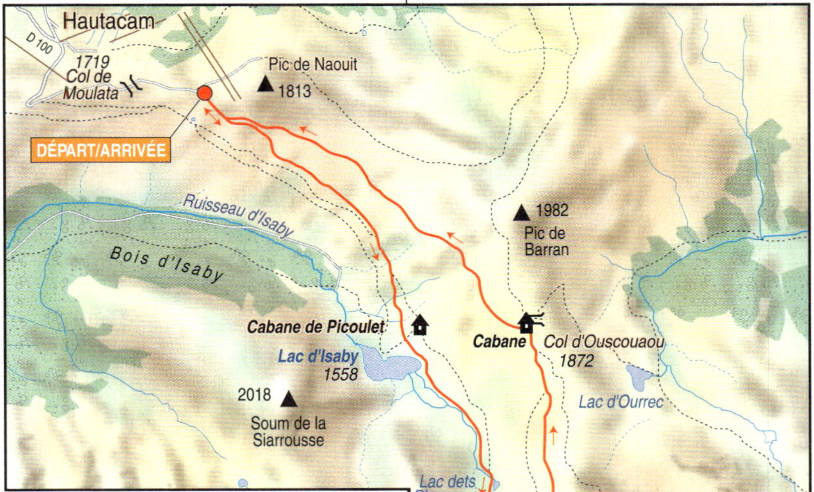
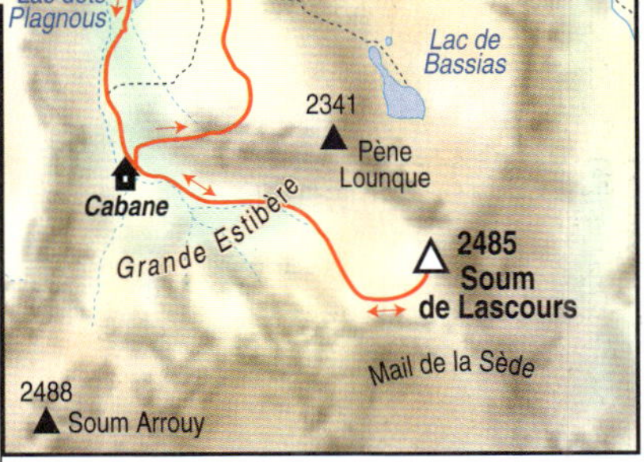

Les impatients, ceux qui ne peuvent rester en place toute une journée feront l'ascension du sommet voisin…

LE SOUM DE LASCOURS 2 485 m

0h00 Nous laissons sur notre droite l'amont marécageux du lac et suivons une sente espérant qu'elle s'élèvera sur la flanc gauche de la vallée pour retrouver le "vrai sentier" quitté précédemment lors de la descente sur les berges, sentier que nous devinons bien au-dessus de nous, profil horizontal sur le versant.

Notre sente disparaît ! Nous montons donc à l'assaut de la pente, en suivant une saignée du terrain occupée par un lit de cailloux. Courte grimpée d'une dizaine de minutes.

0h20 Nous voici sur le sentier. Et l'ascension reprend son cours.

0h35 La pente s'atténue en plateau. Une échappée sur la droite pour gagner une bosse nous donne un point de vue très intéressant sur le lac et son amont aux divagations des torrents qui ondulent sur un plat aux couleurs étonnantes, vue aussi sur l'enfilade de la vallée.

À proximité, quelques ruines sont les derniers témoins d'une vieille cabane de bergers ; sur un rocher, face au sud, une plaque de marbre rappelle : *"Amis de la montagne, ici mourut tragiquement M. Montécino, le 15 juillet 1954, à l'âge de 18 ans"*…

0h45 Le petit lac dets Plagnous (1 729 m), encore dans l'ombre. Le terrain se relève et notre sentier, au milieu d'autres traces, nous guide toujours plein sud pour nous amener à l'origine de la vallée qui forme cirque : la "Grande Estibère", lieux de pâturages si l'on en juge par les prairies abondantes et la présence d'une…

1h15 Belle cabane (1 923 m). Ouverte, cheminée, banc… et c'est tout.

Au sud, relativement proche, s'étire et nous écrase de ses altières murailles la crête sommitale du cirque. Tournons-nous vers l'est où se développe un joli vallon aboutissant à un col bien visible et attirant, un vallon dont le versant gauche est balafré par un sentier bien apparent. Cherchons à identifier notre Soum de Lascours ; reconnais-

LE LAC D'ISABY

Rapidité de l'approche, paysage pittoresque, torrents, enfilade de falaises et alignements d'arêtes célestes… ce lac d'Isaby constitue un but parfait pour une balade familiale et une occasion pour faire découvrir aux enfants l'attrait de la nature.

sance difficile, voire trompeuse à cause du col (… qui n'en est pas un, puisque de l'autre côté c'est le vide absolu !). Ce "col", nous ferait situer le Soum à sa gauche. C'est un piège ! Le Lascours, dont le sommet, vu d'ici, apparaît en dôme plat, se situe à droite du faux col ! Et encore à sa droite, un replat sur la crête tourmentée nous intrigue ? Un col ? Eh bien oui ! Et c'est le bon. Nous devrons l'atteindre, puis, partant ensuite sur la gauche, nous atteindrons sans peine le sommet !

De la cabane, le sentier, rassurant, facilite la remontée du vallon.

1h30 Il aborde le haut du versant gauche, sous la Pène Lounque (2 341 m) ; vue sur toute la vallée d'Isaby en partie remontée. Puis il repart en direction du "faux col" ! Plus haut, les sentes abondent et filent dans toutes les directions, compliquant notre orientation. Il y a bien quelques cairns, mais ils s'évaporent au moment où nous en aurions le plus besoin !

Quelques buissons d'orties, peu avant la base du "faux col", annoncent un ancien lieu de pacage de moutons. Stop ! C'est là qu'il faut nous détourner du "faux col", pourtant si attirant, pour nous déporter sur la droite (sud) et pour progresser sur un terrain bosselé de nombreuses buttes. Nous nous rapprochons des murailles quasi verticales de la Mail de la Sède.

2h10 Une sorte de petit vallon suspendu se hausse sur la gauche (est), et par chance nous tombons sur un fin sentier (quelques cairns !) qui, gravé sur le flanc gauche, nous dirige vers le replat de la crête repéré lorsque nous étions à la cabane. Sur la gauche est planté un long piquet ! Excellent repère, mais un peu tardif… Derrière ce col s'étend un grand plateau en pelouse qui se relève sur la gauche (nord) pour aboutir au…

2h30 **Soum de Lascours (2 485 m)** marqué par un cairn colossal semblable à… une cheminée aragonaise ! L'ascension terminée, l'itinéraire nous apparaît maintenant plus évident !

Si la situation du Soum en avant-mont de la chaîne le défavorise pour un panorama sur les grands sommets, en revanche, elle le place idéalement pour bien déchiffrer les premiers massifs nord souvent et injustement délaissés. Montaigu, vallon d'Ourrec et le grand lac de Bassias (il faut aller sur une pointe de la crête pour le voir), lac à la forme d'un… violoncelle, le col de Bareilles derrière lequel se cache le lac Bleu, la longue crête du Merlheu, du Crémat et le pic du Midi, col d'Oncet, Pène det Pouri, Pène Taillade aux parois vertigineuses ; au loin, Mont-Perdu, Cylindre, Marboré, Tour, Casque, Brèche de Roland, Taillon, Gabiétous, Piméné, Ardiden, Vignemale (juste deux pointes), Balaïtous, Gabizo… Et très proches : Mail de la Sède, Soum Arrouy, Léviste.

On le voit, ce tour d'horizon récompense largement l'effort de cette ascension.

Pour le retour, nous ferons une courte variante pour éviter le lac d'Isaby (plus bas que le parking) par une marche presque horizontale qui nous fera passer par la hourquette d'Ouscouaou. Mais, tout d'abord, nous repassons à proximité de…

3h25 La cabane de la Grande Estibère (sans la rejoindre). Reprenant le sentier de ce matin, nous guetterons un peu plus bas le départ d'une sente menant très vite à un petit collet (légère descente au-delà). Puis, par une marche à flanc nous parvenons d'abord à une grande cabane (plutôt un refuge) toute proche du…

4h30 Col d'Ouscouaou (1 872 m), très fréquenté en octobre par les chasseurs, lors du passage des palombes ! Cabane ouverte : quatre sommiers, trois matelas (qui a volé le quatrième ?), table, banc, pas de cheminée (heureusement pour le "volontaire corvée de bois", car le bois le plus proche est à plus d'une heure aller/retour !). Franchissons le col durant quelques courtes minutes, juste pour aller jeter un œil sur le petit lac d'Ourrec, très en contrebas et à droite.

Puis, revenant au col et à la cabane, nous reprendrons le sentier toujours à flanc et légèrement descendant en direction du parking.

4h50 Bonne petite source se déversant dans… deux baignoires ! Ce genre d'appareil sanitaire est fréquemment utilisé par les bergers pour servir d'abreuvoir pour le bétail !

5h15 Le parking. Une assez longue excursion (en distance) mais la faible dénivellation (950 m) et la commodité du terrain en ont fait une ascension qu'on peut qualifier de "tout repos".

LE LAC BLEU DE BAGNÈRES 1 928 m & LA PÈNE DET POURI 2 587 m

EN CIRCUIT, DEPUIS LE CHIROULET (1 062 m) - VALLÉE DE LESPONNE

7 Le lac Bleu ? À lui seul, il composerait admirablement le but unique d'une excursion. Et si l'on y ajoute l'ascension de la Pène det Pouri, alors la journée non seulement sera bien remplie, mais elle achèvera en apothéose la découverte de cette région.

ACCÈS ROUTIER

Carte Michelin n° 342 Local – Case M 5 (milieu).

ACCÈS/DÉPART

En face de l'usine hydroélectrique (1 062 m), au Chiroulet, terminus de la vallée de Lesponne, par la D 29

HORAIRES

Pour le lac : 2h30 (aller)
Pour la Pène : + 2h15 (aller), soit 4h45 au total.
Pour le circuit complet : 8h00

DIFFICULTÉS

Pour le lac : excursion sur très bon sentier
Pour la Pène : pas de difficulté majeure, mais pour très bons marcheurs.

DÉNIVELÉES

Pour le lac : 870 m
Pour la Pène : + 680 m, soit 1 550 m au total

CARTES

Rando Éditions n° 4 Bigorre, au 1/50 000
IGN Top 25 n° 1747 ET, au 1/25 000

LE LAC BLEU 1 928 m

"À l'emplacement du lac, autrefois, s'étalait un village de bergers, hommes frustes, inhospitaliers et méprisants. Pour les punir, le Christ engloutit leurs demeures sous un lac…" Telle est la légende expliquant son origine.

La réalité ? Il fut l'un des tout premiers lacs captés. Dès 1861, de malingre qu'il était, il fut agrandi par un barrage qui porta sa longueur à 925 m, sa largeur à 625 m et sa profondeur à 120 mètres ! Sa superficie est estimée à 47 ha. Sa couleur bleue, pure et intense, lui a valu son nom.

0h00 Le Chiroulet. Par une piste (à gauche) passant devant un bar restaurant, on traversera l'Adour de Lesponne pour stationner à quelque 100 m après le pont, en face de la petite usine hydroélectrique, au départ d'un grand chemin (sur la droite, pancarte *"Lac Bleu : 2h30"*). Agréable marche dans une belle forêt de hêtres et de sapins. Tout le long, le torrent gronde sur la droite, tandis que sur la gauche descend, gros serpent métallique, une conduite forcée.

0h35 Vous émergez sur un plateau herbeux (1 279 m) occupé par un curieux réservoir circulaire énorme. Vous

Le lac Bleu

avez devant vous tout le grand vallon que vous allez remonter par un sentier bien tracé et donc bien visible. Tout en haut et sur le ciel se découpe la crête, et c'est au milieu de sa partie quasi horizontale que vous la franchirez. Le bon sentier oscille en généreux lacets sur le versant gauche parsemé de beaux massifs de rhododendrons en fleurs (en juin). Un coup d'œil en arrière (vers le nord) vous révèle la stature pyramidale du Montaigu (2 339 m).

0h55 Un embranchement discret démarre vers la gauche (panneau : *"Lac de Peyrelade"*). À ignorer.

1h10 Une passerelle déporte la montée sur le versant de droite, couvert d'asphodèles, à la pente plus accentuée où le sentier va imprimer de larges ondulations.

1h35 Deuxième passerelle. La progression se poursuit désormais sur la gauche du vallon. La pente se relève encore plus. Un jour, je rencontrai là un vététiste attaquant allègrement cette montée ! Le lac atteint, il redescendit dare-dare, sans pause !

2h30 **Le lac Bleu (1 928 m).** Le sentier, marqué dans le roc et doublé d'un muret, débouche soudain sur sa berge. Il apparaît dans toute son ampleur et sa magnificence. Sur la droite, une belle cabane ajoute au pittoresque du site. Ouverte, mais sans confort ; deux pièces et un premier étage. À l'horizon (sud), une crête décrit un hémicycle parfait. Comme sur un grand écran panoramique de cinéma, le regard balaie un vaste décor de hauts sommets dépassant 2 500 mètres d'altitude. C'est d'ici qu'il faut repérer l'itinéraire évident pour gagner la Pène det Pouri. À l'extrême droite se dresse la Pène Taillade (2 587 m), à la face abrupte, en forme d'incisive, fendue par une brèche géante… *"visible de Biarritz"* (!) affirmait Georges Ledormeur en 1928. À gauche de cette montagne brisée, un sommet à la silhouette débonnaire et bossue n'est autre que la Pène det Pouri. Il est facile d'imaginer et de composer l'itinéraire pour la gravir : "ça passe partout".

Vous avez prévu de rester là ? N'hésitez pas, cependant, à faire le tour du lac Bleu ; la marche par le sentier bien balisé (trait jaune) est une agréable et magnifique promenade d'une heure et demie. Partez d'abord sur la droite et inspirez vous, en partie, de l'itinéraire de…

LA PÈNE DET POURI 2 587 m

De la cabane, suivez le mince sentier qui contourne le lac, en montant tout d'abord pour suivre la rive à une certaine hauteur tout en épousant le relief du terrain.

2h45 Bifurcation. À droite (à éviter), vous iriez au col de Bareilles (2 238 m). Poursuivez sur la gauche.

2h45 Nouvelle bifurcation. À gauche, un sentier descend pour s'approcher de la berge du lac et effectuer "le tour du lac" (pancarte). Poursuivez tout droit ; cette branche vous amène à…

3h05 La cabane de la Thoue (2 011 m). Ouverte, sans confort. Une vague trace s'élève vers le sud pour s'engager dans un vallon (à suivre) remontant vers le sud-ouest, en direction de la crête de Pène Taillade, tandis qu'une ligne de falaises (les Aiguillettes, 2 399 m) constitue le versant de droite. Quelques cairns jalonnent votre voie, facile et évidente.

3h40 Laquet (2 217 m), parfois asséché, que vous longez sur sa gauche. Plus haut, à droite d'un col se dresse une étonnante aiguille, semblable à un clocheton. Vous n'y arriverez pas car le vallon s'oriente progressivement vers la gauche (sud-est), comme pour vous inviter à poser le pied sur une croupe (orientée sud-nord) qui, de bosse en bosse, se relie à votre sommet. Au fur et à mesure de l'ascension, le lac Bleu ne cesse de charmer, et tout le cirque qu'il occupe s'agrandit et révèle son importance.

4h30 Vous voici sur cette large croupe (vers 2 450 m) d'où la vue, après la montée au décor limité vers le sud, vous stupéfait : grands sommets de Gavarnie, Néouvielle, région lacustre Dets Coubous… La croupe s'amenuise et une courte grimpette vous hisse au…

4h45 **Sommet de la Pène det Pouri (2 587 m).** Quelle vue ! Vous en oubliez de poser le sac à terre ! Vite, quelques noms de ces pics bien-aimés qui font la joie de vivre des montagnards : (d'est en ouest) pic du Midi, à l'infini de l'est les massifs du Luchonnais, et encore au-delà, ariégeois. Puis Néouvielle et ses voisins (Ramoun, Turon, Campbieil, pic Long). Plus proches : les lacs Dets Coubous, le cirque de la Glère. À l'aplomb de notre cime : la vallée de Barèges. *"Que faire à Barèges, à moins que*

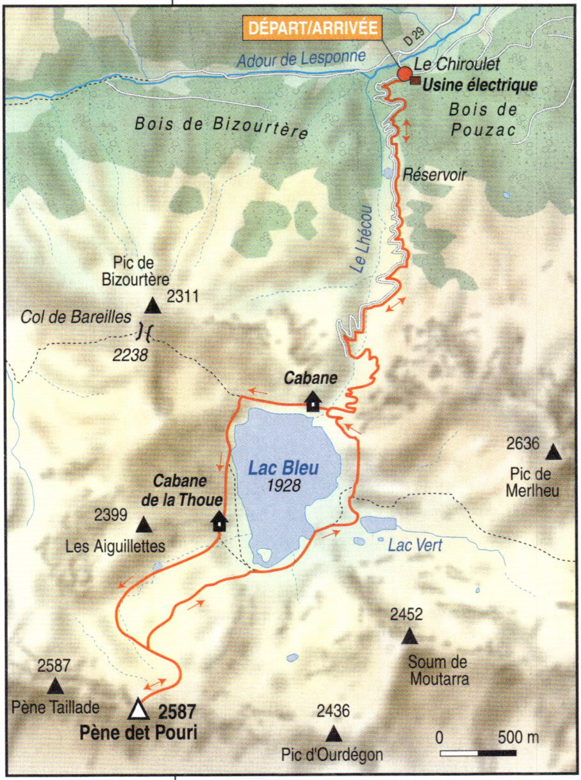

l'on n'en parte !" avait écrit Beraldi *(Cent ans aux Pyrénées).* Ardiden, "grands" de Gavarnie (Ramond, Mont-Perdu, Cylindre, Marboré, Tour, Casque, Brèche de Roland, Taillon, Gabiétous), Vignemale, Enfer, Balaïtous, Palas, Gabizo... Et devant cette fresque : le Moun Né, le Cabaliros, le soum de Nère. Un décor impressionnant, tout à côté et à l'ouest de votre belvédère se dressent deux pointes vertigineuses, "bornes" naturelles de Pène Taillade. Faisant suite : le soum et le pic de Léviste, puis le pic de Lascours.

Quant à la vue vers le nord : Montaigu, vallée de Lesponne, plaine de Tarbes. Mais en premier plan et 680 m au-dessous de votre poste de vigie, la pureté et la grandeur du lac Bleu fascine, encadré par les crêtes de Bizourtère (2 311 m), à gauche, et par celles du pic de Merlheu (2 636 m), à droite, qui se prolongent jusqu'au pic du Midi.

A leur base et à droite du lac Bleu, le lac Vert et deux laquets voisins qui recevrons votre visite sur le chemin du retour.

Profitez-en pour reconnaître l'itinéraire à suivre pour le circuit final. Il saute aux yeux !

Après vous être bien "rincés l'œil" et bien restaurés comme il se doit...

0h00 Vous remettez le sac sur les épaules et vous faites demi-tour ; soit en reprenant scrupuleusement l'itinéraire de la montée, soit en plongeant tout droit sur le lac Bleu (ça passe partout !). A peine au-dessus de sa berge amont, vous retrouvez...

1h00 Le sentier (balisage : trait jaune) que vous suivrez désormais sans souci, par la droite, pour faire le tour complet du lac. Des torrents dégringolent le versant, issus de deux laquets que vous aviez aperçus depuis le sommet ; eau fraîche à volonté !

1h20 Une courte remontée du sentier vous dépose au lac Vert (2 009 m) qui s'étale au bas d'un vallon dont l'origine se situe à l'est, au col d'Aoubé (2 369 m). Cinq min plus loin, vous débouchez sur un sentier horizontal venant justement de ce col (à droite). Bien évidemment, vous prenez sur la gauche pour terminer votre circuit en boucle autour du grand lac. A l'approche de son déversoir, le sentier plonge, raide, abrupt, sécurisé par trois gros câbles... pas très utiles (hors enneigement).

1h45 Le déversoir. Petite cabane des Ponts et Chaussées. Un dernier regard vers le miroir sombre du lac (vu l'heure tardive), sur la crête, au sud, qui le domine et sur votre pic où s'accroche déjà tant de belles images et de souvenirs précis.

Puis c'est la longue descente en lacets pour retrouver...

3h15 Votre point de départ de ce matin, au Chiroulet.

LE LAC D'ONCET 2 254 m & LE PIC CREMAT 2 630 m

EN CIRCUIT, PAR LA CABANE DE TOUE. VERSANT OUEST DU COL DU TOURMALET

8 Depuis la fermeture de la route à péage du pic du Midi, tout ce massif a retrouvé silence, calme et sérénité. Et c'est tant mieux. Le lac d'Oncet se pare de l'ambiance d'un lac de montagne où il fait bon flâner, rêver et méditer en parfaite communion avec la nature. Le pic Crémat s'atteint par un itinéraire en demi-cercle qui balaie un vaste panorama d'est en ouest, des hautes cimes luchonnaises au pic du Balaïtous. Une fois le sommet atteint, la vision se développe encore plus : nous avons l'impression d'être devant une table d'orientation "grandeur nature" !

ACCÈS ROUTIER

Carte Michelin n° 342 Local – Case M 5 (milieu, droite)

ACCÈS/DÉPART

Il se situe depuis la route du col du Tourmalet (versant ouest, côté Barèges) dans un virage aigu à 2 km sous le col, virage coté 1 944 m sur les cartes, juste au-dessus de la cabane de Toue. Deux grands parkings.

HORAIRES

- pour le lac d'Oncet : 1h05 (aller)
- pour le pic Crémat : + 2h25 (aller), soit 3h30 au total
- pour le circuit complet : 5h20 au total

DIFFICULTÉS

- pour le lac d'Oncet : aucune, randonnée sur sentier
- pour le pic Crémat : également sur sentier jusqu'au col d'Aoubé. De là au sommet, nous sortons du cadre de simple randonnée pour aborder une ascension réservée aux montagnards

DÉNIVELÉES

- pour le lac d'Oncet : 350 m
- pour le pic Crémat : + 550 m, soit 900 m au total

CARTES

Rando Éditions n° 4 Bigorre, au 1/50 000
IGN Top 25 n° 1747 ET, au 1/25 000

LE COL DU TOURMALET : UN GRAND COL PYRÉNÉEN !

"Tourmalet" : mauvais tour, mauvais passage. Bien avant l'invasion de l'automobile, il était coutume – pour les fortunés – de le gravir en… chaise à porteurs ! Pauvres porteurs ! George Sand ne fut pas la dernière à accomplir ce "courageux exploit". Au siècle suivant, les coureurs du Tour de France le franchissent à vélo, exploit plus méritoire, il faut en convenir. Cependant, en 1933, Louis Le Bondidier, un des derniers pionniers du pyrénéisme, nullement fan de cette course écrivait : *"Le Tourmalet est le cauchemar de pauvres bougres, « géants de la route », suivant la phraséologie de leur presse spéciale, coureurs cyclistes du Tour de France, à qui, pour la curiosité un peu sadique de quelques milliers de badauds, un programme imposait jusqu'en ces dernières années l'étape Bayonne – Luchon par les cols, qui n'aurait jamais été autorisée s'il existait une ligue pour la protection de l'homme comme il en existe une pour les animaux."*

LE LAC D'ONCET 2 254 m

0h00 C'est sans chaise à porteur et sans vélo, mais sac sur le dos, que nous adopterons un bon petit sentier horizontal qui démarre en plein virage. Négligeons, évidemment, un large chemin qui descend vers une grande cabane de berger typiquement pyrénéenne. C'est la cabane de Toue. À quelque 80 m d'elle, vers l'ouest, se dresse un obélisque portant gravé : *"Chemin de Nemours. Témoignage de reconnaissance de la vallée de Barèges à S.A.R. M. le duc de Nemours. 1839."* Nous pourrons y faire une visite, à notre retour.

Pour l'instant, notre sentier horizontal traverse un petit torrent – le ruisseau d'Oncet – en provenance de "notre" lac. Dès les premières minutes, la vue sur l'Ardiden (2 988 m) et le Balaïtous (3 144 m), au milieu d'une exposition de grands massifs, peut nous distraire au point qu'à…

0h15 (comptons plutôt 0h17 – 0h18, suivant l'allure), nous risquons de ne pas voir, sur la droite, et à angle aigu, l'embranchement du fin sentier du lac d'Oncet ! 80 % des randonneurs

Le massif du Néouvielle émerge de la mer de nuages

le ratent ! Soyons donc très attentifs. Des marques à la peinture blanche sur des cailloux facilitent le repérage. Il ne faut pas tenir compte d'un téléski, d'après la carte IGN, qui pourrait nous servir d'indication : il y a belle lurette qu'il a été démonté !
Bien ! Nous voilà donc sur la bonne voie. L'observatoire du pic du Midi émerge timidement de la crête sommitale du vallon d'Oncet que notre sentier va rejoindre un peu plus haut. Dans l'atmosphère voilée du lever du jour, il prend la silhouette d'un château de conte de fée à la Walt Disney, perché sur une colline ! Les premières lueurs du soleil jaunissent les coupoles des bâtiments.
0h40 Nous émergeons à un "col" (un faux col) derrière lequel nous pensions trouver déjà le lac. Il n'en est rien ; il s'agit d'un adoucissement de la pente.
0h55 À une trentaine de mètres sur la gauche : des vestiges d'une cabane de berger, mémoires de pierre d'une très vieille activité pastorale. Juste devant ces ruines passe un sentier qui s'élève sur le flanc herbeux de la montagne de la Bonida. C'est lui que nous prendrons tout à l'heure pour nous approcher du pic Crémat. À retenir, donc !
Deux minutes plus loin, une fourche ne doit pas nous distraire ; délaissons la voie de droite pourtant fléchée. Quelque cinq minutes après : une nouvelle bifurcation. La branche de droite est l'aboutissement d'un chemin-piste venant de l'ancienne route du pic, juste au-dessus. Prenons la petite sente de gauche (en fait, devant nous) qui longe un petit thalweg (à sec). Et, très vite, "il" est devant nous.
1h05 Le lac d'Oncet (2 254 m). Un lac tout rond, comme dessiné au compas. Sur les berges évoluent de petits troupeaux de montons dont le tintamarre des clochettes se répercute sur les parois du cirque rocheux. L'observatoire nous domine de 600 m ! À l'aval du lac, une petite crête herbeuse sera un excellent promontoire pour mieux observer tout ce site et apercevoir à nos pieds, et au sud, un laquet qui reflète l'image du massif du Néouvielle (3 091 m), tout au fond de la chaîne.
Et peu à peu s'installe en nous l'envie de mieux déchiffrer cette partie des Pyrénées centrales, sans qu'aucun obstacle, sans qu'aucune paroi n'en obstruent la vue, même en partie. Alors… montons vers…

LE PIC CRÉMAT 2 630 m

0h00 Nous faisons demi-tour, un court demi-tour, pour revenir aux…
0h10 Ruines de la cabane (alt. : 2 210 m) (voir à **0h55**). Une trentaine de mètres avant ces vestiges, une petite sente s'embranche sur la droite, frôle ces vieilles pierres et monte à l'assaut du versant pour franchir le col de la Bonida, à 2 302 m. Ces 90 mètres de dénivellation à monter ne seront pas une "bavante" : la pente paisible et le point de vue sur les proches sommets du sud (dont le Néouvielle et la pointe du Ramoun) agrémenteront cette progression ascendante. Balisé en points roses (ancienne couleur rouge délavée !), le sentier aborde le versant très gentiment et

l'on a "sur" les yeux et très à droite le col herbeux qu'il va sauter.

0h40 Le col de la Bonida (2 302 m). Le champ de vision s'élargit sur les hauts massifs de l'ouest. Le montagnard exercé dénichera dans toute cette profusion de vallées, de crêtes et de pics les vallons d'Aygues-Cluses, dets Coubous, de la Glère où nichent tant de beaux lacs.

Maintenant, notre sympathique sentier part horizontalement vers l'ouest, labourant le versant pentu pour franchir encore…

0h45 Une deuxième crête, sorte de "col bis" ou "col jumeau". Là, une autre vue nouvelle aussi étendue que différente ! Du Néouvielle jusqu'au Balaïtous, et même au-delà. De notre belvédère, nous pouvons suivre en détail tout l'itinéraire jusqu'à notre but final : le pic Crémat. Quel plaisir et quelle tranquillité de déchiffrer tout notre parcours, mieux que sur une carte !

Bien sûr, pour compenser notre montée au col que nous venons de franchir, nous allons perdre de l'altitude par une descente vers l'ouest afin de rejoindre (100 m plus bas, en dénivelée) le lac d'Aouda… à sec, matérialisé par son ancien fond en cailloux noirs ! C'est un peu en son aval que nous déboucherons sur le sentier (baptisons-le "sentier d'Aoubé", par simplification, faute d'appellation officielle) qui démarre au parking et que nous avons pris ce matin, mais quitté 15 min après notre départ pour monter au lac d'Oncet. Ce "sentier d'Aoubé" rejoint, nous le suivrons dans son ascension sur un long pierrier où il trace son "chemin". Il nous conduira sur le col d'Aoubé (2 369 m). Et, de là, nous gravirons sur la droite (nord) une crête assez relevée pour atteindre la cime du pic Crémat. Le trajet est d'une netteté si parfaite que nous ne donnerons ici que les horaires et quelques courtes précisions.

De notre crête "table d'orientation", nous dévalons vers l'ouest pour déboucher, comme reconnu par notre observation…

1h05 Sur le "sentier d'Aoubé". Trois minutes plus loin, un petit panneau précise *"Col d'Aouda – Lac d'Aouda – Alt. : 2 208 m"*. Une flèche désigne la direction de ce col qui nous domine, devant nous et légèrement à gauche. Notre voie longe les "cailloux noirs" du lac d'Aouda. Une montée en lacets, tantôt sur l'herbe, tantôt sur un pierrier, et nous posons le pied sur…

1h35 Le col d'Aoubé (2 369 m). Devant nous (ouest) descend une large et longue combe retenant vers son aval le lac Vert (2 009 m) et le grand lac Bleu (1 944 m) dont nous ne verrons tout aujourd'hui que sa moitié sud.

À notre droite (nord) s'élève une crête herbeuse assez pentue que remonte une fine trace. Nous la suivrons, mais elle disparaîtra rapidement. Ici cesse le terrain du randonneur pour devenir le cadre du montagnard. Le pic est rarement gravi (allez savoir pourquoi !) ; nous n'y trouverons que trois ou quatre cairns (invisibles de loin),

Le lac d'Oncet et le pic du Midi

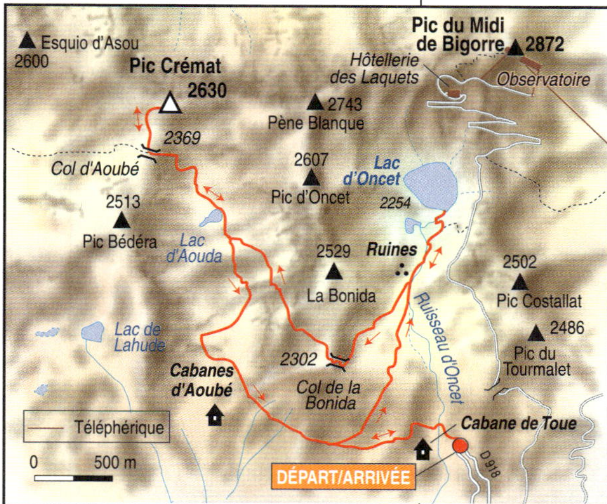

marques de passages de quelques devanciers, jadis.

À cinq minutes du col, la trace se perd. Un cairn propose de partir sur la gauche pour déjouer la rudesse de la pente. À partir de là nous composerons notre ascension qui ne présentera pas de difficultés notables : un pierrier à remonter au mieux en direction d'une rude crête (au nord) où il est encore difficile d'identifier notre pic.

2h15 Nous sommes sur la crête. De l'autre côté c'est le vide impressionnant et la vue plongeante sur le lac de Peyrelade, sous les pieds, 700 m plus bas ! Le Crémat, sur notre droite, protège son accès par des murailles d'aspect barbare ! Quelques cairns, de courtes traces et notre instinct nous orienteront pour déjouer cette défense, finalement pas si terrible.

2h25 **Le pic Crémat (2 630 m).** La splendeur et l'étendue du panorama nous stupéfient !

Vers le nord (de g. à d.) : le Montaigu (2 339 m), le lac de Peyrelade (1 919 m), immense saphir ovale, l'observatoire du pic du Midi dont nous sommes séparés par une longue arête, fine et aérienne.

Vers le sud (de g. à d.) : à l'infini de l'horizon, la Maladeta, les "3 000" luchonnais, puis l'Arbizon, les Quatre Termes, les "satellites" du Néouvielle (pics d'Aygues-Cluses, de Gourguet, de Madamète, pic Long), enfin le Néouvielle, grand seigneur, avec à sa base le grand lac dets Coubous ; puis les majestueux Mont-Perdu, Cylindre, Marboré, Tour, Casque, la brèche de Roland, Taillon, Gabiétous, Vignemale, Ardiden, Enfer, Balaïtous, Gabizo... Nous passons sous silence une bonne centaine de sommets célèbres !

Rattaché à notre "poste de vigie" par une courte arête : le pic Merlheu (2 636 m) que l'on attaque plutôt par le Chiroulet et le lac Bleu. Dominant ce grand lac, se dressent la Pène det Pouri et les crêtes aiguës de Pène-Taillade.

Demi-tour ! Nous retrouvons...

3h00 Le col d'Aoubé. Puis, plus bas, juste après, le lac d'Aouda...

3h25 "La jonction débouché" du sentier venant du col de la Bonida (voir à **1h05**), notre point de chute depuis ce col, en venant du lac d'Oncet. Bien sûr, nous ne remonterons pas, mais continuerons la descente, tout droit, négligeant par la suite tous départs de sentes et de traces des deux côtés.

2h45 Une fourche bien marquée pourrait nous faire hésiter. Oublions la branche de gauche, plus étroite ; elle remonte. Nous dominons les cabanes d'Aoubé, en ruines, sauf une, récente, et une deuxième, encore debout, avec son toit en grosses pierres plates. Une dizaine d'enclos également en grosses pierres s'éparpillent aux alentours... témoignages d'une ancienne "civilisation" pastorale.

Très vite une nouvelle fourche nous laisse perplexe ; il nous faudra prendre à gauche. Trois cairns confirment la bonne direction. Notre sentier devient sensiblement horizontal (et un peu resserré par endroits). Il se dirige franchement vers l'est, en direction du parking quitté ce matin.

4h00 Nous reconnaissons, sur la gauche, le départ du sentier menant au lac d'Oncet (voir à **0h15**). Et à...

4h15 Nous retrouvons la voiture, enthousiasmés d'avoir réalisé une "randonnée ascension" si variée et si riche en vastes panoramas.

LE LAC D'OURREC 1 667 m & LE MONTAIGU 2 339 m

EN CIRCUIT, DEPUIS LE CHIROULET (1 062 m), VALLÉE DE LESPONNE

9 Petit, discret, au débouché d'un vallon verdoyant arrosé par de généreux torrents, avec sa petite cabane et les troupeaux qui paissent aux alentours, ce lac d'Ourrec ravira les randonneurs à la recherche d'un cadre de montagne sympathique et original.
Quant au Montaigu et au circuit proposé – course réservée aux très bons marcheurs – l'ascension sera découverte continue de beaux panoramas tous azimuts.

La cabane d'Arrolets

ACCÈS ROUTIER

Carte Michelin n° 342 Local – Case M 5 (haut, gauche)

ACCÈS/DÉPART

De Bagnères-de-Bigorre, suivre la "route des cols" (D 935). Peu après Baudéan, sur la droite, remonter la vallée de Lesponne, par la D 29 jusqu'à son terminus, le Chiroulet. Grand parking. Pour le circuit, on pourra laisser un véhicule au point de chute (1 135 m) dans le vallon de Tos (petite route s'embranchant sur la droite, à l'ouest, à 2,8 km avant le Chiroulet).

HORAIRES

- pour le lac d'Ourrec : 2h00 (aller)
- pour le Montaigu : + 3h30 (aller), soit 5h30 au total
- pour le circuit complet : 8h10

DIFFICULTÉS

- pour le lac d'Ourrec : aucune, montée sur sentier.
- pour le Montaigu et le retour en circuit : il s'agit d'une course très longue, réservée aux montagnards entraînés et très bons marcheurs.

DÉNIVELÉES

- pour le lac d'Ourrec : 600 m
- pour le Montaigu : + 700 m (env.), soit 1 300 m au total

CARTES

Rando Éditions n° 4 Bigorre, au 1/50 000
IGN Top 25 n° 1747 ET, au 1/25 000
IGN Top 25 n° 1647 ET, au 1/25 000

LE LAC D'OURREC 1 667 m

0h00 Dans le prolongement du parking, nous nous engageons sur un large chemin de chars qui s'infiltre dans le vallon où dégringole l'Adour de Lesponne. Nous franchissons rapidement la rivière par un pont en planches. Petit panneau : à gauche *"Lac Bleu"*, à droite *"Lac d'Ourrec"*. Continuons donc à remonter cette longue et belle vallée au milieu des hêtres, tout d'abord, puis des sapins, accompagnés du tumulte du torrent. Un balisage (trait jaune) jalonnera constamment tout notre itinéraire.

0h20 Un deuxième pont nous dirige sur l'autre rive. À cause de l'étroitesse – relative – de la vallée, le chemin doit composer avec l'Adour qui se taille le meilleur passage !

0h25 Un répit : une grande clairière profite de l'évasement des versants.

0h40 Troisième pont. Petit barrage, bien modeste.

0h45 Deuxième grande clairière (deux cabanes en bout).

0h55 Et nous traversons l'Adour une quatrième fois ! Le chemin devient sentier, plus facile pour attaquer la pente relevée et pour se faufiler dans la gorge qui fait suite.

1h35 Nous sortons progressivement de la forêt. Sur la gauche, une belle cascade (le Pich d'Ouscouaou) s'effondre dans un dièdre de la falaise, sur près de 80 mètres de hauteur ! Elle vient du vallon d'Ourrec, ce qui nous indique, maintenant, la direction à suivre. Nous attaquons le versant en pelouse, nous orientant donc nettement sur la gauche, vers le haut de la chute.

1h50 Nous émergeons dans un splendide vallon herbeux où le torrent se prélasse avant de s'abîmer dans le vide. Suivons-le ; il draine tout ce long vallon cerné de crêtes élevées. Très vite, un ruisselet venant de la droite, nous amène au…

2h00 **Lac d'Ourrec (1 667 m).** Pas immense, mais très agréable par son environnement : pâturages, troupeaux de moutons et de chevaux, petite cabane (ouverte, mais nue). Il faut se déporter légèrement au-dessus du lac, vers le sud, pour apercevoir en fond le Montaigu ainsi que toute la crête qui s'y rattache. Silhouette lointaine, certes, mais attirante ! On y va ?

LE MONTAIGU 2 339 m

Nous reprenons le sentier ; il longe le lac par sa droite et s'imprime sur les pelouses. Très vite, d'autres sentes faites par les troupeaux lui font "concurrence", aussi faudra-t-il être attentifs à ne pas nous fourvoyer et à prendre celle qui s'élève le plus, après avoir bien repéré sur la gauche la hourquette d'Ouscouaou.

2h40 La Hourquette d'Ouscouaou (1 872 m). Au sud : belle vue sur les massifs d'Arrouy et de Léviste. Sous nos pieds et à quelques mètres : une cabane (ouverte, propre, quatre sommiers métalliques, trois matelas, table).

De notre col, et vers le nord, démarre une longue crête en "montagnes russes". Portons-y attention et scrutons-la soigneusement car c'est elle qui nous guidera jusqu'au Montaigu. Entre le col de Barran et celui des Rosques, elle se courbe vers la droite (est), puis s'agite en bosses rocheuses et serrées pour repartir vers le nord et s'achever au sommet, notre but. C'est simple, clair et évident.

Montons donc à toute crête (mince trace) où après une bosse (1 953 m), nous foulons le…

3h05 Pic de Barran (1 982 m), premier belvédère sur toute notre voie d'ascension. La progression sur crête est toujours un régal, car c'est la vue constante et toujours variée sur 360°. À l'est : le vallon entier du lac d'Ourrec ; plus loin : le pic du Midi ; à l'ouest (sous nos pieds) le lac d'Isaby, puis la profonde vallée d'Argelès-Gazost et, au-delà, les sommets du Cabaliros, du Gabizo et du Balaïtous (parmi des centaines d'autres).

Un fin sentier de bêtes suit plus ou moins la crête en évitant les montées et descentes successives du relief. Suivons cet itinéraire logique. La vue grandit toujours et c'est un plaisir de découvrir vers le sud de nouveaux massifs qui se dévoilent de mieux en mieux, dont Lascours, Pène Taillade, Pène det Pouri.

Nous évitons une courte montée au pic du Mont (2 003 m) en longeant son versant gauche (ouest), et à…

3h30 Nous parvenons au long col bosselée de Barran (1 934 m) traversé (de gauche à droite) par un sentier bien net (à ignorer, bien sûr). À peine plus haut et pour éviter les mouvements de la crête, nous suivons une petite sente qui se déporte sur la droite (est) mais qui la suit de très près et domine un grand replat. Nous sommes dans une sorte de cirque en pelouse formé par le coude de la croupe (comme un arc de cercle) entre le col de Barran et celui des Rosques (nous en avons parlé plus haut). Évitons surtout de perdre de l'altitude ; plusieurs sentes plus ou moins parallèles strient ce versant. Restons toujours sur la plus élevée, la plus proche de la crête. Quelques rares cairns confirment la bonne voie.

4h20 Col des Rosques (2 018 m). À gauche et très bas : le petit lac d'Ousse (1 839 m). Devant nous (nord-est) pointe le Montaigu. Désormais, plus de soucis, notre "sente de bêtes" est devenue vrai sentier d'ascension. Nous n'avons plus qu'à lui faire confiance ; il emprunte *grosso modo* la crête.

5h00 Petit col (avant le point coté 2 243 m de la carte IGN). Quelques minutes plus haut, des cairns (sur la gauche) invitent à grimper sur l'arête pour la suivre. Elle devient de plus en plus étroite et demande un peu d'attention.

5h30 Victoire ! **Le sommet du Montaigu,** en fait double pointe **(2 339 m)**. Panorama si grandiose qu'il est impossible de le décrire en détail ! Juste quelques noms : Arbizon, pic du Midi, Néouvielle et ses satellites, Badet, Bugatet, Méchant, puis pic Long, Pène Taillade, Pène det Pouri, Léviste, Ardiden, Vignemale, Enfer, Grande Fache, Cambalès, Balaïtous, Cabaliros, Gabizo, Ger, Ossau. Et nous en omettons une bonne centaine !

Le retour en circuit sera une vraie détente, un parcours insouciant et facile puisque nous suivrons un excellent sentier bien balisé (trait jaune) qui débute entre les deux pointes du sommet pour dégringoler vers le nord. C'est l'itinéraire classique et donc le plus fréquenté pour monter au pic. Donnons simplement quelques repères.

0h00 Nous amorçons la descente dont le tracé suit la crête. Nous plongeons dans un petit cirque où reposent…

0h30 Les deux petits lacs du Montaigu (1 987 m) que nous contournons d'abord par la gauche pour retrouver la croupe qui nous conduit au…

0h45 Col de Tos (1 807 m). Clôture en barbelé. Là : stop ! Nous partirons sur la droite (est), comme nous y invite le balisage, pour nous engager dans le vallon agréable et sauvage du ruisseau de Tos où nous nous laisserons toujours guider par le fidèle sentier.

1h00 Sur la gauche : une abondante, fraîche et délicieuse source ! Quel bonheur !

1h20 La petite cabane d'Arrolets (1 350 m), typiquement montagnarde mais qui, en partie, "a subi des ans l'irréparable outrage". À quelques courtes minutes, nous tombons sur le terminus d'une mauvaise piste (disons plutôt un large chemin). Suivons-la. Par deux fois et sur la gauche, un petit sentier (à suivre, cairns) en coupe les lacets.

1h30 Nous débouchons sur une "piste route" (1 135 m) où nous retrouverons notre deuxième véhicule… si nous l'y avons laissé avant le départ matinal depuis le Chiroulet. Sinon… nous poursuivrons à pied, sans nous lamenter car, après ces heures d'ascension, puis de descente, la marche sur la route débonnaire, finalement, est reposante !

2h00 Nous tombons sur la grande route (D 29) de la vallée de Lesponne qui s'achève justement au Chiroulet. Nous la remontons donc, et à…

2h40 Nous retrouvons le parking où notre voiture nous attendait sagement !

Le lac d'Ourrec ; au fond : le Montaigu

LES LACS D'ESTIBÈRE & LE PIC DE GOURGUET 2 619 m

EN CIRCUIT, PAR LE LAC DE L'OULE. DÉPART À 1 591 m

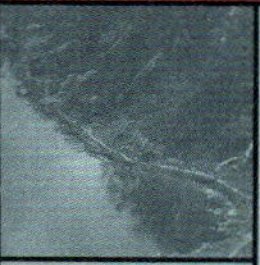

10 Onze lacs s'échelonnent et s'étagent dans le cirque d'Estibère. Chacun déploie un charme particulier ; aucune ressemblance entre eux ! Le randonneur ne peut se lasser un seul instant. Il composera son programme sur place, comme bon lui semble.
Oui ! "Vagabonder est la vraie liberté !"
Cet Eden traversé, l'ascension au pic de Gourguet achève l'excursion en apothéose : un panorama généreux et admirable ; et encore d'autres lacs sur le chemin du retour.

Le lac de l'Oule

ACCÈS ROUTIER

Carte Michelin n° 342 Local – Case M 5 (bas, droite)

ACCÈS/DÉPART

À La Barthe-de-Neste (sud de Lannemezan), prendre la D 929 jusqu'à Fabian. Après le pont et à droite, elle remonte la vallée de la Neste de Couplan (direction lacs d'Orédon et de Cap-de-Long). À la cote 1 591 m : grand parking avec panneau et carte.
Point de départ de l'ascension.

HORAIRES

- pour les lacs : 2h00 (pour le premier lac) à 3h00 (pour le dernier, le lac Supérieur – aller).
- pour le pic de Gourguet : + 1h00 (à partir du dernier lac), soit 4h00 au total (aller).
- pour le circuit complet : 7h15 au total.

DIFFICULTÉS

Aucune pour la randonnée autour des lacs. Pour l'ascension au pic et le retour en circuit, il est indispensable d'avoir une certaine expérience en orientation et en lecture de carte (pour montagnard ou randonneur exercé).

DÉNIVELÉES

- pour les lacs : 550 m (pour le premier lac) à 750 m (pour le dernier),
- pour le pic de Gourguet : + 300 m (à partir du dernier lac), soit 1 050 m au total.

CARTES

Rando Éditions n° 4 Bigorre, au 1/50 000
IGN Top 25 n° 1748 ET, au 1/25 000

LES LACS D'ESTIBÈRE de 2 100 m à 2 325 m

0h00 Du parking, nous franchissons la Neste de Couplan (pont) pour suivre à pied la piste (interdite à tous véhicules). Plus loin, panneau : *"Lac de l'Oule : 1h15, etc."* Dans la fraîcheur du matin, la marche sur cette piste n'a rien de désagréable. Les sommets s'éveillent sous le soleil levant, des isards galopent prestement.
0h40 Nous débouchons sur la gauche du barrage qui retient la longue et vaste étendue du lac de l'Oule (1 819 m). Si l'on empruntait ce barrage, nous arriverions à plusieurs bâtisses dont le "Chalet de l'Oule" (bar, restaurant, chambres, etc. Rens. : 05 62 98 48 62). Restons et continuons toujours sur la gauche du lac.
0h55 Une station du P.N., carte et panneau *"Col d'Estoudou : 1h30"*, sur la gauche. À ignorer.
1h10 Très ancienne et très vieille cabane de berger, lamentable. 50 mètres avant, nous remarquerons sur la gauche (vers l'ouest) un petit cairn discret marquant le départ d'une trace. Suivons-la. Rapidement, elle devient plus visible et remonte un vallon, celui d'Estibère. Itinéraire tellement sauvage que seuls notre instinct, notre flair, notre pratique de la montagne et la carte peuvent nous guider. Sous-bois légers et pelouses alternent à maintes reprises. Marcher "au pif", toujours tout droit, plein ouest. Délaisser l'amorce d'un sentier sur la gauche, il conduit au Montpelat !
1h50 La montée s'adoucit, enfin. Mais le relief tourmenté et les sapins nous cachent la suite. Tout juste l'impression que nous

Le lac de l'Ile

venons de déboucher au cœur du vallon d'Estibère. Cairns. Restons à même niveau, légèrement sur la gauche.

2h00 En contrebas, voici le premier lac : **le Pé d'Estibère ou du Cascaret (2 100 m).** Plus loin et un peu plus haut, nous ne tardons pas à découvrir…

2h15 **Les deux lacs d'Anglade (2 175 m).** Longeons-les par la droite ; le sentier devient plus apparent au moment où, en fait, nous n'en avons pas besoin car le vallon s'éclaircit et s'élargit. Nous continuons devant nous, laissant sur notre droite le torrent principal né de tous les lacs supérieurs.

2h45 **Le lac de l'Île (2 278 m),** le plus beau de ce cirque d'Estibère. Nous sommes au centre de ce site lacustre. Tentation d'y rester toute la journée pour en apprécier tous ses secrets : lac de l'Ours et une dizaine sans nom.

3h00 **Lac Supérieur,** à la forme allongée **(2 325 m)**, le dernier des onze lacs. Nous n'avons pu tous les voir, car certains imposaient un petit détour. Mais quel vallon pittoresque et ensorceleur : bosquets, pins isolés, délicieuse balade du simple gourg anonyme et discret jusqu'à ce lac Supérieur de grande étendue, tous entourés de hautes herbes aquatiques et de rocs de granit, certains aux berges fleuries de linaigrette…

300 m de dénivellation nous séparent du…

LE PIC DE GOURGUET 2 619 m

Pourquoi nous priver du bonheur de son ascension, à 300 m de dénivelée de là ? Remontons toujours le vallon au plus facile, en suivant un semblant de sentier, sans problème. Sur la gauche (ouest), une longue arête joint le pic d'Estibère (2 663 m) au pic de Gourguet (2 619 m), plus bas ; et cette différence d'altitude rend incertaine l'identification des sommets. Seul repère sûr : il faut toujours remonter le vallon qui depuis le lac Supérieur bifurque presque à 90° vers le nord. Notre pic se dévoile mieux ; c'est un versant en pelouse, de faible pente, qui mène à sa pointe.

0h35 Stupéfaction : découverte d'un lac assez grand, à 2 465 m, que n'indique pas la carte TOP 25 "Néouvielle" ! Nous partons sur la gauche (ouest) où une petite trace nous guide sur la crête. Dix minutes suffisent pour la placer sous nos pieds (vers 2 520 m). Nous apercevons "notre" pic tout proche, sur la droite, vers le nord.

1h00 **Le pic de Gourguet (2 619 m).** Nous y voilà, en fiers conquérants ! Grand cairn pyramidal. Quelle vue : Méchant, Estaragne, Campbieil, Badet, Long, Ramougn, Néouvielle. À nos pieds (ouest) : le cirque lacustre de Madamète. Vers le nord, l'omniprésent pic du Midi (2 872 m).

Le retour s'opèrera en circuit. Le lac de Gourguet (2 218 m) à droite (est) sera notre premier objectif. On peut y descendre schuss, en recherchant tout au moins le cheminement le plus aisé. Un montagnard n'est pas un kamikaze ! Certains préfèreront suivre toujours la crête vers le nord, en se tenant, toutefois, légèrement sur la gauche (éviter le côté droit), pour rejoindre…

1h30 Le col de Barèges (2 469 m). Nous nous dirigeons alors sur la droite pour attraper un sentier très visible qui nous amènera sans hésitation au…

2h00 Grand lac de Gourguet (2 219 m). Une sente s'enfonce dans un petit vallon au bas duquel s'étale un…

2h25 Autre lac d'aspect marécageux, la Gourgue de Port-Bielh (2 100 m). Cabane métallique d'apparence misérable (ouverte) ; pourtant intérieurement correcte, cheminée. Le sentier de mieux en mieux tracé débouche sur le grand vallon principal du massif que creuse le ruisseau de Port-Bielh qui, très bas et très loin, se déverse dans le lac de l'Oule. C'est un excellent chemin que nous arpentons, maintenant. Le suivre est un jeu d'enfant. Pelouses, forêt, sapinière de Bastanet.

3h15 Et nous voici en amont du lac de l'Oule (belle cabane, mais fermée). Nous longeons sa berge occidentale (droite) où nous retrouvons la petite cabane en pierres, vue ce matin (voir à **1h10**). La descente, en terrain connu, jusqu'à la voiture paraîtra un peu longue... Et elle l'est !

4h15 (ou 7h15 au total) Ouf ! Fin du circuit, mais aussi – hélas – fin d'une magnifique excursion.

LE LAC DE L'OULE 1 819 m & LE SOUM DE MONTPELAT 2 474 m

EN CIRCUIT, DEPUIS L'ARTIGUSSE (1 591 m), ROUTE D'ORÉDON

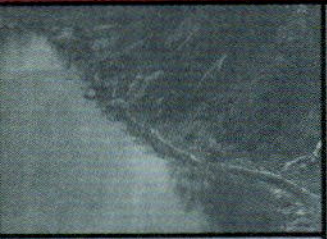

11 Le lac de l'Oule ? Un cadre bucolique ! Il faut en faire le tour, longer ses berges, au milieu d'un paysage charmant où alternent forêts de sapins, pelouses, torrents et troupeaux. Le Soum de Montpelat ? Une récompense vous attend au sommet : un spectacle de qualité tous azimuts. À ne pas manquer…

La cabane de la Lude et le lac de l'Oule

ACCÈS ROUTIER

Carte Michelin n° 342 Local - Cases N 5 (bas, gauche) et N 6 (haut, gauche).

ACCÈS/DÉPART

Au-delà de Saint-Lary-Soulan (D 929), à la sortie de Fabian, juste après le pont, et à droite, remonter la Neste de Couplan (toujours la D 929) jusqu'au parking de l'Artigusse (1 591 m).

HORAIRES

- pour le lac : 0h40 (aller)
- pour le Montpelat : + 2h00 (aller), soit 2h40 au total.
- pour le circuit complet : 4h55

DIFFICULTÉS

- pour le lac : randonnée familiale
- pour le Montpelat et le circuit : accessibles à tous randonneurs bons marcheurs

DÉNIVELÉES

- pour le lac : 230 m
- pour le Montpelat : + 680 m, soit 910 m au total

CARTES

Rando Éditions n° 4 Bigorre, au 1/50 000
IGN Top 25 n° 1748 ET, au 1/25 000

LE LAC DE L'OULE 1 819 m

0h00 Parking pour une quinzaine de voitures. Plus loin, un pont enjambe la Neste de Couplan et une deuxième aire de stationnement absorbe le trop-plein de la première, les jours d'affluence ! La montée au lac de l'Oule est d'une évidence étonnante et rassurante. Il suffit de suivre la large piste qui fait suite (interdite à tous véhicules). Panneau : *"Lac de l'Oule : 1h15 – Col d'Estoudou : 3h00".* Malgré cette "route", la progression est loin d'être monotone et triste. Mais, partez de très bonne heure ; peut-être serez-vous le premier ? Alors, vous goûterez le silence et la sérénité que propose cette marche insouciante. Quelques isards gambadent encore en ces bas-fonds.

0h30 Bifurcation. À droite, vous iriez au refuge communal de l'Oule. Continuez donc par la gauche, la voie des randonneurs.

0h40 Déjà ? Vous émergez au barrage du **lac de l'Oule (1 819 m).** Pancarte indiquant qu'en traversant le barrage vous atterririez au *"Chalet de l'Oule - Bar - Restaurant - Chambres - Tél. : 05 62 98 48 62".* "Oule", en patois pyrénéen, signifie "chaudron". Que l'on se place sur une crête dominant le lac, et l'on comprend parfaitement cette image ; il occupe le fond d'un grand creux semblable à une "oule". Il s'agit d'un lac artificiel créé par un barrage construit en 1922. Artificiel, certes, mais non dépourvu d'élégance et de grâce. Si vous avez décidé d'en faire le but final de l'excursion, longez ses rives pour en réaliser le tour complet. Pins, sources, ruisseaux, une vieille cabane de berger, pelouses…

LE SOUM DE MONTPELAT 2 474 m

Vous n'en restez pas là ? Alors, négligeant le barrage, suivez le chemin qui côtoie le lac par sa gauche. Un panneau aux multiples propositions *"Lacs de Port Bielh, de Bastan, col de Portet, etc."* oublie de mentionner votre direction ! Ne vous inquiétez pas. Au loin et se découpant sur le ciel : les pics de Bastan (2 715 m) et de Portarras (2 697 m).

0h55 À 15 min du barrage : station du P.N. (1 821 m). Panneau : *"Col d'Estoudou : 1h30"* indiquant sur la gauche le GR 10 qui se chargera de vous y conduire. Balisé (cairns et peinture), bien qu'un peu discrètement parfois, il longe un ruisseau sur la droite, puis, plus haut, le traverse pour grimper toujours en forêt de sapins.

1h45 Un grand plateau herbeux, dégagé, offre la première vision sur le Montpelat, le bien nommé (Montpelat : mont pelé), puisque son versant s'expose nu de tous conifères. L'itinéraire se déporte légèrement sur la droite et vous mène au…

2h15 Col d'Estoudou (2 260 m). Panneau *"Lac d'Aumar : 0h45 – Lac d'Orédon : 0h35"*. Et le Montpelat ? Sa pointe et son ascension sont si évidentes qu'il a été oublié ! D'ici, le Néouvielle (3 091 m) déploie toutes ses arêtes, ses pointes et ses brèches. Grimpez sur la droite (nord), à toute crête, guidé par un semblant de sentier.

2h55 **Soum de Montpelat (2 474 m).** Appareil photo et jumelles entrent en action ! Quelques noms pêle-mêle : Bugatet, Méchant, Estaragne, Cambieil, pic Long, lacs d'Orédon, de Cap-de-Long, d'Aumar et d'Aubert. Le majestueux Néouvielle trône en grand seigneur. La ronde des sommets se poursuit vers le nord et l'est : Bastan, Portarras, Pichaley, Arbizon… Pour le retour en circuit, dévalez la crête vers l'ouest, étroite mais sans difficulté, où une sente discrète trace… son chemin, un tantinet sur la gauche.

3h15 Petit col boisé (vers 2 250 m), au pied du pic d'Anglade. C'est à ce col que vous faussez compagnie à cette voie pour piquer sur la droite (nord-est), arpentant un vallon qui vous dépose directement au…

3h35 Lac du Cascaret (2 100 m). Il captivait votre regard depuis longtemps déjà, avec son voisin un peu supérieur (2 173 m), le lac d'Anglade. Il a la forme d'un cœur. Sa berge tapissée de plaques herbeuses qui s'avancent sur l'eau et semblent flotter, les grands sapins qui le bordent lui donnent un petit air canadien ! Il hypnotise et séduit, avec en toile fond les altières silhouettes du Bastan, du Portarras, du Bastan d'Aulon et du Pichaley.

Pour fermer la boucle du circuit, sans trop s'approcher de ce lac du Cascaret, il faudra partir sur la droite (est), s'élever légèrement sur une croupe

Le lac du Cascaret

qui en constitue son barrage naturel. Quelques rares cairns, avares et discrets… Soyez attentif ! Tenez vous obstinément sur la droite pour dénicher un vallon qui va s'enfoncer maintenant sur le lac de l'Oule. Vous le suivrez dans sa partie médiane. Vous trouverez vite, ainsi, le petit sentier qui, un peu rapide et tortueux, vous dirigera sur…

4h15 La berge du lac de l'Oule et sur son grand chemin, à hauteur d'une très vieille et bien triste cabane de bergers toute en pierres. Et maintenant, "y a plus qu'à" rejoindre…

4h35 Le barrage et retrouver la voiture au…

5h10 Parking d'Artigusse.

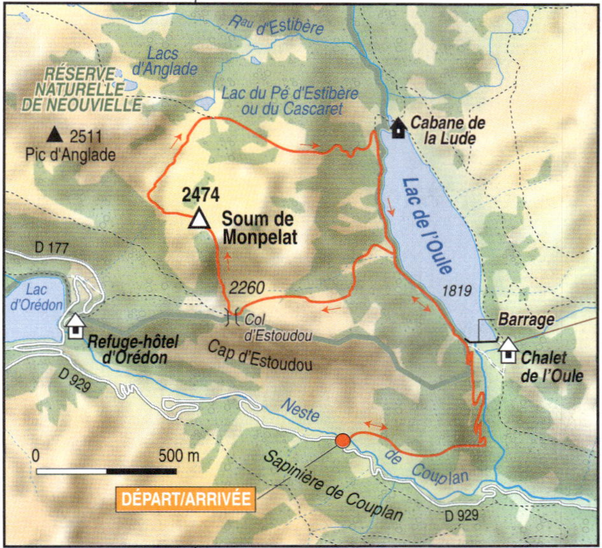

LES LACS DE BASTAN alt. max. 2 285 m & LE PIC DE BASTAN 2 715 m

EN CIRCUIT, DEPUIS LE COL DE PORTET (2 215 m)

12 L'amateur de beaux lacs et de vraie liberté va être rassasié ! S'ils attirent bien des randonneurs (ce n'est donc pas pour rien !), il suffira de s'échapper du GR pour se croire seul au monde en musardant le long de leurs berges silencieuses. Quant au pic de Bastan et au circuit qui s'y greffe, on y découvrira un fantastique panorama, du Vignemale aux Posets. Le Néouvielle est "à côté".

ACCÈS ROUTIER

Carte Michelin n° 342 Local – Case N 5 (bas, gauche).

ACCÈS/DÉPART

À Saint-Lary (sud de Lannemezan), prendre la D 123 menant à la station de ski du Pla d'Adet. À Espiaube, suivre la piste (bonne ; elle est cependant interdite en dehors de la période estivale) conduisant au col de Portet (2 215 m).

HORAIRES

- pour le lac Supérieur : 1h45 (aller).
- pour le pic de Bastan : + 1h20 (aller), soit 3h05 au total
- pour le circuit complet : 6h35.

DIFFICULTÉS

- pour les lacs : aucune ; marche sur sentier.
- pour le pic : un peu d'escalade sur la fin (très facile).
- pour le reste du circuit : aucune, mais pour bons marcheurs.

DÉNIVELÉES

- pour les lacs : 400 m env. (itinéraire en dénivellation irrégulière),
- pour le pic : + 460 m, soit 860 m env. au total
- pour le circuit complet : 1 000 m env. au total.

CARTES

Rando Éditions n° 4 Bigorre, au 1/50 000
IGN Top 25 n° 1748 ET, au 1/25 000

Le lac de Bastanet (2 247 m)

Le refuge de Bastan

LES LACS DE BASTAN alt. max. : 2 285 m

0h00 Du col de Portet (2 215 m), où nous laissons la voiture, nous poursuivons à pied sur la piste pendant 200 mètres. Elle se divise en deux pour former un "Y", et notre itinéraire passe entre ces deux branches. Progression sans embarras, car il suffit de suivre ce petit sentier qui n'est autre que le GR 10, bien balisé (blanc/rouge).

Une demi-heure plus tard, nous contournons la crête de Graouès Blanques pour nous diriger plein nord dans le vallon de Bastan, par une marche à flanc. En contrebas, et sur la gauche, s'allonge le grand lac de l'Oule. La vue s'amplifie et révèle progressivement le massif du Néouvielle (3 091 m), parmi un chapelet de sommets.

0h55 Un sentier s'enfonce sur la gauche pour rejoindre le lac de l'Oule (à éviter, bien sûr), ce que confirme un petit panneau *"Lac de l'Oule : 0h30"*, et, toujours devant nous (nord) *"Lacs de Bastan : 0h30"*, notre premier but.

1h00 **Le lac Inférieur** (un nom de baptême facile !), que nous longeons par la droite. Bien vite, un deuxième lac, lui, sans nom. À peine plus loin, en émergeant d'une bosse de terrain, nous tombons en arrêt devant le lac du Milieu

(2 215 m). Pour mieux apprécier ses rives et son environnement, nous quitterons le GR pour bifurquer sur la gauche. Le spectacle est délicieux : ses eaux ont la pureté du cristal, sa couleur le charme du saphir. Tout au bout, un mamelon sert de socle au…

1h40 Refuge de Bastan. Ouvert toute l'année, mais gardé du début juin à fin septembre. Dortoir de 14 places. Rens. : 05 62 98 48 80. Eau potable à proximité. Devant nous (nord), un sentier zigzague sur la pente pour atteindre le col de Bastanet (2 507 m) qui sépare le pic de Bastan (2 715 m), à sa gauche, du pic de Portarras (2 697 m), à sa droite. Notre vallon, comme s'il prenait appui sur ces versants élevés, s'arcboute en hémicycle où…

1h45 Le lac Supérieur (2 260 m) occupe la place centrale. De nombreux filets d'eau caracolent sur les berges en pelouses pour jouer avec les blocs de granit dont les cristaux de mica scintillent au soleil. Un lieu divin pour passer le reste de la journée !

Mais… la silhouette élevée du pic de Bastan nous nargue ! Nous devinons que depuis sa pointe nous découvrirons d'autres lacs et d'autres panoramas. Nous y allons ?

LE PIC DE BASTAN 2 715 m

0h00 Nous longeons le lac supérieur par sa gauche, en direction du col de Bastanet. En chemin, un petit panneau en mauvais état *"Lac de Port-Bieilh"* indique la direction (sur la gauche) de ce nouveau site lacustre. C'est par-là que nous reviendrons cet après-midi, après l'ascension du pic et un circuit en boucle. Pour l'instant, la courbe gracieuse du col demeure notre prochain but.

0h50 Col de Bastanet (2 507 m). De l'autre côté, juste sous nos pieds, le lac de la Hourquette dessine un rond parfait, avec quatre ou cinq "laquétous" sous sa protection. Au-delà, descend un long vallon où s'éparpillent de nombreux lacs dont celui du Campana et celui de Gréziolles.

Vite ! Partons sur la gauche (ouest) pour attaquer la montée au pic. Débonnaire, un sentier suit la crête, d'abord sur sa gauche pour rejoindre ensuite son fil. Le paysage grandit.

1h10 Nous voici "au pied du mur", au pied de la pente finale relevée que nous affronterons par une sorte de vire ou de rigole naturelle, sans danger… à condition de ne pas jouer à colin-maillard ! Des cairns orientent la grimpée.

1h20 Le sommet (2 715 m) où un jour j'y trouvais un petit troupeau de chèvres, agiles comme des isards !

Et là, c'est le grand spectacle ! Vers le sud :

Le pic de Bastan et son reflet sur le lac éponyme

le vallon remonté de Bastan, avec ses lacs envoûtants ; vers l'est : sous nos pieds, le col de Bastanet. Au-delà : le pic de Portarras (2 697 m) ; vers le nord : le long vallon du Garet (Cloutou - Caderolles) où s'échelonne un chapelet de lacs ; vers l'ouest : encore des lacs ! Lacs de Port-Bieilh, Nègre, Gourguet et les laquets de Port-Bieilh.

Profitons de notre belvédère pour schématiser la suite de notre périple. D'abord, nous reviendrons au col de Bastanet, puis (presque à même altitude) nous irons à la hourquette de Caderolles. De-là, nous plongerons vers le grand lac de Port-Bieilh. Sa berge atteinte, nous dévalerons vers les Laquets, rejoindrons les lacs de Bastanet pour retrouver le lac Supérieur de Bastan, longé à la montée ce matin. C'est clair et net !

Quant aux grands sommets qui font comme une ronde autour de nous : Portarras, Cettiou, Montfaucon, Arbizon, Gourgs-Blancs, Posets, Aret, Méchant, Cambieil, Badet, pic Long, Néouvielle, Balaïtous, Vignemale, Gabizo, pic du Midi… et cent autre pics encore !

Demi-tour pour gagner…

1h45 Le col de Bastanet (2 507 m) afin de prendre le sentier (à gauche, nord-ouest) qui, filant plus ou moins horizontalement, nous mènera à…

2h00 La hourquette de Caderolles (2 495 m). Devant nous et en contrebas : le grand lac de Port-Bieilh vers lequel nous conduit un bon sentier ondulant en lacets.

2h20 Les abords du lac de Port-Bieilh (2 285 m), nommé aussi sur certaines cartes lac de Bastan. Encore un lac magnifique ! Attention : le refuge dit "de Port-Bieilh" porté sur la carte IGN Top 25 (sur la berge sud) n'existe plus ! Il s'agit d'un horrible abri métallique complètement tordu et éventré par les vents et les hivers.

Bien avant d'atteindre ces restes misérables, sur la gauche (sud), un cairn invite à descendre. Une sente dégringole vers…

2h40 La cabane du berger, à proximité du cinquième petit lac (vers 2 220 m), le plus oriental des laquets de Port-Bieilh. Cabane fermée ou occupée par son propriétaire. Cinquante mètres avant d'y arriver, nous débouchons sur un sentier (cairns) que nous adopterons en partant vers la gauche (est) pour aborder…

3h00 Le premier lac (2 247 m) de Bastanet (très beau). Descente encore vers…

3h05 Le deuxième lac de Bastanet (2 197 m). Aïe ! Le sentier remonte (vers l'est) pour gagner un…

3h20 Large "plateau col" mamelonné. À partir d'ici, nous devrons nous fier à notre flair, à notre vue, et à des bribes de sentiers pour retrouver le GR suivi à la montée ce matin (voir au début du paragraphe "Le pic de Bastan"). Maintenant, nous sommes en terrain connu. Et nous redescendrons tranquillement (et longuement !) au…

4h50 Col de Portet (2 215 m), point de départ de cette fabuleuse ascension.

LE LAC DE CATCHET 2 225 m & LE PIC DE CUNEILLE 2 628 m

EN CIRCUIT, DEPUIS LE VALLON DE SAUX (DÉPART À 1 730 m)

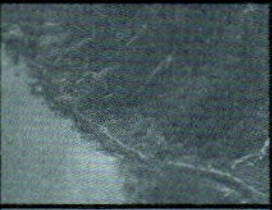

13 S'il n'a pas la majesté des estanys catalans, par exemple, le lac de Catchet vaut bien une visite. Sur ses berges vous y trouverez calme et poésie. Quant au pic de Cuneille, c'est le parcours de la longue crête du Moudang qui fait de cette ascension un circuit aérien (facile) de toute beauté.

Au sommet ; le Garlitz est en face ; au loin : le revers de Troumouse

ACCÈS ROUTIER

Carte Michelin n° 342 Local - Case N 6 (milieu, gauche).

ACCÈS/DÉPART

On remontera le vallon de Saux (la Neste de Saux) par la D 173 menant au tunnel d'Aragnouet-Bielsa. Le point de chute du circuit étant différent du point de départ, on laissera un véhicule sur ce premier, à l'ancien poste de douane français (1 547 m), et on stationnera 1,7 km plus haut, à la cabane de berger, sur la gauche de la route (1 730 m). Sinon, la récupération de ce dernier se fera par une marche sur le goudron, soit en 30 min env.

HORAIRES

- pour le lac : 1h30 (aller).
- pour le pic : + 2h15 (aller), soit 3h45 au total
- pour le circuit complet : 5h55

DIFFICULTÉS

- pour le lac : aucune
- pour le pic et le circuit : pour randonneur/montagnard expérimenté (parcours hors sentier)

DÉNIVELÉES

- pour le lac : 500 m
- pour pic de Cuneille : + 500 m, pour le point coté 2 737 m : + 150 m env., soit 1 150 m au total

CARTES

Rando Éditions n° 4 Bigorre, au 1/50 000
IGN Top 25 n° 1748 ET, au 1/25 000

LE LAC DE CATCHET 2 225 m

0h00 Cabane du berger (1 730 m ; occupée) et parcs à moutons. Il faudra traverser le ruisseau (la Neste de Saux), peut-être pieds nus et chaussures à la main, suivant le débit, pour gagner l'autre rive où démarre le petit sentier. Poteau planté sur une bosse. Cascade du ruisseau de Pène Abeillère au-dessous de laquelle passe l'itinéraire. Montée très agréable au milieu de petits sapins et de rhododendrons pour rejoindre progressivement le vallon au fond duquel dégringole le torrent issu du lac de Catchet.

0h25 Quelques lacets, et vous sortez du sous-bois. Désormais, la vue n'aura pour limite que le haut du vallon que vous devez atteindre pour découvrir le lac. Pour l'instant, votre trajet remonte par sa droite le ruisseau blanc d'écume.

0h35 Il gronde ici en une belle petite cascade d'une dizaine de mètres. Par un coup d'œil en arrière, vous surprenez les murailles de Barroude que domine le pic de Troumouse (3 085 m), l'un des six "3 000" du célèbre cirque. Par une marche légèrement en oblique et surtout bien montante, vous vous placez au milieu du vallon principal qui vous canalise vers le lac. Traversée à gué du torrent.

1h30 Déjà ! Vous émergez sur la rive du **lac de Catchet (2 225 m).** Certes, il est petit (à peine 2 ha), mais… il a tout d'un grand. Ses berges sont un endroit idéal pour goûter au charme de la montagne, à sa beauté, à son silence, à sa solitude et, plus prosaïquement, pour… casser la croûte ! En regardant vers le nord-ouest, vous reconnaîtrez, pointant sur une longue et très haute crête, les pics de Bugatet (2 877 m), du Méchant (2 930 m), d'Estaragne (3 006 m) et du Campbieil (3 173 m). Attention : sur la carte IGN Top 25, les positions du Badet et du Campbieil sont inversées !

LE PIC DE CUNEILLE 2 628 m

Et si vous poursuiviez encore pour "faire" la crête du Moudang qui vous domine sur la gauche (est) ? Un superbe spectacle vous y attend. Vous quittez le lac pour vous élever dans sa direction, partant d'abord vers le nord afin de contourner une barre rocheuse sur laquelle…

1h55 Vous vous perchez. Sur la crête en dents de scie, il est difficile d'identifier le pic de Cuneille en raison du nombre de "dents", d'autant qu'il n'est pas le point le plus élevé !

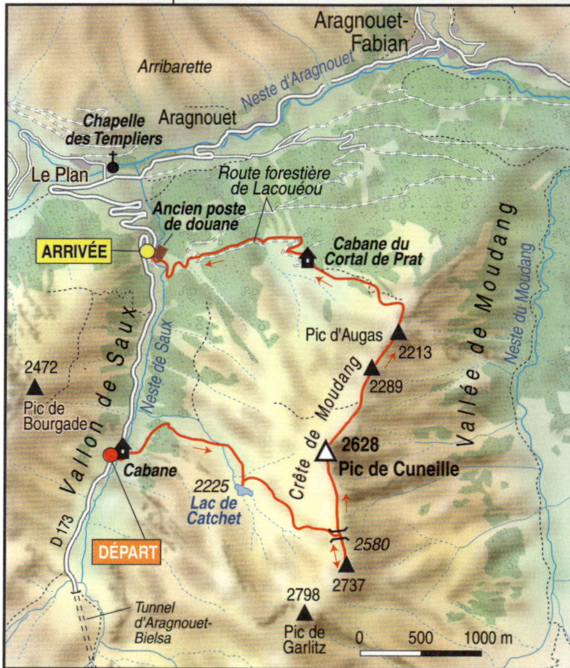

Il faudra y monter schuss, à vue, en composant votre itinéraire (pour l'atteindre en 1h15 env.). Mais, je conseillerai de faire l'école buissonnière en composant une variante.

Parvenu au-dessus de la barre rocheuse, poursuivez sur votre droite par une pente en pelouse pour gagner de la hauteur. Belle vue sur le lac, à vos pieds. De là, repérez sur la crête (carrément à l'est) une sorte de col plat, coté 2 580 m. Rejoignez-le au plus commode en composant avec le terrain sans difficulté.

2h30 Vous y êtes. Sous vos pieds : précipices impressionnants sur la vallée du Moudang ! Sur votre crête, et sur la gauche (nord) : un "tas de cailloux" (coté 2 606 m) n'est pas le Cuneille ; ce dernier est encore au-delà. Par contre à votre droite (sud), un joli sommet anonyme (coté 2 737 m, cairn énorme sur sa pointe) vous offrira un très beau point de vue. Suivez la crête, en contrebas, sur la droite, passez un col et attaquez la montée (sente).

3h00 Quel superbe belvédère ! À deux pas : le Garlitz (2 798 m). En toile de fond : l'Arbizon, le Bugatet, le Méchant, l'Estaragne, le Campbieil. Au loin : le Vignemale. Puis la crête de Troumouse, les "Paredes" de la vallée de Pineta, la Peña Montañesa, le Cotiella, et bien d'autres… Revenez sur vos pas jusqu'au…

3h20 Col 2 580 m, et continuez vers le nord, en vous tenant plutôt sur la gauche de la crête, par commodité.

3h45 **Pic de Cuneille (2 628 m),** reconnaissable du fait que la crête se sépare en deux, en fourche. Sommet en dalles rocheuses. Poursuivez par la branche de droite qui est le prolongement de la crête du Moudang. Vous en suivez le fil sans difficulté pour plonger sur le…

4h25 Col 2 269 m. À partir de là, le terrain s'adoucit en une remontée herbeuse et douce pour vous conduire à…

4h35 Un sommet anonyme (2 289 m). La crête s'affaisse jusqu'au…

4h45 Pic d'Augas (2 213 m). Sous vos pieds : un relais de télécommunication. Vous quittez définitivement l'arête pour plonger sur votre gauche (ouest) afin d'approcher, 400 m plus bas, la cabane du Cortail de Prat (1 810 m, piste y aboutissant). Vous la rejoignez soit par une descente schuss, soit en gagnant sur la droite le sentier qui servit à l'édification du relais.

5h30 La cabane de Prat. Abreuvoir et source à 50 m. Ouverte, petite pièce, six chaises, cheminée. La suite jusqu'au point de chute (l'ancien poste de douane) sera de tout repos grâce à la délicieuse piste (la "route forestière de Lacouéou") qui fend une belle sapinière. Elle file vers l'ouest, en direction du vallon de Saux pour s'en approcher…

5h45 Et, par un virage serré, elle repart définitivement vers l'est. Vous la quittez donc ici, en vous engageant dans un bon chemin (qui deviendra vite sente) pour tomber sur…

5h55 L'ancien poste de douane où vous attend le véhicule laissé là le matin.

LES LACS D'OÔ ET D'ESPINGO & LE PIC DE CÉCIRÉ 2 403 m

SOIT EN TRAVERSÉE : GRANGES D'ASTAU (1 140 m) - SUPERBAGNÈRES (1 804 m), SOIT EN CIRCUIT DEPUIS LES GRANGES D'ASTAU (1 140 m)

14

Les lacs d'Oô et d'Espingo comptent parmi les lacs les plus fréquentés des Pyrénées, et ce n'est pas sans raison : des sites merveilleux dans des cirques surmontés de "3 000" prestigieux.
Quant au pic de Céciré, si son ascension depuis Superbagnères (itinéraire classique) est une agréable et simple balade, par contre, par la traversée ou le circuit proposé ici… c'est une autre histoire ! Une histoire de montagnard !

ACCÈS ROUTIER

Carte Michelin n° 343 Local - Cases B 8 (milieu, gauche) et A 8 (milieu, droite)

ACCÈS/DÉPART

Pour la traversée, laisser au préalable un véhicule à Superbagnères (par la D 46 depuis Luchon, vaste parking) qui sera le point de chute, et rejoindre (point de départ) les Granges d'Astau par la route du col de Peyresourde (D 618), et à 6 km de Luchon, à Cazeaux-de-Larboust, prendre à gauche la D 76 jusqu'à son terminus.

HORAIRES

- pour le lac d'Oô : 1h00 (aller).
- pour le lac d'Espingo : + 1h00 (aller), soit 2h00 au total.
- pour les lacs et le pic de Céciré en traversée : 5h45 au total.
- pour les lacs et le pic de Céciré en circuit : 6h05 au total

DIFFICULTÉS

- pour les lacs d'Oô et d'Espingo : aucune. Excellent sentier
- pour la traversée : aucune, mais pour bons marcheurs
- pour le circuit : pour montagnards expérimentés

DÉNIVELÉES

- pour le lac d'Oô : 370 m
- pour le lac d'Espingo : + 380 m, soit 750 m au total.
- pour le pic de Céciré : + 650 m, soit 1 400 m au total.

CARTES

Rando Éditions n° 5 Luchon, au 1/50 000
IGN Top 25 n° 1848 OT, au 1/25 000

Le lac d'Espingo et le val d'Arrouge

LES LACS D'OO 1 504 m ET D'ESPINGO 1 882 m

0h00 Des Granges d'Astau (1 140 m), où l'on aura garé sa voiture, un grand chemin (c'est le GR 10) se développe sur la rive droite orographique de la vallée d'Oô. Dès le départ, un grand panneau renseigne : *"Refuge du Lac d'Oô - Auberge - Bar - Réservation au 05 61 79 12 29" et pour les pêcheurs "Réglementation : asticot interdit - une seule canne autorisée - taille 23 cm - 10 poissons à la descente".*
Vingt-deux lacets nous élèvent ainsi de 360 mètres et nous introduisent dans le grand cirque qui emprisonne le lac d'Oô.
1h00 **Le lac d'Oô (1 504 m).** Un chef-d'œuvre de la nature, comme, en fait, tous les lacs pyrénéens. 40 hectares de superficie, 70 mètres de profondeur ! Tout au fond du paysage, en amont, s'écroule une bruyante cascade de 273 m qui provient du lac d'Espingo. À la droite du barrage, un refuge a pour fondations une auberge élevée au XIXe siècle où venaient rêver et écrire les romantiques d'alors.
La montée jusqu'au lac d'Espingo est de toute beauté, et nous progressons sans fatigue dans une belle forêt de hêtres, en nous élevant graduellement sur la gauche du lac d'Oô. Au hasard d'une trouée, le regard surplombe ce lac sous des éclairages multiples et différents. Après 55 lacets recoupant trois petits ravins, nous remontons un court vallon aboutissant au col d'Espingo (1 967 m). 5 min avant de l'atteindre, soit à…
1h55 Nous remarquons, sur un énorme rocher, une indication à la peinture signalant que le GR 10 se poursuit non plus tout droit mais en s'orientant vers la gauche (embranchement). Ce sera la direction à prendre si nous avons inscrit le pic de Céciré au programme ! Pour l'instant, continuons jusqu'au…
2h00 Col d'Espingo d'où nous surplombons le **lac d'Espingo (1 882 m),** à peu de distance, juste sous nos pieds. En 1923, le Club Alpin Français construisit un refuge (en partie emporté par une avalanche, en 1935) qui, restauré, agrandi, sert de base pour l'ascension des grands sommets dont treize dépassent 3 000 mètres. Nommons-les : Quayrat (3 060 m), Lézat (3 107 m), Crabioules (3 116 m), Pointe de Litérole (3 132 m), Royo (3 121 m), Perdiguère (3 222 m),

La cascade d'Oô, 273 m

Portillon d'Oô (3 050 m), Seil de la Baque (3 071 m), Cap du Seil de la Baque (3 102 m), Jean Arlaud (3 065 m), Gourgs-Blancs (3 129 m), Gourdon (3 034 m) et Spijeoles (3 065 m). Une belle brochette de “3 000” ! Le refuge d'Espingo est ouvert du 1er mai au 15 octobre. 80 places. Tél. : 05 61 79 20 01. Hors saison, une partie est ouverte : 30 couchettes.
Si nous avons prévu…

LE PIC DE CÉCIRÉ 2 403 m

Ne nous attardons guère, car l'ascension est loin d'être terminée !
0h00 Nous faisons demi-tour jusqu'à la bifurcation (voir à **1h55**) pour retrouver et suivre le GR 10. Dans un premier temps, il va nous conduire à la hourquette des Hounts-Secs, à 2 267 m d'altitude. Après un profil débonnaire, il va attaquer ce rude versant qui fait face au lac d'Oô. Parfaitement balisé aux couleurs du GR (trait blanc/trait rouge), soigneusement tracé ou creusé sur la pente abrupte, ondulant en lacets réguliers, sa remontée est plus agréable que monotone et pénible. Le lac d'Oô que l'on surplombe sans cesse, le versant opposé (ouest), s'élevant jusqu'au ciel, où pointent les pics d'Espingo – ou de Leytarous – (2 856 m) et de Nord-Nère (2 844 m) retiennent le regard et l'attention à chaque court arrêt… prétexte à une pause. À ce décor s'ajoute le beau paysage, au sud, de la Tusse de Montarqué (2 889 m), du Seil de la Baque (3 071 m) et, en premier plan, des Spigeoles (3 065 m) que prolonge la longue crête bordant le Val d'Arrouge.
1h00 La Hourquette des Hounts-Secs (2 267 m). Quel curieux paysage ! Devant nous, en contrebas (vers l'est), se creuse la coume des Hounts-Secs, immense plateau qui aurait pu accueillir, jadis, un grand lac ! “Hounts-Secs” : fontaines (ou sources) sèches !
Mais ce qui nous impressionne le plus, au point de nous faire grimacer, est le long, le très long sentier du GR qui monte et descend sans cesse, épousant le relief du versant droit de la Coume, puis de la montagne de Médassoles pour atteindre le col de la Coume de Bourg (2 272 m) qui précède le pic de Céciré. Ce col paraît à l'infini ! Qu'on se tranquillise, le cheminement est si facile qu'une heure suffira pour le rejoindre. De même altitude que notre hourquette (à 5 m près), il en est relié par le sentier qui donne l'image d'un serpent géant se tordant sur 3 km !
La clarté et la netteté de l'itinéraire sont telles que toute précision est inutile : il suffit de marcher ! L'allure est rapide. Notons, cependant qu'à l'approche du col nous pouvons repérer, vers l'ouest et très bas, sur la rive gauche du vallon de Médassoles, une cabane, puis plus bas une seconde, par lesquelles nous passerons si nous avons choisi le retour aux Granges d'Astau par cette voie.
2h00 Le col de la Coume de Bourg (2 272 m). Devant nous s'abaisse un profond vallon où, tout en bas, se regroupent les granges d'Esponne. À moins de 5 min du col, un tas de cailloux (semblable à un cairn), au milieu d'un petit replat de sable

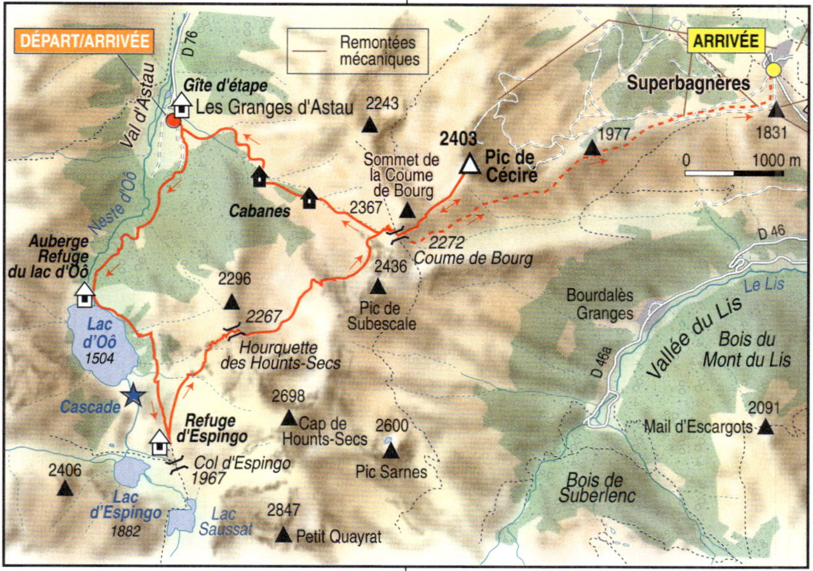

gris, cache une source délicieuse et bienvenue pour ceux qui auraient vidé leur gourde en chemin.

Du col même s'élève sur la gauche un petit sentier qui franchit une dépression de la crête derrière laquelle émerge, à quelques minutes de là, un sommet fiché d'un poteau ; c'est…

2h15 Le pic de Céciré (2 403 m). Coup de théâtre, émotion : le panorama rejoint le sublime. De gauche à droite (d'est en ouest) : à près de 40 à 50 km à vol d'oiseau, nous devinons, plus que nous ne les distinguons, voilés par la lumière de midi, les massifs du Besiberri, du Montardo. Puis, de façon plus nette : pics de la Pique, de la Mine, Sauvegarde, Montagnette, Mulleres, Sacroux, Estaouas, Aneto (le point culminant des Pyrénées), Maladeta, Mail Pintrat, Mail Planet, Mail Barrat, Mail de Boum, Maupas, Crabioules, Perdiguère, Lézat, Quayrat, Mail Arrouy, Hounts-Secs, Seil de la Baque, Sarnès, Spijeoles, Belloc, Sponts, Isclots, Arrouge, Hourgade, Leytarous, Nord Nère, Lustou, Sarrouyès, Aiguillous, Campbieil, Long, Méchant, Turon, Trois Conseillers, Néouvielle… Ouf ! Panorama complet ? Pas du tout ; nous avons omis, volontairement, plus d'une centaine de noms !

Nous revenons au…

2h30 Col de la Coume de Bourg. C'est ici que s'offrent trois façons de revenir aux Granges d'Astau. Maintenant, c'est à vous à faire le choix.

1ère solution Vous avez envisagé d'effectuer la traversée "Granges d'Astau – Superbagnères". Dans ce cas – bien évidemment – vous avez laissé un véhicule sur ce site, point de chute, qui vous permettra d'aller récupérer l'autre garé aux Granges d'Astau. Du col, vous rejoignez un sentier inférieur (en fait, le GR 10 qui poursuit "sa route"). Il s'approche de la source, puis longe le versant gauche du massif et du vallon. Bien creusé, bien marqué, il laboure la pente et vous ramènera sans problème sur le plateau de Superbagnères **(1h10 depuis le col).** Sans problème ? Et pourtant, le 15 août 2004, un gamin de douze ans, au milieu de sa famille, sur ce même chemin, glissa (pour qu'elle raison ?) et succomba à une chute de 300 m sur le versant escarpé… Une tragédie incompréhensible ! Le 7 août 2005, nouvel accident semblable : un randonneur de 34 ans trébuche et se tue dans la forte pente herbeuse jonchée de rochers !

2ème solution Vous faites demi-tour, tout simplement. Retour long, évidemment, mais pas du tout fastidieux puisque vous découvrez tout le paysage auquel vous avez tourné le dos à la montée. **Retour à Astau en 3h00 – 3h15 environ.**

3ème solution Vous rejoignez les Granges d'Astau directement par le vallon de Médassoles. C'est "tout droit" (nord-ouest) ; cet itinéraire (facile, mais pas évident) ne peut être entrepris que par des montagnards habitués à analyser le terrain, à bien décortiquer la carte et à user de leur flair et de leur expérience.

Pour cet itinéraire, nous allons procéder par paliers.

Pour aborder la cabane supérieure de Médassoles (1 848 m)

Vous l'avez aperçue à la montée.

2h30 Vous quittez le col et vous faites demi-tour, redescendant le GR en lacets jusqu'au point où…

2h40 Il remonte pour franchir une petite crête. Vous êtes sur la gauche d'un thalweg rectiligne, comme tracé au cordeau (qui deviendra plus bas le vallon de Médassoles). Quittez le GR pour plonger dans la pente herbeuse, un peu forte mais facile. Vous pouvez dévaler schuss jusqu'à la cabane, mais pour éviter une trop longue descente "casse-genoux", dès que vous trouvez un fin sentier de bêtes, vous le suivez en partant sur la gauche pour franchir une petite arête derrière laquelle vous trouverez une combe plus abordable (petit sentier et cairns !) qu'il vous suffira d'adopter pour atterrir à…

3h05 La cabane supérieure de Médassoles (1 848 m). Petite mais belle et "moderne". Quatre panneaux solaires sur le toit. Sur sa gauche, des murets en pierres forment des enclos, vestiges d'une très ancienne occupation pastorale. À deux pas devant la cabane, une fontaine (tuyau plastique amenant l'eau d'un proche captage), joliment bâtie en pierres, vous désaltèrera.

Une pièce (fermée) est réservée au berger, l'autre (ouverte) aux randonneurs, admirablement belle et confortable dans sa simplicité : fourneau à gaz (avec bouteille butane), cheminée, deux sommiers avec matelas (deux autres au premier étage), table, deux chaises, banc, casseroles, poêles ! Le grand luxe ! Deux citations discrètes écrites sur un mur : *"Seul l'esprit, s'il souffle sur la glaise, peut créer l'homme"* et *"Les hommes se sentent seuls car ils construisent des murs plutôt que des ponts".*

Bref, un refuge d'un accueil et d'une propreté inimaginables, rarement vus ailleurs. Il est vrai que les voyous n'ont pu sévir ici (en tagguant les murs, par exemple) car trop fainéants pour faire l'effort de la montée.

Pour rejoindre la cabane inférieure de Médassoles (1 565 m)

À la cabane supérieure, tout se brouille ! Une sente (quelques cairns) fuit horizontalement vers l'ouest. Ne la prenez pas : elle s'évapore mystérieusement plus loin, en plein bois. Ici, c'est le flair qui vous guidera. Descendez vers l'ouest, puis le nord, comme si vous vouliez rejoindre, par une légère et courte combe, le thalweg de Médassoles (tout en restant toujours sur la rive gauche). Une sente naît aux premiers arbres d'un bosquet et vous amène assez près (50 m env.) du bord gauche du thalweg. Puis, elle s'en éloigne et devient miraculeusement bon sentier ! C'est gagné !

3h30 (sans vous presser, car la marche est hésitante.) La cabane inférieure de Médassoles (1 565 m). Une fontaine (avec robinet) à 20 m. Une pièce réservée au berger, l'autre aux randonneurs : cheminée, un sommier nu, une table, un banc. Pas encore tagguée ! Lors de mon passage, j'ai trouvé la fenêtre ouverte et des ordures, preuves que nous approchions de la "civilisation"…

Pour rejoindre les Granges d'Astau

Pas de difficulté, mais il faut ouvrir l'œil et ne pas foncer tête baissée. Vous êtes face à la porte de la cabane. Vous tendez votre bras droit… vers la droite et vous partez dans cette direction. À quelque 50 m, vous devinez au milieu des arbustes une trace qui s'élargit en sente, puis en très bon sentier et même en chemin ! Vous êtes "sauvé". Très vite, il traverse le ruisseau de Médassoles et vous dépose sur l'autre rive (rive droite). Plus de recherche, plus d'attention ; c'est complètement détendus et sereins que vous suivez cette voie régulière et nette qui zigzaguera plus bas en lacets, sous un bois de noisetiers.

3h55 Vous sortez du couvert, tout étonné de vous retrouver si près des Granges d'Astau. Traversée du ruisseau pour éviter des clôtures.

4h05 (depuis le pic de Céciré) **ou 6h05 au total**. Ouf ! Le parking ombragé des Granges d'Astau. Finalement et réflexion faite, l'itinéraire était facile à trouver !

LE LAC DE LA MONTAGNETTE & LE PIC DE LA MONTAGNETTE

EN CIRCUIT, DEPUIS L'HOSPICE DE FRANCE (1 385 m)

15 Montagnette = petite montagne. Desservi par son nom péjoratif, ce sommet ne reçoit que rarement des visites. Et c'est tant mieux, car son ascension est "une volupté" (pour reprendre les termes de Russell en d'autres lieux), car la découverte de son immense lac solitaire offre un spectacle magique, grandiose, car l'arrivée facile au sommet s'apparente à une simple formalité, pour un point de vue original, hors du commun.

ACCÈS ROUTIER

Carte Michelin n° 343 Local – Case B 8 (bas, droite).

ACCÈS/DÉPART

À Luchon, prendre la route de Superbagnères (D 125), et, après 5,5 km, la quitter pour remonter (toujours par la D 125) la vallée de la Pique jusqu'à l'Hospice de France. Grand parking terminal

HORAIRES

- pour le lac de la Montagnette : 3h10 (aller)
- pour le pic de la Montagnette : + 1h00 (aller), soit 4h10 au total
- pour le circuit complet : 7h05

DIFFICULTÉS

- pour le lac, le pic et le circuit complet, pas de difficultés techniques, mais pour randonneurs/montagnards chevronnés et très bons marcheurs.

DÉNIVELÉES

- pour le lac de la Montagnette : 950 m
- pour le pic de la Montagnette : + 230 m, soit 1 180 m au total

CARTES

Rando Éditions n° 5 Luchon, au 1/50 000
IGN Top 25 n° 1848 OT, au 1/25 000

Du col de la Montagnette, vers les lacs de Vénasque

Vaguelettes sur le lac de la Montagnette

LE LAC DE LA MONTAGNETTE 2 332 m

0h00 Passer devant l'Hospice de France (en mauvais état) et prendre le chemin du port de Vénasque, à droite (sud). Panneau : *"Chemin de l'Impératrice – Cirque de la Glère 1h30"*.

0h13 Le Pont de Penjat (1 439 m) nous fait passer rive gauche du ruisseau du Port de Vénasque. Panneau cité plus haut : *"Chemin de l'Impératrice – Cirque de la Glère 1h15 – n° 30"*. Nous abandonnons le bon sentier du port qui monte plein sud pour bifurquer à droite. Un large chemin, pratiquement horizontal, ouvert dans le flanc de la montagne surplombe parfois le vide. Aucun danger ; câbles en guise de mains courantes (bien inutiles !). Le sous-bois (bois de Sajust) délicieux, composés de hêtres et de sapins, dégage poésie et sérénité. Chants des oiseaux… Sources… Quel charme !

1h15 Nous sortons de la forêt pour pénétrer dans le cirque de la Glère où notre chemin longe toute la base de ses murailles (de gauche à droite). Mais nous ne le parcourrons que sur 200 mètres, recherchant sur notre gauche le débouché du ruisseau de la Montagnette. Nous le remonterons par sa rive droite orographique. Une trace à peine visible, quelques rares cairns discrets…

1h40 L'ascension dans ce vallon nous fait buter sur une sorte de fond de cirque au milieu duquel tombe une cascade. Nous obliquerons progressivement sur notre gauche. Par bonheur, la trace suivie devient sentier cairné. Il nous dirige à la…

1h48 Base d'un petit ravin (à sec), facile à escalader. Plus haut : balisage bleu, à suivre.

2h05 Nous sortons de la gorge pour fouler un versant herbeux où notre cheminement s'imprime clairement. Nombreuses marques bleues qui rassurent et confirment notre voie où lys martagon, ruisseau, cascade agrémentent la longue progression.

2h35 Lac du Maille (2 193 m) qu'un isthme très étroit partage en deux. Site tellement sauvage et silencieux que nous croyons être les premiers à circuler ici ! Les marques bleues nous invitent à laisser le lac sur la droite pour gravir, plein sud, le versant toujours en pelouse, nous dirigeant vers le pic de Sauvegarde qui, très fier, pose devant nous. Éboulis, herbe, terrain rocheux. Le trajet est évident et bien signalé.

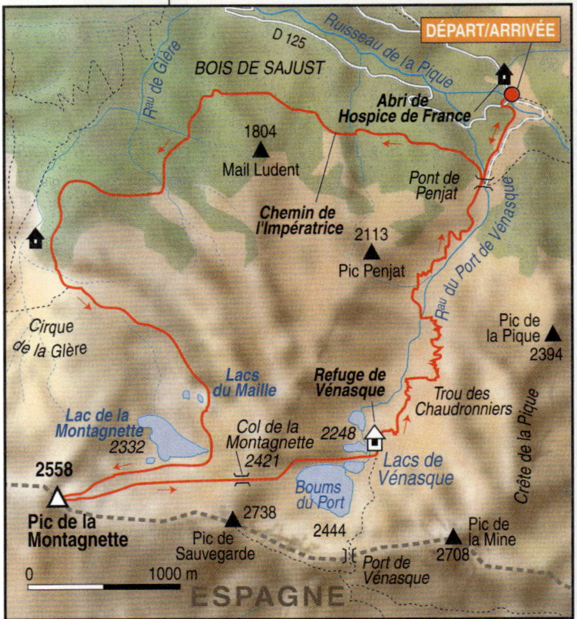

3h10 Replat, crête derrière laquelle se cache le grand **lac de la Montagnette (2 332 m)** et s'incurve, à gauche, le col du même nom. Col que nous délaissons pour aborder le sentier qui en vient et qui longe le lac par sa rive gauche (sud). Spectacle merveilleux que ce lac, avec ses trois îlots ! Quelle teinte ! Un bleu pur, céleste ! Quelle harmonie dans ses berges !

Le pic de la Montagnette, timidement, s'élève devant nous (ouest) par des pentes étonnamment douces et faciles. Il serait regrettable de l'ignorer !

LE PIC DE LA MONTAGNETTE 2 558 m

À travers herbe et éboulis, nous nous fixons pour repère un…

4h00 Col légèrement à sa gauche ; puis, objectif final, le…

4h10 **Sommet de la Montagnette (2 558 m).** Vers le nord, les pentes s'estompent en dégradé sur les plaines lointaines. À l'est, c'est le Sauvegarde (2 738 m) qui impressionne par sa masse autoritaire. Vers le sud, toute la Maladeta, depuis la Fourcanade jusqu'au pic d'Albe. Au sud-ouest, la vallée de l'Esera. À l'ouest, toujours les "3 000" du cirque de Lis, et, plus proches, Estauas et Sacroux.

0h00 Nous quittons le sommet. Le retour empruntera les lacs de Vénasque et le grand chemin du port de Vénasque. Pour cela, nous reviendrons sur nos pas jusqu'à l'amont du lac, pour franchir le…

0h50 Col de la Montagnette (2 421 m). Vue extraordinaire sur le pic de la Mine, raide comme un cierge, et les lacs de Vénasque (appelés aussi boums du Port). Petit sentier, puis descente sur chaos, et sente à nouveau tout cela étant bien cairné), avec pour objectif ces lacs, et plus précisément le…

1h30 Refuge de Vénasque (2 248 m). Gardé de mai à octobre. 30 places. Tél. : 05 61 79 26 46.

À peu de distance, nous recoupons le bon chemin du port de Vénasque qu'il nous faudra descendre, évidemment, pour regagner l'Hospice de France. Pour détails sur cet itinéraire de retour, voir la randonnée n° 16. Et après cette longue descente qui nous paraîtra interminable, nous retrouvons le…

2h55 Parking de l'Hospice de France… Familles désœuvrées, grands-parents sommeillant, gamins criant, galopant… Bref, la foule…

LES LACS DE VÉNASQUE 2 248 m & LE PIC DE SAUVEGARDE 2738 m

DEPUIS L'HOSPICE DE FRANCE (1 385 m)

16 Les lacs de Vénasque : *"On les croirait remplis de saphir liquide, tant leurs eaux paraissent bleues. Ce lac (le plus grand) n'a pas de fond, me dit un jour un berger. Il renferme des richesses incalculables, car jadis, il ne se passait pas de semaine qu'il n'y tombât quelque mulet chargé d'or…"* (Emile Belloc, en 1894)
Le pic de Sauvegarde : *"L'excursion du port de Vénasque et du Sauvegarde, qui n'offre pas la moindre difficulté, est cependant l'une des plus grandioses des environs de Luchon. On peut la classer parmi celles de haute montagne, en raison de l'altitude du pic et de l'immensité de son panorama."* (Pierre Soubiron, en 1930)

ACCÈS ROUTIER
Carte Michelin n° 343 Local – Case B 8 (bas, droite)

ACCÈS/DÉPART
À Luchon, prendre la route de Superbagnères (D 125), et, à 5,5 km, la quitter pour remonter (toujours D 125) la vallée de la Pique jusqu'à l'Hospice de France. Grand parking terminal

HORAIRES
- pour les lacs de Vénasque : 2h10 (aller)
- pour le pic de Sauvegarde : + 1h50 (aller), soit 4h00 au total

DIFFICULTÉS
- pour les lacs de Vénasque : aucune, montée sur bon sentier.
- pour le pic de Sauvegarde : bien que sur sentier, cette ascension, pour le randonneur, demande une bonne pratique de la montagne

DÉNIVELÉES
- pour les lacs de Vénasque : 900 m
- pour le pic de Sauvegarde : + 500 m, soit 1 400 m au total

CARTES
Rando Éditions n° 5 Luchon, au 1/50 000
IGN Top 25 n° 1848 OT, au 1/25 000

Le pic de la Mine vu en montant au Sauvegarde

LES LACS DE VÉNASQUE 2 248 m

0h00 Du parking nous passons devant l'Hospice de France (en mauvais état) et nous prenons sur la droite (sud) le chemin du port de Vénasque, départ indiqué par le panneau : *"Chemin de l'Impératrice – Cirque de la Glère 1h30"*.

0h13 Le Pont de Penjat (1 439 m). Nous laissons à droite le *"Chemin de l'Impératrice"*, et poursuivons toujours devant nous, plein sud. Le chemin débute en pente douce tout d'abord, puis attaque la rude montée en 74 lacets jusqu'au port !

1h00 Une haute falaise semble barrer le passage : c'est le "Culet" (1 798 m), muraille lisse et verticale sur laquelle bondissent plusieurs petites cascades. Notre chemin va feinter cet obstacle en le contournant par la gauche, en pente plus redressée.

1h50 Il reprend un profil plus aimable et plus humain. Cabane de l'Homme, en bien lamentable état. Pourquoi ce nom de l'"Homme" ? Il s'agit d'une pyramide de pierres empilées sur un rocher isolé, un cairn monumental, destiné à bien marquer le passage dans le cas où des randonneurs se trouveraient en difficulté, égarés par temps de brouillard. À peine plus haut et sur la gauche, le terrain se creuse en une énorme cuvette baptisée : "Le Trou des Chaudronniers". Là, vers le milieu du XIXe siècle, périrent par une avalanche neuf chaudronniers de l'Aveyron. Il s'agissait d'un groupe d'artisans saisonniers qui parcouraient les montagnes pour se rendre d'une vallée à une autre afin d'y exercer leur métier. Encore 5 ou 6 lacets, et nous voici dans le cadre superbe des…

2h10 Lacs de Vénasque (2 248 m) appelés, jadis "Lacs de Boums", ce qui était un pléonasme puisque boum signifie lac ! Ils sont quatre, occupant tout un plateau, encerclés par d'altières crêtes ; superbe cadre de haute montagne. Mais n'y cherchez pas l'or de la légende, bien qu'elle affirme encore : *"Aucun trésor n'a jamais reparu, et, si on les vidait, on pourrait recueillir les immenses trésors qui s'y sont accumulés depuis la création du monde…"* Emile Belloc, le rapporteur de cette curieuse histoire poursuit : *"Une autre légende s'attache au Boum dét Cap dét Port (le plus grand lac, le dernier) très redouté des montagnards (!) surtout au temps passé. Dans leur croyance naïve ils étaient fermement convaincus que*

ce lac était hanté par « éras éncantadas » (les fées). C'est en tremblant, avec mille précautions et sans faire un seul bruit, qu'ils passaient sur ses bords : malheur à l'imprudent qui, par mégarde, aurait fait rouler quelque pierre dans l'eau ! Troublées dans leur repos, les ondines, surgissant impétueusement de leur imprenable retraite, soulevaient des vagues énormes, et le voyageur disparaissait à jamais dans l'abîme insondable !"

Quel Luchonnais, quel vacancier, quel montagnard n'a jamais réalisé cette randonnée aux lacs de Vénasque ? Gustave Flaubert lui-même, en 1840, fit cette excursion.

Un refuge a été construit en 1961 ; gardé de mai à octobre, il offre une trentaine de places. Tél. : 05 61 79 26 46.

La haute crête qui ceinture ce site nous sépare de l'Espagne. Une étroite ouverture dans la muraille (le port de Vénasque) a la réputation d'offrir le spectacle grandiose du grand massif de la Maladeta, où pointe l'Aneto, le point culminant de toute la chaîne. Trop tentant de ne pas profiter de l'aubaine ; trop tentant aussi de ne pas aller nous dresser sur…

LE PIC DE SAUVEGARDE 2 738 m

0h00 Le sentier se poursuit, aussi large qu'agréable, et par une traversée sur une pente d'éboulis, il nous fait déboucher dans une étroite entaille qui fend verticalement la haute falaise.

0h50 Nous sommes au port d Vénasque (2 444 m). Ce port est comme un large portail qu'on ouvrirait en le franchissant et qui dévoilerait le féerique panorama de la Maladeta, avec ses glaciers étincelants et ses longues crêtes qui supportent une quinzaine de "3 000", du pic Russell (3 205 m), à l'est, jusqu'au pic d'Albe (3 118 m), à l'ouest. Devant la grandeur et la soudaineté du spectacle, nous ressentons une intense émotion.

Sur le versant espagnol, en 1860, il existait un refuge – L'Auberge de Cabellud – dont il ne reste maintenant que les fondations. Ce Cabellud était réputé des pyrénéistes d'alors pour ses tarifs exorbitants, ses notes "salées" ; c'était presque de l'extorsion de fonds ! Par exemple, lorsqu'il voyait un montagnard gravir le Sauvegarde… il courrait après lui pour exiger un droit de passage, en pesetas !

Aujourd'hui, nous n'avons plus rien à craindre de lui ! Paix à ses cendres… L'accès au sommet est "facile" (bon sentier démarrant à peu de distance du port, côté espagnol), et une heure suffit.

1h50 Le Pic de Sauvegarde (2 738 m). C'est un belvédère extraordinaire, sur 360°, et plus précisément sur la Maladeta dont on peut tout à loisir scruter le moindre détail. *"Devant cette majesté – relève-t-on dans un livre ancien – les amants de la Nature sont immobilisés dans une muette admiration et leurs yeux se mouillent de larmes…"*

Que la magnificence de ce massif ne détourne pas notre contemplation vers les autres montagnes ! Au sud, les Posets, deuxième sommet des Pyrénées, avec leurs 3 375 mètres, et à l'ouest, tout le chapelet de grands pics, du Sacroux aux Spijeoles, couronnant les cirques des Graouès, des Crabioules et du Portillon. Le regard porte encore plus au-delà, vers les lointains bleutés des Pyrénées occidentales…

Pour le retour, nous redescendrons, tout simplement, à l'Hospice de France par le même itinéraire qu'à la montée.

LES ÉTANGS DE LA FRÈCHE & LE SOUM DE L'ESCALETTE 2 466 m

EN CIRCUIT, DEPUIS L'HOSPICE DE FRANCE (1 385 m)

17 Sur la carte, ces quatre étangs paraissent bien modestes ; et ils le sont en réalité. Petits, certes, mais pas du tout rikiki ! S'ils n'ont pas la grandeur et le panache du lac d'Oô ou des lacs de Vénasque, par exemple (et même beaucoup s'en faut !), la remontée de cette vallée de la Frèche, la recherche de chacun d'eux, l'arrivée sur les petits plateaux qu'ils occupent sont un régal.
De plus, par un effort de 400 m de dénivellation (1h30 de plus) on découvre le spectacle bouleversant (le mot n'est pas trop fort) du massif de la Maladeta dans toute sa majesté et on se perche aussi sur le Soum de l'Escalette, "sommet-belvédère".
La journée sera bien remplie…

ACCÈS ROUTIER

Carte Michelin n° 343 Local – Cases B 8 (bas, droite) et C 8 (bas, gauche)

ACCÈS/DÉPART

À Luchon, prendre la route de Superbagnères (D 46), et, après 5,5 km, la quitter pour remonter la vallée de la Pique (D 125) jusqu'à l'Hospice de France. Très grand parking terminal. Attention : cette route est fermée aux premières neiges jusqu'au printemps suivant.

HORAIRES

- pour les étangs de la Frèche (jusqu'au quatrième) : 2h00 (aller)
- pour le circuit complet (crête de Bargues, Soum de l'Escalette et retour) : 5h25 au total

DIFFICULTÉS

- pour les étangs de la Frèche : randonnée sur sentier, mais pour randonneur entraînés
- pour la crête de Bargues, le Soum de l'Escalette et le retour en circuit : pas de difficultés notables, mais pour très bons marcheurs

DÉNIVELÉES

- pour les étangs de la Frèche : 800 m,
- pour la crête de Bargues et le Soum de l'Escalette : + 400 m, soit 1 200 m au total.

CARTES

Rando Éditions n° 23 Aneto – Posets, au 1/50 000

IGN Top 25 n° 1848 OT, au 1/25 000

Editorial Alpina "Parque Natural Posets-Maladeta Valle de Benasque", au 1/40 000

Le quatrième étang de la Frèche

LES ÉTANGS DE LA FRÈCHE 2 169 m

0h00 Aux premières lueurs de l'aube (car la course sera longue), nous quittons le parking pour passer devant les grands bâtiments (ou ce qu'il en reste !) de l'Hospice de France. Jadis hôtel (ou plus exactement auberge) jusqu'au milieu du siècle dernier, il se délabre d'année en année. Actuellement, il ne sert plus que d'abri pour les bergers.
Là, délaissons sur la droite (sud) la montée au port de Vénasque pour poursuivre tout droit (est). Panneau *"Chemin de la Fontaine Rouge et de Roumingau n° 22 et n° 24"*. Nous remontons ainsi, par un très large chemin, la vallée de la Frèche par sa rive droite orographique tout en nous engageant dans une épaisse forêt de hêtres.
0h15 Bifurcation ; à gauche *"Roumingau et Fontaine Rouge"*, et tout droit *"Chemin de la Frèche n° 24 - étangs de la Frèche - Jardin botanique"* : direction à adopter, évidemment. La forêt disparaît, dégageant ainsi la vue sur les pentes dénudées de cette vallée que nous allons remonter dans sa totalité jusqu'à son origine : le Pas de l'Escalette.
0h20 Sur la droite, de l'autre côté du ruisseau, ou plutôt de son lit car il est à sec, le grand refuge de Pesson (réservé aux bergers) connaîtra une grande animation ce soir lorsque toutes les bêtes

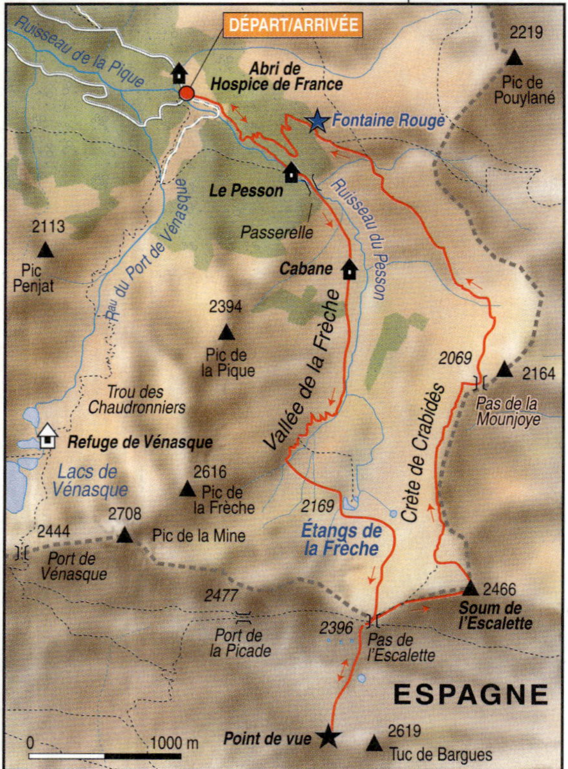

seront ramenées dans ce bas-fond à grands cris des gardiens et sous les aboiements des chiens !

Une passerelle nous déporte sur l'autre rive que nous ne quitterons plus jusqu'aux étangs. Des cairns et le balisage "24" peint régulièrement sur les rochers jalonneront notre chemin, moins large qu'au départ mais toujours évident.

Une belle et large vallée que celle-ci ! Sur la droite, très haut, pointe comme une dent ou un aileron de requin le pic de la Pique (2 394 m) jaunissant sous les premiers rayons du soleil qui ne tardera pas à émerger au-dessus du versant pour nous réchauffer, car à cette heure matinale l'air est un peu frisquet. La voie s'amenuise en sentier typiquement montagnard et, tout de suite, le vrai randonneur se sent chez lui.

0h35 Au-dessus de nous, une cabane de bergers paraît bien solitaire, isolée et délaissée (ouverte, très propre, cheminée, table, deux chaises et un tabouret). Sur la crête du versant gauche (est) se creuse un large col ; c'est le Pas de la Mounjoye (2 069 m) où nous passerons pour le retour.

Le sentier cesse sa pente nonchalante et quasi nulle jusqu'ici pour partir à l'assaut de la vallée qui devient vallon redressé et qui, plus haut, formera cirque cerné à l'est par la crête de Crabidès (que nous chevaucherons cet après-midi), au sud par le Sarrat de la Frèche (où nous surgirons dans deux heures pour regarder l'Espagne), à l'ouest par la crête de la Pique si verticale que seuls les isards et… les grimpeurs peuvent défier.

La pente s'accentue de plus en plus ; que voulez-vous, les étangs se situent à 800 m au-dessus du départ ! La montagne se resserre en cirque, comme nous nous en doutions plus bas, mais le sentier incruste sur le versent ses nombreux lacets, parfois serrés, mais rassurants. *"Là où le sentier passe… tout le monde passe !"* Une pause pour souffler, un regard en arrière vers le nord : une longue croupe herbeuse barre l'horizon, du pic de Pouylané (2 219 m) au pic d'Aubas (2 071 m), une croupe si gracieuse qu'en hiver elle attire les skieurs de randonnée pour de multiples balades.

Et les lacets redoublent. Heureusement, le paysage grandissant, la variété du terrain, le torrent issu des étangs tombant en rebonds… cette montée soutenue est loin d'être monotone.

1h30 Un plateau se devine, à peine au-dessus de nos têtes. Serait-il occupé par les étangs ? C'est ici que notre sentier serré sur la droite (ouest) du cirque se déporte maintenant horizontalement sur l'autre bord (est) d'où il pourra affronter la pente moins sévère.

1h40 Nous voici à gauche du cirque une courte grimpée et nous apparaissons sur

Sur la crête du tuc de Bragues, panorama du massif de la Maladeta

un terrain plus clément. À gauche, **le premier étang (2 029 m),** si "petitou" que nous ne lui lançons qu'un simple regard. Mais, en fait, un lac... ce n'est que de l'eau ! Ce qui en suscite le charme est surtout son environnement. Ici commence justement ce paysage gracieux : herbes grasses, linaigrettes plantes typiques des zones marécageuses, fleurs diverses, pins, rocaille. Oui, ce petit coin est un "jardin de rocaille" !

1h50 Deuxième gradin où clapotent **deux autres étangs (2 090 m),** timides mais "décoratifs". Ils sont d'excellents premiers plans pour les randonneurs photographes et leurs berges constituent des balcons sur les montagnes du nord.

Là, le sentier se dirige vers l'est (cairns) et se faufile sur une courte pente d'herbe. Encore une petite grimpée amusante et voici...

2h00 **Le quatrième étang (2 169 m),** lui aussi modèle réduit, mais aux abords plus colorés : un vrai "jardin botanique" comme l'indiquait la pancarte du départ.

Faire de ces étages lacustres le terme d'une randonnée, c'est ne bénéficier que de 50 % du massif ! Alors qu'en poursuivant de 400 m en dénivellation (un peu plus d'une heure de marche), on réalisera une randonnée/ascension de toute beauté. Vraiment : "vaut le détour" !

LE SOUM DE L'ESCALETTE 2 466 m

Le Pas (ou col) de l'Escalette est tout proche.

0h00 Du quatrième étang, le terrain tourmenté en mamelons et en creux ne facilite pas le tracé du sentier qui n'apparaît plus, çà et là, qu'en "pointillés". Nous partirons sur la gauche (est) pour le surprendre épisodiquement, et finalement, quelques minutes plus haut, pour le retrouver parfaitement net ; des cairns si nombreux et si bien érigés qu'un myope sans ses lunettes pourrait les suivre !

0h35 Pas de l'Escalette, nommé par les Espagnols còth de Lunfèrn (2 396 m). Déception ! "Circulez... y a rien à voir !" Une vue limitée à peu de choses...

Nous prenons pied sur un grand chemin venant du port de la Picade (2 477 m), à droite (ouest) pour passer tout près du Soum de l'Escalette, à gauche (est) dont nous allons faire la courte ascension tout à l'heure. Un superbe chemin creusé et construit ; un long mur le soutient pour la montée vers le Soum, superbe mais aussi multiséculaire.

Devant nous, le Tuc de Bargues (2 619 m) laisse aller une longue crête vers le nord-ouest qui vient se souder au port de la Picade ; une longue crête qui cache... un panorama parmi les plus grandioses, les plus stupéfiants qu'un montagnard puisse imaginer : TOUT le massif de la Maladeta ! Il faut aller se percher sur cette arête (très facile à atteindre). La négliger serait impardonnable.

Posons le sac au "Pas" et choisissons un point sur cette crête, le meilleur belvédère étant au-dessus d'un petit étang (visible d'ici) : le "boum des Clots de Lunfèrn" (cf. la carte espagnole Alpina, voir encadré). Par une montée à vue, en composant notre itinéraire au fur et à mesure, nous nous dressons sur...

1h10 Le fil de l'arête, entre le point coté 2 529 m et le sommet (sommet, lui, difficile).

Splendide, divin, sublime, fabuleux... Une litanie d'adjectifs ou de superlatifs ne suffirait pas à traduire l'émotion qui gagne ici tout montagnard. *"Il y a de quoi tomber à genoux ou à chanter un hosanna..."* disait Russell en un autre lieu pourtant moins fantastique.

Quel est donc ce spectacle ? Tout, tout le massif de la Maladeta s'expose devant nous, depuis l'Aneto (3 404 m), le "toit" des Pyrénées, jusqu'au pic d'Albe (3 107 m). Seule la profonde vallée de l'Esera nous en sépare. Onze sommets dépassent les 3 000 mètres : Aneto, donc, puis pics Coronas (3 271 m), du Milieu (3 340 m), Maudit (3 350 m), Abadie (3 271 m), de la Maladeta (3 308 m), de la Rimaye (3 265 m), Cordier (3 263 m), Sayo (3 211 m), Mir (3 184 m), d'Albe (3 107 m). Deux glaciers (de l'Aneto et de la Maladeta) soulignent cette crête céleste. Au creux de la vallée de l'Esera, leurs eaux de fonte s'engouffrent sous terre dans le "Trou du Toro" (2 000 m), le "Forau dels Aigualluts" de la carte Alpina , où, après un parcours souterrain de 4 km, elles revoient le jour au "Gouëil de Joueou" ("Uelhs de Joèu", de la même carte). C'est là-haut, tout là-haut sous les glaciers que "notre" Garonne prend sa source !

Spectacle inouï ! Nous en oublierions presque de regarder à l'ouest ! Tout proche : le port de Vénasque, brèche étroite séparant le pic de la Mine du Sauvegarde, un peu plus loin quelques "3 000" luchonnais, et à l'infini les Posets (3 375 m), le deuxième massif des Pyrénées.

Encore émus et radieux, nous revenons au...

1h25 Pas de l'Escalette pour récupérer notre sac à dos et pour suivre vers l'est le grand chemin. Il laisse sur sa droite le Soum de l'Escalette pour rejoindre au nord la crête de Cabidès et suivre son cours. Nous le quitterons donc, mais momentanément, juste pour accéder au...

3h40 Soum de l'Escalette (2 466 m). Pas une vue sensationnelle comme celle depuis la crête de Bargues, mais complémentaire. Vers l'ouest : les pics de la Mine et de la Pique, toujours aussi terribles, la vallée de la Frèche remontée ce matin.

Vers le nord : toute la crête du Campsaure et au loin les pics Bacanère, Gar, Cagire. Vers l'est : les pics Canejan, Crabère, Maubermé, Valier, Tuca Blanca, Montardo, crête de Tumeneja, les trois Besiberri.

Quant au sud... Le Tuc de Bargues ne laisse dépasser de sa crête altière que la ligne sommitale du massif de la Maladeta ! Presque rien !

Avant de quitter notre mirador, nous n'aurons aucune difficulté à dénicher (à vue et en nous aidant de la carte) notre chemin tracé d'abord sur la crête de Cabidès (légèrement à sa gauche, ouest). Puis, il côtoie le Pas (col) de la Mounjoye avant de rayer le versant ouest de la crête qui fait suite. Enfin, il accoste le long plateau de Roumingau (aux Pales de Campsaure) et plonge sur la gauche pour rejoindre l'Hospice de France. La pente d'herbe étant régulière, nous dévalons schuss vers le nord pour retrouver ce grand chemin. Il s'amincira en simple sentier, le terrain devenant doux et régulier. Nous n'aurons donc plus qu'à le suivre sans crainte, même avec insouciance. Quelques coups d'œil sur la gauche, vers le fond de la vallée de la Frèche, nous donnent les dernières images des étangs.

2h10 Pas(ou col) de la Mounjoye (2 069 m). Borne frontière 336. Poteaux indicateurs ! Nous devons prendre la direction *"Còth de Baretja"*, la direction seulement, car nous n'irons pas jusqu'au bout.

2h40 Sur une pierre est peinte la nouvelle direction à suivre *"Fontaine Rouge"*. Le sentier longe le bord gauche (ouest) de ce début de plateau. Clôture électrique.

2h50 Deux beaux panneaux en bois vernis parmi lesquels *"Hospice de France par la fontaine Rouge - n° 22"*. Ici, donc, s'amorce la descente pour le retour final.

2h55 La fontaine Rouge, fraîche, délicieuse, s'épanche d'une anfractuosité du rocher. Lacets, sous-bois. Nous reconnaissons la bifurcation proche du départ (voir à **0h15**).

3h25 (depuis le Soum de l'Escalette) **ou 5h25 au total.** Nous retrouvons le grand parking de l'Hospice de France, avec toujours présente en mémoire l'émotion de la vue panoramique sur le massif de la Maladeta !

BIEN AVANT L'ARRIVÉE DE L'AUTOMOBILE...

... et donc des routes goudronnées et des tunnels (de Vielha, de Bielsa, du Somport...), les seules voies de communications entre la France et l'Espagne étaient ces cols de montagne. Ces lieux de passages (pour les hommes et pour les transports de marchandises portées à dos de mulets) devaient être bien aménagés, parfois bâtis, sans embûches, "confortables".

LE LAC VERT (2 001 m) & LA SERRE DES CABALES (2 234 m)

EN CIRCUIT, DEPUIS LA VALLÉE DU LIS (1 149 m)

18 Le lac Vert ? Par la variété de sa marche d'approche et par son harmonie, les Luchonnais et les vacanciers qui séjournent dans la région le choisissent pour terme d'une balade agréable et sans préoccupation.
La serre des Cabales ? On est aux premières loges, tout le long de cette crête, pour contempler, admirer, s'émouvoir !
Un chapelet de fiers sommets soulignés par des névés et des glaciers...

ACCÈS ROUTIER

Carte Michelin n° 343 Local - Case B 8 (milieu, bas).
La Serre des Cabales, non portée sur la carte, se développe de part et d'autre du pic coté 2 234 m.

ACCÈS/DÉPART

Depuis Luchon, remonter la D 46 menant à Superbagnères.
Après 10 km, dans un grand virage serré, prendre à gauche en direction de la vallée du Lis.
50 m avant le parking final, s'engager sur une petite route qui traverse le ruisseau et laisser la voiture à son terminus, sous de gros arbres.

HORAIRES

- pour le lac Vert : 2h55 (aller).
- pour la Serre des Cabales et le retour à la vallée du Lis : + 3h55, soit 7h00 au total pour le circuit complet.

DIFFICULTÉS

- pour le lac Vert : montée par un sentier parfaitement balisé, parfois "étroit" en finale, au dire de certains promeneurs inexpérimentés qui font... demi-tour !

DÉNIVELÉES

- pour le lac Vert : 850 m
- pour la serre des Cabales : + 350 m, soit 1 200 m au total.

CARTES

Rando Éditions n° 5 Luchon, au 1/50 000

IGN Top 25 n° 1848 OT, au 1/25 000

Depuis le mont du Lis : le Barrat, le Boum, le Maupas, les Crabioules (de g. à d.)

LE LAC VERT 2 001 m

0h00 Nous revenons en arrière, car à quelque 100 m en amont du pont débute, sur la droite, un excellent chemin. Deux panneaux clarifient tous les itinéraires. L'un : *"Refuge du Maupas : 3h30 - Lacs Bleu - Charles - Célinda (n° 41)"*. L'autre : *"Col de Pinata* - (et, ce qui nous concerne dans un premier temps) : *lac Vert (n° 40), 3h00"*.
La prairie du départ traversée, nous pénétrons dans le bois de Suberlenc où notre chemin va zigzaguer sur le versant gauche du long et étroit vallon de Houradade (balisage "n° 40").

0h10 De l'autre côté du ravin s'écroulent en deux bonds la belle cascade du Cœur, bien connue des simples touristes... qui n'iront pas plus loin ! Agréable montée sous bois et sous "l'obscure clarté" de l'aube.

0h40 Pelouse de l'Artigue (1 405 m). Délaisser le sentier partant sur la droite (panneau *"Gouffre d'enfer"*) et continuer sur la gauche *("Lacs Vert - Bleu - Refuge du Maupas")*. De la cabane portée sur la carte Top 25, il ne reste que... trois pans de murs squelettiques ! Le haut de cette prairie atteint, l'ascension reprend en sous-bois

Le lac Vert

avec le paysage sylvestre agrémenté des fracas des cascades du versant opposé, dont celles de Houradade, puis de Calahoure et de la Coume.

1h30 Juste au pied d'une cascatelle, le sentier se sépare en deux directions opposées. À gauche : *"Col de Pinata - Cirque des Graouès - Lac Vert"*. C'est par-là que nous reviendrons ce soir. Optons pour la droite : *"Prat-Long - Refuge du Maupas - Lacs Bleu - Célinda (itinéraire n° 41)"*.

Le chemin, toujours parfait, traverse ce ruisseau principal de Houradade (passerelle) pour aborder l'autre versant du vallon et prendre la direction ouest, celle d'où nous venons mais – bien évidemment – en gagnant de l'altitude. La marche se poursuit dans un cadre différent, reposant parce que sous-bois aérés, clairières, traversées paisibles de ruisselets, pente douce, vue dégagée sur le Céciré (2 403 m) agrémentent notre randonnée.

1h50 Nous évoluons, en fait, dans une sorte de vallon suspendu, et nous avons l'impression, maintenant, que nous allons buter sur son origine : une faille étroite. Où passer ? Notre voie se joue de l'obstacle en grimpant au dernier moment sur la droite et en se tortillant sur une courte croupe pour déboucher finalement sur…

2h15 Le long plateau de Prat-Long (pléonasme, puisque Prat-Long signifie : Long-Plateau en pelouse !). Plateau au bout duquel (à l'ouest) nous allons trouver le vieux refuge, solide et massif, élevé en 1896 par le Club Alpin Français. Ouvert mais sale, il n'offre aucun confort ; juste une cheminée et un bat-flanc en ciment, nu.

Jetons un coup d'œil pour capter quelques repères. Au sud, tout proches et nous dominant : le Quayrat (3 060 m) et le Lézat (3 107 m). Descendant du Maupas (3 109 m), invisible d'ici, les eaux du lac d'Enfer (2 430 m), au pied duquel est construit le célèbre refuge du Maupas, alimentent l'Usine Hydroélectrique du Portillon (haut de la vallée du Lis, vue à notre départ). Une conduite forcée (long serpent d'acier) repose sur la pente, doublée par les câbles d'un téléphérique EDF.

À l'ouest : le Céciré, grande montage tout en herbe ! Au nord : le plateau de Superbagnères. À l'est : une longue crête en

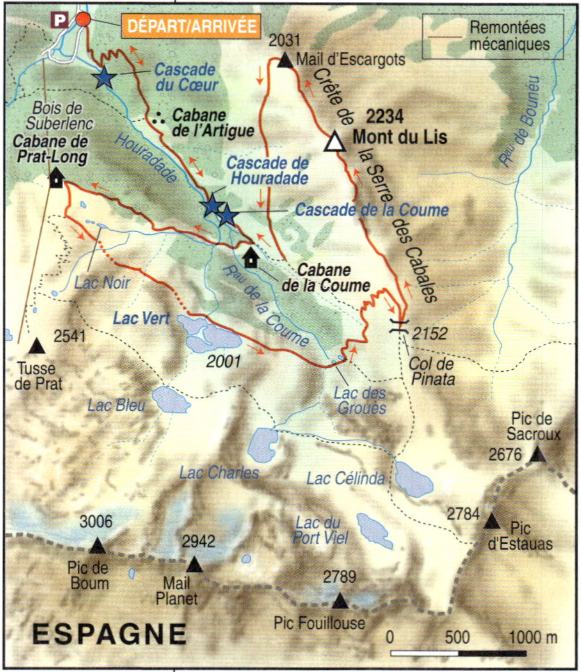

pelouse retient notre intérêt. C'est la Serre des Cabales que nous allons arpenter en fin de circuit.

À quelque 100 m au sud du refuge de Prat-Long, une "habitation souterraine" (mentionnée ainsi sur la carte Top 25) nous intrigue ; il s'agit d'une simple excavation dans la muraille humide et inhospitalière devant laquelle a été monté un mur en façade. Ne comptez pas y bivouaquer !

Revenons sur le sentier pour continuer notre excursion (cairns et marques "41"). Un peu plus haut, ne pas traverser un ruisselet, mais monter toujours plein sud.

2h25 Bifurcation à 180°. À droite (marque "41") : *"Maupas - Lac Bleu" ;* à gauche (marque "40") : *"Lac Vert".* C'est là notre voie.

Plus loin, et en contrebas, trois laquets (dont le lac Noir) occupent une petite terrasse. Notre sentier à la pente très abordable se fait parfois étroit, mais sans aucune difficulté. Au passage d'un petit thalweg, un câble est tendu pour les promeneurs timides.

Chemin faisant, jetons un coup d'œil sur la Serre des Cabales (au nord-est) pour étudier l'itinéraire du retour, ce qui facilitera, en fin du circuit, notre descente sur la cabane de la Coume (visible sous nos pieds, à la faveur d'éclaircies du terrain). Le Mail d'Escargots (2 031 m) marque l'extrémité nord de cette serre. Pour nous en échapper, une sente discrète (du moins vue d'ici) démarre de ce sommet final, balafrant tout le versant herbeux, pour rejoindre la cabane plus au sud et 380 m plus bas en dénivellation. Ce repérage sera bien utile, une fois sur les lieux !

2h55 Le lac Vert (2 001 m). Une splendeur ! Tout y est vert ! Les berges gazonnées, les petits bosquets échelonnés sur la crête qui le borde, et surtout sa couleur si étonnante, tellement tenace, que le bleu du ciel ne peut s'y imposer. Il a la forme d'un fer à cheval, et son étrange presqu'île renforce une certaine originalité. *"Que n'aurais-je donné pour avoir une maison sur cette charmante et verte presqu'île, espèce de paradis dont les moelleuses pelouses s'avancent jusqu'au milieu du lac et ont l'air d'y flotter."* (Henry Russell)

Et – curieux paradoxe – voilà que nous avons envie de continuer, de continuer jusqu'à…

LA SERRE DES CABALES 2 234 m

Et si cette crête offrait un spectacle aussi beau ? Aussi beau – oui – mais également bien différent.

0h00 Nous quittons donc ce site paradisiaque en suivant toujours le sentier (tout droit, vers l'ouest), ignorant un départ sur la droite marqué d'un cairn (cet itinéraire mène au lac Bleu).

Deux petits collets nous élèvent de quelques mètres et proposent une jolie vue dominante sur le cirque des Graouès que nous rejoignons pour trouver…

0h15 Une fraîche et puissante source, origine du ruisseau de la Coume qui se jette bien plus bas dans le vallon boisé de Houradade, sous la forme de la cascade de la Coume (vue à la montée). À peu de distance, le lac des Graouès, minuscule et banal, ne retiendra pas notre attention, détrôné par le souvenir du lac Vert ! C'est à partir d'ici qu'après un parcours presque rectiligne depuis le refuge de Prat-Long, le sentier amorce une grande courbe descendante, hachée de lacets pour perdre de l'altitude et pour rejoindre l'amont du grand vallon de la Coume. Quel pléonasme, puisque coume signifie combe, et donc vallon !

C'est au fond de ce vallon qu'est bâtie la cabane de la Coume que nous rejoindrons après notre parcours "céleste" sur la crête de la Serre des Cabales (encore un pléonasme, puisque serre signifie crête !).

Depuis le cirque nous perdons 100 m d'altitude (de 2 042 m à 1 945 m). C'est à ce point que la nature très gentiment a marqué, comme un repère, par deux sorbiers des oiseleurs…

0h35 Le départ, sur la droite, du petit chemin qui s'élève jusqu'au col de Pinata. Des rochers portent à la peinture ce changement de direction.

Les 200 m à regrimper ne feront pas trop tirer la langue grâce à la régularité du chemin qui oscille régulièrement en larges lacets.

1h05 Le col de Pinata (2 152 m). C'est plus un simple débouché sur la crête qu'un vrai col, qu'une échancrure. Mais, à partir d'ici : plus de cairn, plus de balisage. Là commence la Serre et surtout le "spectacle" dont nous avons tout autour de nous des échantillons. Belle vue sur le Sacroux, le Mail Pintrat, le Fouillouse, le Mail Planet, le Barrat, le Boum, le Maupas. Entre ces deux derniers et mille mètres plus bas… le lac Vert, la paradis lacustre !

"La marche en montagne est une volupté" a écrit le comte Russell. À partir d'ici, cette affirmation se matérialise par notre progression à toute crête. Nous n'avons qu'à nous laisser guider, en suivant la croupe, jetant un regard tantôt sur la droite (est) : val de Bounéou à nos pieds et les lointains bleutés des sommets ariégeois et espagnols (Crabère, Maubermé, Tuca Blanca…), tantôt sur la gauche (sud) avec cet alignement de "3 000" dont nous ne nous lassons jamais.

Notre "balade" orientée plein nord suit le fil de la serre pour se déporter plus loin soit sur la gauche, soit, le plus souvent, sur la droite afin d'éviter quelques pitons. Le trajet est sans embûche, la trace sur l'herbe devient alors sentier lorsque la pente est abordée.

1h50 Le Mont du Lis (2 234 m), point culminant et observatoire majeur de notre excursion. Le Sacroux, le Sauvegarde et le pic de la Mine ont une allure de grands seigneurs. Puis c'est le défilement des "3 000" : Boum (3 006 m), Maupas (3 109 m), Crabioules (3 116 m), Lézat (3 107 m), Quayrat (3 060 m). Un panorama en cinémascope, sur écran géant !

Nous poursuivons toujours vers le nord, à toute crête ou presque, cette fois descendante, dérangeant des isards surpris par notre intrusion dans leur domaine.

2h15 Le Mail d'Escargots (2 031 m) s'étale en un grand plateau herbeux. C'est maintenant qu'il va falloir chercher le départ de la minuscule sente qui nous mènera à la Cabane de la Coume. Elle naît spontanément au plus bas de ce plateau et sur le versant gauche (ouest), avant d'atteindre le point 2 031 m, sommet du Mail. Afin de ne pas la rater, avant de rejoindre ce repère nous partirons sur notre gauche de façon à surplomber ce versant et à pouvoir découvrir ainsi, en contrebas, son cheminement. Une fois reconnue, il sera facile de la suivre (elle s'élargira parfois en vrai sentier), à condition d'être très attentif. Elle descend lentement et rectiligne vers le sud.

2h50 Nous recoupons le chemin du vallon de la Coume. Paysage bucolique : la cabane du berger, le parc à moutons ; un petit troupeau paît tranquillement. Une abondante source jaillit à une centaine de mètres de notre débouché ; elle est la bienvenue ! Et maintenant, il ne reste plus qu'à descendre pour retrouver très vite la bifurcation de ce matin que nous reconnaîtrons (voir à **1h30**).

3h25 Bas de la pelouse de l'Artigue (où nous étions ce matin, à **0h40**). Attention ! Deux minutes plus bas, le chemin bifurque (détail qui nous avait échappé à la montée). Il faut prendre la branche de droite.

3h55 (depuis le lac Vert) **ou 7h00 au total.** La voiture. Ouf ! Mais quelle excursion !

LE LAC CÉLINDA 2 395 m & LE PIC D'ESTAUAS 2 745 m
DEPUIS LA VALLÉE DU LIS (1 149 m)

19

Si le lac Vert, en été, est le but traditionnel d'une excursion bon enfant, le lac Célinda, lui, est délaissé parce que son approche est plus longue et que son altitude le classe dans le chapitre de la haute montagne !
Quant au pic d'Estauas, il connaît la même solitude, au point que, arrivé au sommet, vous aurez l'impression d'avoir réalisé une première ! Et quel panorama !

ACCÈS ROUTIER
Carte Michelin n° 343 Local – Case B 8 (milieu, bas). Le pic d'Estauas n'est pas nommé, mais on peut le situer entre le pic Sacroux et le point coté 2 839 m.

ACCÈS DÉPART
Depuis Luchon, remonter la D 46 menant à Superbagnères. Après 10 km, dans un grand virage serré, prendre à gauche en direction de la vallée du Lis. 50 m avant le parking final, s'engager par la gauche sur une petite route qui traverse le ruisseau et laisser la voiture à son terminus, sous de gros arbres. Au retour... l'ombre sera appréciée !

HORAIRES
- pour le lac Célinda : 3h35 (aller)
- pour le pic d'Estauas : + 1h25 (aller), soit 5h00 au total

DIFFICULTÉS
- pour le lac Célinda : aucune, mais avoir le pied montagnard
- pour le pic d'Estauas : idem

DÉNIVELÉES
- pour le lac Célinda : 1 250 m.
- pour le pic d'Estauas : + 350 m, soit 1 600 m au total

CARTES
Rando Éditions n° 5 Luchon, au 1/50 000

IGN Top 25 n° 1848 OT, au 1/25 000

Le lac de Port-Vieil et le mail Pintrat vus du col 2480 m

LE LAC CELINDA 2 395 m

0h00 Nous chargeons le sac sur les épaules et revenons en arrière, car à quelque 100 m au-dessus du pont démarre, sur notre droite (est) un sentier bien visible, "fleuri" de deux panneaux clarifiant tous les itinéraires. L'un : *"Refuge du Maupas : 3h30 - Lacs Bleu - Charles - Célinda (n° 41)"*. L'autre (itinéraire qui nous concerne dans un premier temps) : *"Col de Pinata - Lac Vert (n° 40), 3h00"*.
La prairie du départ traversée, nous pénétrons dans le bois de Suberlenc où notre chemin va zigzaguer sur le versant gauche du long et étroit vallon de Houradade (balisage "n° 40").

0h10 De l'autre côté du ravin s'écroulent en deux bonds la belle cascade du Cœur, bien connue des simples touristes qui souvent n'iront pas plus loin ! Agréable montée sous bois et sous "l'obscure clarté" de l'aube.

0h40 "Pelouse" de l'Artigue (1 405 m). Délaissons le sentier partant sur la droite (panneau *"Gouffre d'enfer"*) et continuons sur la gauche (*"Lacs Vert - Bleu - Refuge du Maupas"*) pour remonter toute cette "pelouse". De la cabane portée sur la carte Top 25, il ne reste que... trois pans de murs ! Le haut de cette prairie atteint, l'ascension rep-

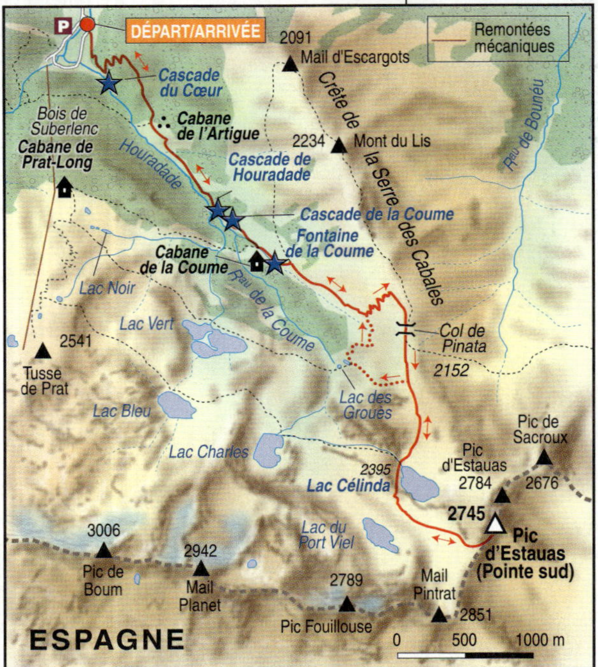

rend en sous-bois avec le paysage sylvestre piqué, çà et là, de sapins, agrémenté des fracas des cascades du versant opposé, dont celles de Houradade, puis de Calahoure et de la Coume.

1h30 Juste au pied d'une cascatelle du ruisseau principal, le sentier se sépare en deux directions opposées. Panneaux. À droite : *"Prat-Long - Refuge du Maupas - Lacs Bleu - Célinda"*. À gauche : *"Col de Pinata – Cirque des Graouès – Lac Vert (itinéraire 40)"*. Notre course emprunte cette deuxième direction pour atteindre en premier ce col de Pinata.

1h35 Nous débouchons sur une sorte de petit col (en fait, juste au-dessus de la cascatelle) où est bâtie la cabane de la Coume ; cabane du berger, fermée ou occupée. Nous entrons dans la partie supérieure, dégagée, du vallon de Houradade, appelé jadis vallon de la Coume. Ses versants sont assez raides, ce qu'affectionnent en hiver, parfois, les avalanches qui accumulent leurs chutes au plus creux du thalweg ! Mais aujourd'hui : pas de risque ! Le versant de gauche est presque nu, juste quelques pins. Sa crête sommitale est la Serre des Cabales dont l'extrémité sud s'échancre légèrement pour former le col de Pinata que nous allons rejoindre dans un premier temps. Le versant de droite, assez raide et couvert de conifères, sert de contrefort pour supporter les lacs Vert, Bleu, Charles, Port-Vieil et Célinda, le "nôtre", que nous aborderons avant d'atteindre le pic d'Estauas.

À une centaine de mètres de la cabane coule une abondante et merveilleuse source que nous négligerons peut-être à la montée, vu l'heure matinale et fraîche, mais que nous apprécierons au retour, sous la chaleur de l'après-midi ! Remontons donc encore et toujours ce vallon de Houradade (ou de la Coume) en longeant plus ou moins la base de son versant de gauche, en surplombant de très peu le ruisseau qui le draine. Le sentier, bien tracé, guide nos pas.

2h05 Après une demi-heure de cheminement (depuis la cabane) dans cette combe dénudée, nous remarquerons deux arbres, deux sorbiers des oiseleurs, plantés là comme un repère. Des rochers portent à la peinture un changement de direction. C'est ici, en effet que nous quittons notre vallon pour nous élever sur la gauche afin d'atteindre le col de Pinata. Un bon sentier en lacets y mène. La pente, un peu relevée certes, n'offre aucune difficulté à condition de réguler au mieux notre allure. Les 200 m de dénivellation à grimper feront peut-être tirer un peu la langue… ce qui nous entraînera pour le reste de l'ascension !

2h35 Le col de Pinata (2 152 m). C'est plus un simple débouché sur la crête qu'un vrai col ; c'est juste une échancrure. Ce belvédère mérite une pause. Prenons le temps de nous déplacer un peu sur la croupe, vers le nord, et de faire, même, un aller et retour assez important pour mieux

Le lac Célinda

nous situer au sein de ce massif et pour capter des repères. Ce ne sera pas une perte de temps mais un surplus à notre plaisir de la journée. Belle vue sur le col de Sacroux (vers l'est) vers lequel court un long sentier. Nous identifierons aussi (de l'est jusqu'au sud) les principaux pics : le Sacroux, le Mail Pintrat, le Fouillouse, le Mail Planet, le Barrat, le Boum, le Maupas. Entre ces deux derniers et mille mètres plus bas que leurs cimes… le lac Vert.

Par contre, vers le nord, se creuse le val de Bounéou, à nos pieds, tandis que les lointains bleutés exposent les sommets ariégeois et espagnols (Crabère, Maubermé, Tuca Blanca…).

Revenons au col de Pinata (nous ne tenons pas compte, dans notre horaire, de notre escapade sur la crête). Suivons un sentier qui longe la crête du col par la droite pour remonter sur l'arête sud-est. À cinq minutes, n'attachons pas d'intérêt à une trace sur la droite (malgré le balisage et un cairn). Il y a meilleur itinéraire à peine plus haut. Continuons à monter, mais ouvrons l'œil. En effet, nous décelons le départ d'un sentier partant encore sur la droite, dès que le versant (exposé au sud) se montre moins raide (balisage : ronds jaunes, peu visibles au départ, mais plus nombreux par la suite). Longue progression légèrement ascendante.

3h35 Lac Célinda (2 395 m), silencieux, mystérieux même. Un lac de rêve, au fond d'un cirque, certes, mais lumineux où les versants sont de granit, de cheminées, de failles, où se mêlent aussi des pentes d'herbes et de longs couloirs d'éboulis. Des névés éparpillés sont autant de plaques immaculées dans cet ensemble minéral. L'envie d'aller plus loin et plus haut nous titille ! Allez… Nous remettons le sac sur le dos ?

LA POINTE SUD DU PIC D'ESTAUAS 2 745 m

Et le pic d'Estauas, dans ce décor désert ? Il en est le point culminant, reposant en trois sommets tout en haut d'une interminable pente de pierrailles ; pour le vaincre : 1h30 de montée, dans cette coulée caillouteuse ! Alors, nous lui préfèrerons sa pointe Sud de 19 mètres inférieure. Paresse ? Pas du tout ! Mais l'ascension de ce sommet "inférieur", par un itinéraire différent,

Sur le chemin de la montée à la pointe sud ; les crêtes du Lis

est tellement plus riche, plus panoramique aussi qu'une montée monotone où les cailloux, à deux mètres devant soi, seraient les seuls décors !
En route ! Nous franchissons le déversoir du lac pour nous élever (sud) vers un col derrière lequel pointe le Mail Pintrat (2 851 m). Son accès déroute, au départ, mais des cairns obstinés en jalonnent le cheminement.
3h55 Nous voici à ce col anonyme (2 480 m env.) derrière lequel nous découvrons une partie du lac de Port Vieil et le Mail Pintrat qui le domine avec sévérité. Un paysage austère ? Soit, mais un cadre de haute montagne qui fascine et hypnotise. Nous pourrions faire une pause ici, encore, comme au col de Pinata… tout en allant de l'autre côté du col afin de mieux connaître ce site, et surtout le lac de Port Vieil qui – selon l'expression – vaut le détour !
Et maintenant ? La pointe Sud d'Estauas nous domine de 300 m seulement ! Avec un décor grandissant à chaque mètre gagné ! Nous partons directement sur notre gauche (est) tout en composant notre itinéraire, car peu de cairns (il faudrait dire : aucun cairn !) soulignent le tracé. Puisque c'est une simple croupe qui conduit au sommet, nous la suivrons au gré de notre fantaisie et de la facilité, nous déportant plutôt légèrement sur la droite (sud) tout en fixant le regard sur la Pointe. Evitons d'aller trop à droite, attirés par l'affaissement du Port Vieil ; ce détour allongerait inutilement. Tout en prenant de l'altitude, les grands sommets luchonnais se dégagent et suscitent notre impatience d'arriver au sommet !
5h00 La pointe Sud d'Estauas (2 745 m). Nous y étions pourtant préparés tout au long de la montée, mais… le point de vue est à couper le souffle ! Bien sûr, le vrai sommet est à deux pas (infranchissables !) ; nous n'en sommes pas jaloux. Le cirque des Graouès est là, sous nos pieds, comme à notre merci : le lac de Port Vieil (dans son ensemble, vu d'ici), avec le Mail Pintrat (2 851 m), le pic Fouillouse (2 789 m), le Mail Planet (2 942 m), le Barrat (2 986 m), le pic de Boum (3 006 m)… un long chapelet de hautes cimes…
Et vers l'est ? Coup de théâtre : le massif de la Maladeta, avec “son” Aneto (3 404 m), le point culminant des Pyrénées. Massif pris en enfilade, certes, mais, justement, sous un angle inhabituel, donc très intéressant et insolite.
Et puis… et puis – hélas – nous devrons regagner la plaine et sa monotonie. Alors, nous ferons demi-tour, tout simplement ; avec toutefois une petite variante ?
Dans ce cas, sur le chemin, entre le lac Célinda et le col de Pinata, nous pourrons dévaler (mais cela uniquement à vue, donc sans sentier ni trace, ni cairn) sur le petit lac des Graouès (2 042 m). La pente est forte, sans danger pour les montagnards chevronnés. À peu de distance, en amont du ruisselet qui semble l'alimenter, une forte source (une résurgence, plutôt) nous désaltèrera ! Puis, il suffira de suivre un sentier retrouvé, celui qui (par la gauche) vient du lac Vert pour descendre (vers la droite, et c'est cette direction que nous suivrons) dans le vallon de Houradade (ou de la Coume) dont nous en avons remonté une partie ce matin. Bien plus bas, nous reconnaîtrons les deux arbres (les sorbiers des oiseleurs), repères de la montée au col de Pinata (voir à **2h05**). Et, de là, étant en pays connu, nous reviendrons sans problème tout au fond de la vallée du Lis, point de départ… non sans avoir fait une bonne halte à la source-résurgence proche de la cabane de la Coume (voir à **1h35**) que nous regarderons cette fois… avec beaucoup d'amour, pour nous y désaltérer !

L'ÉTANG D'ARAING 1 911 m & LE PIC DE CRABÈRE 2 629 m
DEPUIS FRÉCHENDECH (830 m)

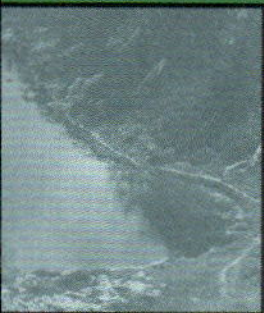

20 L'approche de cet étang d'Araing est des plus plaisantes, en partie sous bois, et, plus haut, au milieu des genévriers, des rhododendrons, des myrtilles, de quelques pins épars et des ruisselets. Un sympathique refuge vous accueillera. Depuis les berges du lac, vous aurez tout loisir de détailler le pic de Crabère, puissante et fascinante carrure qui vous dominera de ses 2 629 mètres. Pour le montagnard, l'ascension de cette cime sera le terme d'une longue marche, certes, mais la belle récompense suprême par le somptueux point de vue qu'il propose, avec la Maladeta en plein cœur du panorama.

ACCÈS ROUTIER

Carte Michelin n° 343 Local – Cases D 7 (bas) et D 8 (haut, gauche). Le village de Fréchendech, non nommé, est situé au terminus de la petite route à l'ouest du "Pont" (763 m), à 2 km en amont de Sentein.

ACCÈS/DÉPART

À Saint-Girons, prendre la D 618, puis la D 4. 2 km environ après Sentein, au lieu-dit "Le Pont", et par la droite, on remontera une petite route jusqu'à Fréchendech (830 m).

HORAIRES

- pour l'étang d'Araing : 3h25 (aller)
- pour le pic de Crabère : + 1h55 (aller), soit 5h20 au total

DIFFICULTÉS

- pour l'étang d'Araing : aucune. Randonnée sur bon sentier, en partie sous bois
- pour le pic de Crabère : ascension sans difficulté majeure (hors enneigement), mais pour bons marcheurs et montagnards.

DÉNIVELÉES

- pour l'étang d'Araing : 1 100 m.
- pour le pic de Crabère : + 750 m, soit 1 850 m au total.

CARTES

Rando Éditions n° 6 Couserans, au 1/50 000

IGN Top 25 n° 1947 OT, au 1/25 000

L'ÉTANG D'ARAING 1 911 m

0h00 Une pancarte, dès le parking en terre battue, précise le départ du sentier : *"Refuge d'Araing, 1 950 m - tél. : 05 61 96 73 73 - ouvert les w.e. à partir du 15 mai"* (en réalité : gardé aussi du 15 juin au 1er octobre ; 52 places). Le sentier, très large, sous une voûte d'arbres, remonte la vallée au joli nom de l'Isard, en longeant, sur sa droite, un ruisseau bruyant et turbulent comme un gamin insouciant. Plus haut, quelques granges, semblant en équilibre sur des pentes très fortes, renforcent le caractère campagnard de la région.

0h20 Une bizarre dalle rocheuse que la nature a mise à plat pourrait protéger sept ou huit personnes d'un orage soudain. Elle est appelée la Pierre Cabane. Notre chemin, balisé de traits jaunes et rouges, traverse le torrent et en deux lacets serrés et très redressés poursuit sa grimpée, cette fois sur la gauche (c'est-à-dire rive droite orographique).

0h40 Sur la gauche, une petite source bien sympathique et qui sera encore plus appréciée au retour : la fontaine Escudié (1 012 m). La montée, dont la pente s'est adoucie, sous des hêtres hauts et clairsemés, avec le torrent qui gronde en contrebas, est délicieuse surtout en automne, lorsque le feuillage jaune et fauve filtre les rayons du soleil.

1h00 Une petite croix métallique avec, sur une plaquette : *"Bernard Dumas - 13 juillet 1939 - 5 août 1988"*. Deux minutes plus haut, un embranchement propose une variante, sur notre droite, en enjambant le ruisseau par une passerelle (pancarte : *"Chapelle"*).

1h30 Bâtie sur un petit plateau en pelouse, cette chapelle de l'Isard mérite bien ce détour. Datant de 1665, elle est honorée tous les 5 août par un pèlerinage, témoignage de la piété des bergers et des randonneurs. Juste derrière et accolé au mur de l'édifice, on trouvera un petit refuge, avec source à deux pas de l'entrée. Grande cheminée, table, bancs, six lits superposés. Cette chapelle-refuge occupe une clairière, promontoire bien dégagé ouvrant la vue au loin sur le Crabère et sur un cirque qui sert de berceau à l'étang d'Araing. Nous allons continuer à longer ce flanc droit de la vallée, en faisant une grande boucle pour ne pas perdre de l'altitude. En effet, un vallon se déverse ici, comme un affluent. Nous traverserons un petit cours d'eau, laissant 200 m plus loin et à droite un grand refuge forestier. Et peu à peu notre chemin nous ramène sur le torrent de l'Isard que nous

L'étang d'Araing et la pyramide du Crabère

franchissons pour rattraper celui dit de l'étang d'Araing quitté à la hauteur de la déviation, de la variante. Nous laissons derrière nous la forêt pour nous élever dans les alpages.

2h15 Cabane d'Illau (1 419 m). Table, deux bancs ; sous le toit : place pour 5 ou 6 personnes, cabane pouvant être occupée par les bergers venus ici pour surveiller leurs troupeaux.

Plus haut, le sentier zigzague en de nombreux lacets pour pointer vers le grand cirque emprisonnant l'étang dont on voit même une partie du barrage. Dominant cet ensemble s'élèvent, à droite, le célèbre Crabère (2 629 m), au milieu, le pic de Canéjan (2 654 m) et, à gauche, le pic Blanc du Portillon (2 640 m). Montée agréable au milieu des genévriers, des rhododendrons, de quelques sapins épars et des ruissellements abondants qui raient la pente. Bifurcation sous le barrage : nous débouchons sur le GR 10 (balisage blanc/rouge) qui sera notre nouvelle route jusqu'au col d'Auéran. Partons vers la droite pour découvrir…

3h25 L'étang d'Araing (1 911 m), et à 200 m du barrage le grand refuge Jacques Husson, à 1 965 mètres d'altitude. Immense bâtisse datant de 1977, d'une architecture et d'un goût douteux… *"Le refuge d'Araing est une carapace de tôle aux allures de hangar. Heureusement, les gardiens compensent avantageusement à l'intérieur ce qui, vu du dehors, est peu accueillant"* (Louis Audoubert).

Comme dans tous les refuges C.A.F., une pièce demeure toujours ouverte durant toute l'année (pour les courses hivernales, notamment) : très propre, neuf couchettes avec matelas, table, banc.

Et si nous regardions l'étang, but principal de notre randonnée ? Profond de 25 mètres, sa plus grande longueur avoisine le kilomètre. Il fut domestiqué par E.D.F. qui construisit le barrage, à la place d'un autre, très rudimentaire, façonné de toutes pièces au… XVIIIe siècle ! Celui-ci était destiné non pas à la production électrique (on s'en doute !) mais prévu pour déchaîner, en l'ouvrant, l'afflux du courant afin d'entraîner des coupes de bois jusque dans la vallée. Un transport naturel, rapide et… gratuit !

Si vous êtes arrivés là de bonne heure, et aussi beau que soit ce lac, vous ne pourrez pas demeurer éternellement sur ses berges, alors que le pic de Crabère vous domine et semble vous narguer. Sans cesse, votre regard se portera sur sa silhouette pyramidale. Pourquoi résister plus longtemps ? Il est si proche !

LE PIC DE CRABÈRE 2 629 m

0h00 Le GR file vers l'ouest, en direction du col d'Auéran parfaitement visible : une large courbe herbeuse sur la longue crête reliant le Crabère, à gauche, au Tuc de Bouc, à droite (2 277 m).

Nous nous élevons insensiblement en suivant la bordure d'une serre, avec, devant nous, le col en point de mire. Par cette progression, nous avons tout le temps de mieux découvrir l'étang d'un bleu de grande pureté, couleur bien mise en valeur, rehaussée, par les pentes gazonnées qui l'encerclent.

0h40 Col d'Auéran (2 176 m). Panneau *"Pic de Crabère, 1h15"*. De ce point, nous distinguons nettement le cheminement qui, par de multiples lacets, nous guidera vers le sommet. Attention : il faut délaisser un sentier qui, sur la droite, desservait jadis deux cabanes actuellement en ruines que nous apercevrons, en les surplombant, au cours de notre ascension finale. *"L'Ariège produit des hommes et du fer"* (Napoléon !), mais aussi de la blende. Au-dessus de ces vestiges pastoraux existait une petite exploitation minière sans lendemain. La présence de blende, ce sulfure naturel de zinc, se trouvait un peu partout dans cette région ariégeoise. Sur le plateau d'Uls, par exemple et assez proche du col, un autre chantier plus important fut, lui aussi, abandonné, à son tour. Il n'en reste que quelques excavations.

Revenons – non à nos moutons ! – mais à notre ascension. Nous nous dirigeons tout droit, plein sud, remontant une croupe bosselée qui, brusquement, semble buter contre…

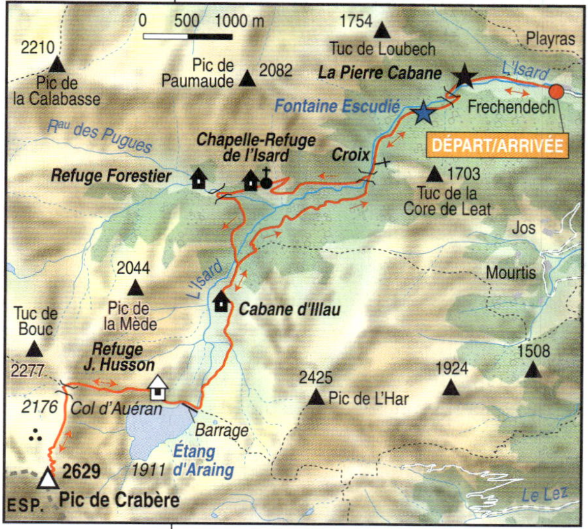

1h05 La muraille sévère du Crabère qui se relève d'un coup. Sévère d'aspect seulement, car grâce au courageux sentier cette pente va être gravie sans nous faire trop souffler. De plus, les arrêts seront fréquents pour dénicher, vers l'est, le Valier et ses satellites, et surtout pour admirer sans lassitude l'étang d'Araing en contrebas de notre itinéraire. Nous le trouvons de plus en plus beau ! Et vers l'ouest, nous reconnaissons le pic du Midi, l'Arbizon, le pic Long, le Néouvielle…

Si la montée est un jeu d'enfant pour tout montagnard, elle peut s'avérer très dangereuse par enneigement ; piolet, crampons et corde peuvent être indispensables avec, en plus, l'expérience des courses hivernales.

1h55 Nous y sommes ! **Pic de Crabère (2 629 m).** Étonnement : après la raideur du versant affronté, nous foulons ce sommet au profil de plateau.

"Le belvédère du Crabère est de tout premier ordre et la vue s'étend sur toute la grande chaîne, depuis le pic du Midi de Bigorre, à l'ouest, jusqu'au Grand Péguéra, au sud-sud-est. Presque tout le Val d'Aran est sous les yeux et, au nord, on domine tout le massif d'Arbas et la plaine vers Toulouse." (Pierre Soubiron)

Émotion à laquelle s'associe Michel Sébastien : *"L'émerveillement continue. Vous percevez la chaîne dans son immensité. Vous distinguez très nettement le pic du Midi avec ses antennes, le massif de la Maladeta et ses glaciers, et, vers l'est, on devine le massif des Trois Seigneurs et l'Arget Arize. On distingue le Valier, le Maubermé et, vers le nord-est, le pacifique Bouirex."*

Qu'ajouter à cela ? Juste quelques noms, car il est impossible de dresser une liste complète de sommets reconnaissables. De notre perchoir se déploie une impressionnante crête tourmentée qui supporte les pics de Canéjan, de Serre-Haute, de Tartereau. En nous avançant vers le sud, nous verrons l'estanh Nere deth Cap deth Marc, amont du plateau de Liat, et une grande partie des anciennes mines (vers 2 300 m d'altitude !) qui connurent une grande activité aux XVIIIe et XIXe siècles. À droite de la Maladeta se profilent les "3 000" luchonnais, dont le Perdiguère, le Lézat, le Quayrat… Un bout du Cylindre et du Marboré situent, comme des cairns, le massif de Gavarnie. Au nord, des sommets plus modestes, certes, mais qui constituent de belles balades d'arrière-saison : Calabasse, Cap de Gauch, Gar, Cagire, Paloumère…

Un dernier regard plongeant sur l'étang d'Araing, 750 mètres plus bas, et nous entamerons le retour par la même voie que celle prise à la montée, en évitant, bien sûr, le détour par la chapelle de l'Isard vue déjà à la montée.

À L'ÉTANG D'ARAING…

L'automne est la saison idéale pour savourer toute cette palette de coloris qui fait de ce cirque un site enchanteur. L'herbe, brûlée par les chaleurs de l'été passé et par les premières gelées, prend la couleur de l'or. Les myrtilles éparpillées colorent ce parterre d'ocre rouge et d'orange. Seuls, les buissons de rhododendrons et de bruyère conservent leur teinte vert foncé. En fond de tableau se dresse, vers l'est, la pyramide du pic de l'Har (2 425 m) que balafrent verticalement de longs et fins sillages d'érosion, comme des larmes qui laissent des traînées sur un visage d'enfant malheureux.

L'ÉTANG D'ARBU 1 726 m & LE PIC DES TROIS SEIGNEURS 2 199 m

EN CIRCUIT, DEPUIS LE PORT DE LHERS (1 517 m)

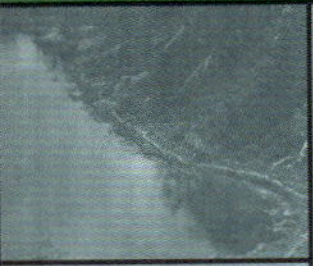

21

Une belle et haute cascade annonce l'étang d'Arbu, bien au-dessus. Au creux de son berceau de granit, il impressionne par le silence des lieux et la séduction de ses cinq îlots éparpillés.
Quant au pic des Trois Seigneurs : "Il fait face à la chaîne ariégeoise ; on en embrasse tous les sommets du Crabère au Carlit."
(Pierre Soubiron)

Alors… Si nous y allions ?

ACCÈS ROUTIER

Carte Michelin n° 343 Local – Case G 8 (haut)

ACCÈS/DÉPART

On gagnera le port de Lhers (1 517 m) depuis Tarascon-sur-Ariège, en remontant la D 8 jusqu'à Vicdessos, puis, de là, la D 18 ; ou bien depuis Massat, par la D 18.

HORAIRES

- pour l'étang d'Arbu : 1h30 (aller).
- pour le sommet : + 1h35 (aller), soit 3h05 au total.
- pour le circuit complet : 5h00 au total.

DIFFICULTÉS

- pour l'étang d'Arbu : aucune (sentier balisé)
- pour le sommet : itinéraire cairné, mais qui demande un peu d'attention pour le suivre
- pour le circuit complet : pour bons marcheurs

DÉNIVELÉES

- pour l'étang d'Arbu : descente de 100 m + montée de 320 m
- pour le sommet : + 480 m, soit 800 m au total

CARTES

Rando Éditions n° 7 Haute-Ariège, au 1/50 000
IGN Top 25 n° 2047 ET, au 1/25 000

Arrivée au sommet

L'orry avant l'étang

L'ÉTANG D'ARBU 1 726 m

0h00 Port de Lhers (1 517 m). Larges aires de stationnement. Vers le nord s'élèvent une forte pente et une longue croupe : c'est par là que nous reviendrons, en fin de circuit. Vers le sud, combes, couloirs, falaises calcaires empilées comme des cubes, bosquets constituent les contreforts du pic de Girantès ou de Mont-Ceint (2 088 m).
Sac sur le dos, nous descendons sur la route en direction de Vicdessos (est) de façon à nous placer à la base du vallon où, tout en haut, repose l'étang d'Arbu. Au troisième lacet en épingle…
0h20 Démarre un bon sentier (panneau : *"Pic des Trois Seigneurs"*). Si l'étang est le seul but de notre excursion, il sera plus logique de garer ici notre véhicule. Bon enfant, ombragé et sensiblement horizontal (mais pour peu de temps !), notre petit chemin, avec son balisage (rond jaune) engendre l'insouciance et la joie de marcher. Il faudra bien, pourtant, avaler les 360 m de montée ; et la pente bientôt ne tardera pas à nous le rappeler.
0h30 La vue se dégage, entière, sur notre vallon où, plus

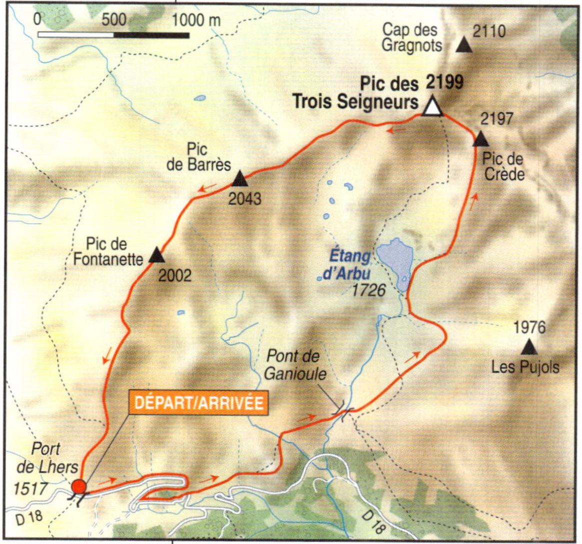

haut, bondit avec fracas une belle cascade blanche d'écume. Nul doute que l'étang se situe bien au-dessus. Deux ruisselets recoupant notre sentier, le torrent principal nous accompagnant sur la droite, les versants jaunissant sous des manteaux de genets… Oui ! La vie est belle !

0h40 Le pont de la Ganioule (1 410 m) : deux dalles rocheuse posées sur des blocs enjambent le ruisseau. Elles semblent jouer avec les lois de l'équilibre et les règles de solidité ! "Ça passe ou ça casse" ? Pancarte *"Suc"* (à droite), à ignorer. Le balisage change : un trait se substitue au rond jaune du départ. Le sentier, maintenant, attaque le versant plus relevé, en se déportant vers la droite, pour éviter la face trop raide empruntée par la cascade.

Çà et là, de courtes échappées sur la gauche sont autant de petits belvédères sur la chute.

1h05 Des sources courent entre les rochers et les myrtilles ; juste au-dessus, une crête horizontale cacherait-elle déjà l'étang ? Pas encore ! Deux autres "fausses joies" (car nous sommes impatients) nous en séparent encore.

1h10 Un bel orry, au toit revêtu de terre et d'herbe pour en assurer une (relative) étanchéité. À côté, des murets finissent de s'écrouler ; vestiges d'une vie dure, inconfortable mais combien saine et heureuse – sans aucun doute – des bergers d'antan.

1h30 L'étang d'Arbu (1 726 m). Sa surface légèrement froissée par la brise matinale, les cinq îlots qui semblent flotter, le silence total, les falaises de granit aux vires colorées d'or par les genêts et de rouge lumineux par les rhododendrons… tout ce spectacle a de quoi émouvoir le randonneur le plus blasé (si tant est qu'il en existe !).

Vers le sud, se développe toute une longue fresque de pics encore sous les dernières neiges où Montcalm, Bassiès et Valier tiennent la place d'honneur.

LE PIC DES TROIS SEIGNEURS 2 199 m

Pourquoi en rester là ? Le sommet émerge légèrement sur la gauche ; quelques petits névés peuvent encore en tacheter les abords. Son approche apparaît sans difficulté.

Le sentier, toujours bien balisé, traverse le déversoir de l'étang pour filer sur la gauche (ouest) afin d'attaquer la pente du pic. Mais… délaissons cette facilité de l'itinéraire imposé et adopté par bon nombre de randonneurs. Partons à l'opposé, sur la droite pour profiter encore du silence et de la solitude (itinéraire tracé sur la carte Rando Editions n° 7). Oh, certes, cette voie n'est pas d'une évidence criante ! Cependant, quelques cairns discrets et rares la jalonnent, reliés par une simple trace pas toujours visible. Il faut être attentif. De toute façon, ça passe partout ; plaisir de liberté et d'indépendance. Notre progression s'oriente tout d'abord vers l'est pour se redresser, ensuite, vers le nord, en direction de la crête sommitale qui relie le pic de Peyroute (2 165 m), à droite, à "notre" pic, à gauche.

Vers le sud, la vue grandit sur toute cette belle exposition de massifs ariégeois, tandis que sous nos pieds l'étang semble fuir et se rapetisser.

2h40 Un long replat sur la crête nous a attirés. Si nous le rejoignions, notre marche serait plus commode, il est vrai, mais en dents de scie. Aussi préfèrerons-nous viser

L'étang d'Arbu

notre sommet et l'atteindre par une montée en oblique, pour poser le pied sur un petit col, à sa droite, qui le sépare du pic de Crède (2 197 m).

3h05 Pic des Trois Seigneurs (2 199 m). Le panorama est si vaste que nous avons l'impression d'avoir toutes les Pyrénées sous les yeux ! Tirons les jumelles du sac.

À l'extrême est (gauche) : une foule de massifs andorrans que trouble la brume des lointains. Puis c'est le long étalage des montagnes ariégeoises avec les Montcalm – Estats – Sullo, et encore les massifs de la pique Rouge de Bassiès, puis le Turguilla, le Certescans, le Ruhos, le mont Rouch et le célèbre Valier !

Par une atmosphère d'une pureté angélique, nous pourrions apercevoir, encore plus à l'ouest, les Encantats, la Maladeta et les abords du Vignemale !

Le retour en boucle de notre circuit étant d'une clarté et d'une évidence telles, nous ne donnerons que quelques repères et quelques horaires. Il suffira de suivre la longue crête qui en descend, tout en décrivant un arc de cercle (ouest, puis ouest-sud-ouest et enfin sud) pour retrouver le port de Lhers. Un excellent sentier toujours bien balisé (un trait jaune) sera notre fil d'Ariane.

Dans un premier temps, nous aurons sur notre gauche et très en contrebas, l'étang d'Arbu et des dizaines de laquets disséminés sur les pentes. Et nous nous régalerons d'avoir constamment devant nous le panorama géant des montagnes ariégeoises.

3h40 Une bifurcation ; indication peinte sur un gros rocher : à gauche *"Arbu"* (à délaisser, bien sûr) ; à droite *"Lhers"*, à suivre. Comme pour tout parcours en crête, montées et descentes s'enchaînent.

3h45 Pic de Barrès (2 043 m), un simple soum.

4h15 Pic de Fontanette (2 002 m), un sommet herbeux et pointu. Vue sur le port de Lhers, notre point de chute. Dix minutes après, la crête s'oriente vers la gauche (est) presque à 90°.

4h25 Stop ! Ouvrons l'œil : discret, un cairn sur la droite invite à partir dans cette direction (sente, rond et trait jaunes) pour dévaler la pente uniforme (suivie par une clôture électrique) et pour retrouver…

5h00 Le port de Lhers (1 517 m).

L'ÉTANG BLEU 1 804 m & LE PIC DE PIOULOU 2 166 m

EN CIRCUIT, DEPUIS LE VALLON DE LA COURBIÈRE (PARKING À 1 040 m)

22 Ne serait-ce que par la montée sous bois et la découverte progressive et exaltante du site, l'excursion à l'étang Bleu est à faire absolument. Et le pic de Pioulou ? Une ascension de tout repos et un retour en circuit avec un petit air d'aventure : voilà un programme simple mais alléchant.

ACCÈS ROUTIER

Carte Michelin n° 343 Local – Cases G 7 (bas, droite) et G 8 (haut, droite)

ACCÈS/DÉPART

Depuis l'entrée nord de Tarascon-sur-Ariège, on empruntera, à droite, tout d'abord la D 618 du col de Port, puis très vite, sur la gauche, la D 523 (direction Banat) qui, par la Freyte, remonte tout le vallon de la Courbière jusqu'à son terminus (9 km env.). Très grand, en partie ombragé, proche du ruisseau ; au-delà : barrière sur la piste.

HORAIRES

- pour l'étang Bleu : 2h25 (aller)
- pour le pic de Pioulou : + 1h25 (aller), soit 3h50 au total
- pour le circuit complet : 5h45

DIFFICULTÉS

- pour le lac : agréable ascension sur sentier.
- pour le pic et le circuit : facile jusqu'au pic, puis, dans un premier temps, il faudra composer son itinéraire pour le retour en boucle (progression à vue).

DÉNIVELÉES

- pour le lac : 800 m
- pour le pic : + 360 m, soit 1 160 m au total

CARTES

Rando Éditions n° 7 Haute-Ariège, au 1/50 000

IGN Top 25 n° 2047 ET, au 1/25 000

L'ÉTANG BLEU 1 804 m

L'étang Bleu

0h00 Vous quittez le parking et rejoignez la piste (barrière interdisant la circulation à tous véhicules) pour la remonter (balisage : trait jaune) et qui suit le torrent tapageur de la Courbière, sur votre gauche.

0h15 Une solide et belle passerelle, sur la gauche, traverse le ruisseau ; pancarte : *"Étang Bleu par sous l'étang"*. C'est par là que vous reviendrez en fin de circuit. Continuez toujours sur la piste principale.

0h30 Une longue clairière en plateau (panneau : *"Camping interdit"*), avec tout en bout et à droite (un peu cachée) la cabane d'Embanels. À l'opposé, près du ruisseau, une pancarte *"Étang Bleu"* (toujours le balisage trait jaune) invite à le traverser par une petite passerelle.

Après une marche tranquille, le sentier devient sévère et attaque en lacets réguliers la grimpée du bois du Cirier. Si vous tirez un peu la langue, les oiseaux font tout ce qu'ils peuvent pour vous accompagner et encourager de leurs chants l'effort de la montée ! À cette musique se mêle la fraîcheur de la forêt de hêtres aux troncs géants et élancés. Cette marche sylvestre en ce petit matin est vraiment un délice.

1h10 Vous vous rapprochez d'un thalweg sec (ne pas le traverser), parallèle au principal parcouru par…

1h20 Le ruisseau d'Embans dont vous faites maintenant connaissance en le traversant. Vous entrez progressivement dans un "bout du monde" aux parois inattaquables ! Et pourtant, en vous déportant sur la droite, le sentier vous conduit à un grand dégagement déboisé : le cirque d'Embans. Sur la gauche, le torrent principal dégringole en cascade dont l'origine ne peut-être que l'étang Bleu (auquel l'étang Long et d'autres plus petits apportent leur tribut).

1h35 Et la grimpette reprend le long de cette chute, d'abord sur la droite, puis, plus haut, sur la gauche. La raideur de la pente s'atténue (oh ! un tout petit peu) et, contrairement à toute attente, le sentier s'écarte très à gauche du thalweg (maintenant à sec) pour gravir…

2h15 Un mamelon coté 1 822 m ; chapelet de grands cairns. En contrebas et à gauche : les étangs des Rives et du Tirou.

2h20 L'étang Long (1 790 m). Quel cadre merveilleux ! Rhododendrons en fleurs (juin) et myrtilles se disputent le terrain. Tout droit, pas très loin, se découpant sur le ciel, une douce courbe n'est autre que le col de la Couillate au pied duquel repose…

2h25 **L'étang Bleu (1 804 m) ;** timide, modeste, mais ses berges accueillantes vous donneront peut-être envie d'y passer le reste de la journée ? Un pêcheur, qui a campé là, entame déjà, canne en main, un duel avec les truites !

Au déversoir du lac, un petit panneau *"Étang Bleu - 1 804 m"* indique le débouché du premier itinéraire de montée depuis le parking (voir à **0h15**). Si vous restez sur ce site, votre demi-tour s'opèrera par-là. Si vous allez au pic de Pioulou, la voie du retour en circuit le rejoindra, mais un peu plus bas.

LE PIC DE PIOULOU 2 166 m

Laissez-vous tenter, son ascension n'est pas une expédition ! Traversez le déversoir de l'étang et montez tout droit vers le large col de la Couillate. Un petit sentier discret facilite son accès.

2h55 Le col (1 961 m). Jolie vue sur les étangs rencontrés, et, vers le sud, sur les belles cimes ariégeoises : Montcalm, Estats, Sullo, pique Rouge de Bassiès, Puntussan, Certercans, Flavisella, Valier.

La suite ? À gauche (est) une large et douce pente régulière jusqu'au pic pourrait s'avaler (presque) à V.T.T. ! Tout le long de cette ascension qui longe la crête, le regard se porte sans cesse vers le nord pour mieux détailler les étangs, de la simple "flaque" à l'étang Bleu, et, au loin, le pic de la Journalade (1 945 m).

3h50 **Le pic de Pioulou (2 166 m).** Ce belvédère donne un tour d'horizon plus grand et plus précis que celui depuis le col de la Couillate.

Maintenant, il vous faut étudier et organiser le retour. Tourné vers le nord, regardez sur la gauche (ouest) : vous découvrez la jasse de l'étang Bleu (juste avant les étangs). Cherchez un sentier qui la traverse d'est en ouest. C'est lui que vous devez rejoindre car il vous guidera à l'itinéraire du retour, balisé, qui vous conduira ensuite au parking.

0h00 Pour l'instant, descendez la pente à vos pieds (nord) et déportez-vous légèrement sur la gauche pour aborder…

0h10 Le haut d'une croupe dont le versant ouest plonge un peu vivement sur la jasse ; descente raide bien que praticable, mais mieux vaudra continuer à suivre cette croupe (plein nord) jusqu'à…

0h25 Un replat. 200 à 300 mètres avant d'atteindre un laquet qui y repose, filez très à gauche (ouest). Ne vous dirigez surtout pas vers la forêt qui, plus au nord, couvre tout le vallon. Vous trouverez (peut-être) une fine trace ? Elle vous amènera, plus bas, au petit sentier aperçu depuis le pic et porté sur la carte IGN. Vous êtes sauvé !

0h50 Vous traversez un petit thalweg (ruisselet parfois à sec) et vous remarquez en contrebas, à une centaine de mètres, le vrai et bon sentier (vers 1 700 m) balisé (trait jaune) qui vous ramènera jusqu'au parking. Rejoignez-le par une courte descente schuss. Le plus dur est fait ; la suite ne sera qu'une formalité et heureusement à l'ombre légère de la forêt. Sur la gauche, des profondeurs du vallon, monte le bruissement du ruisseau de Barataus.

1h30 Brusquement, la sente devient très large chemin !

1h40 Il débouche sur une bonne piste. Prenez à gauche, et à…

1h45 Vous reconnaissez la "solide et belle" passerelle (voir à **0h15**) et la piste remontée le matin, mais à descendre maintenant !

1h55 (depuis le pic de Pioulou) **ou 5h45 au total.** Le parking et le ruisseau de la Courbière, tout proche, où après la chaleur étouffante de la journée, vous aurez sûrement envie de vous rafraîchir, des pieds à la tête…

L'ÉTANG D'ARTATS 1 695 m & LE PIC DE BASSIBIÉ 2 114 m

EN CIRCUIT, PAR GOURBIT (909 m)

23 Une excursion avec un lac comme but est toujours un plaisir. Et cet étang d'Artats confirmera cette règle : fleurs (rhododendrons et genêts surtout), herbes folles, rocs, berges et miroir pur de l'eau composent avec talent ce site solitaire et séduisant. Le circuit composé et suivi à toute crête ajoute le plaisir de paysages étendus changeant à chaque bosse, à chaque col pour peu que l'on bascule sur l'un ou l'autre versant. Un délice !

ACCÈS ROUTIER

Carte Michelin n° 343 Local - Cases G 8 (haut, droite) H8 (haut, gauche). Le lac est indiqué mais non nommé. Le pic de Bassibié, également non nommé, se situe à gauche du pic de Boucarle (1 984 m).

ACCÈS/DÉPART

Du village de Gourbit (D 23, à l'ouest de Tarascon), remonter une petite route (panneau au départ) jusqu'à son terminus (à 1 km env.). Petit parking pour 5 ou 6 voitures, à la cote 909 m.

HORAIRES

- pour l'étang d'Artats : 1h50 (aller)
- pour le pic de Bassibié : + 1h20 (aller), soit 3h10 au total
- pour le circuit complet : 5h50 au total

DIFFICULTÉS

- pour l'étang : aucune.
- pour le pic de Bassibié et le circuit : une randonnée plus qu'une ascension, mais circuit pour bons marcheurs.

DÉNIVELÉES

- pour l'étang d'Artats : 800 m
- pour le pic de Bassibié : + 450 m, soit 1 250 m au total.

CARTES

Rando Éditions n° 7 Haute-Ariège, au 1/50 000

IGN Top 25 n° 2047 ET, au 1/25 000 (où l'étang est nommé Artax)

L'étang d'Artats

L'ÉTANG D'ARTATS 1 695 m

Au parking, tout est clair ! À droite, un panneau *"Étang d'Artats"* indique le chemin du départ ; à gauche, un autre *"Col de Lastris"* celui de l'arrivée, le circuit accompli.

0h00 Excellent chemin empierré, beau, large, bordé de murets, sous des frênes et des noisetiers. Sur la droite, un orry en bien mauvais état (au doux nom de... bizou) témoigne d'une très ancienne activité pastorale. Peu à peu notre sentier pénètre dans une jolie hêtraie où nous devons veiller à bien garder le cap, car quelques départs de sentes, de part et d'autre, pourraient nous éloigner du droit chemin… Heureusement, quelques balises et des cairns tracent la voie. En fait, elle suit continuellement une crête (ou croupe), et, en contrebas, sur la gauche, le bruit du ruisseau d'Artats accompagne notre marche de sa musique. Dans le bois de Pladaniels, nous recoupons et traversons une piste sans y porter le moindre regard, puisque notre route est claire... C'est tout droit ! Plus haut, la crête s'élargit et le sentier grimpe toujours dans une forêt de plus en plus claire. Bruyère, gispet et fougère annoncent un changement de paysage dans lequel nous faisons brusquement irruption…

1h30 Une jasse (ou clairière). La fougère abonde et envahit tout le côté droit au point qu'elle cache presque un bel orry, déserté, cepen-

L'orry de la première jasse

dant, par les bergers depuis des décennies. Selon la tradition dans ce genre de construction, le toit recouvert de terre est un véritable dôme herbeux qui, ici, fait penser à une perruque ! Un dernier bosquet passé, l'ascension se déroule désormais à découvert, avec comme unique vue, une longue barre horizontale au-dessus de nous, verrou glaciaire derrière lequel s'étale l'étang.

1h50 Sur la gauche s'amorce un replat où un triste orry finit de disparaître à jamais.

2h00 Nous voici à l'**étang d'Artats (1 695 m).** Mon Dieu, qu'il est beau ! Sa solitude engendre un charme auquel on ne peut rester indifférent. Deux cabanes le dominent de peu et donnent au décor un je ne sais quoi de sécurité et de sérénité. La seconde (seule ouverte) offre un strict minimum : une pièce restreinte avec un vieux poêle, une table branlante, trois "mousses" épais en guise de matelas.

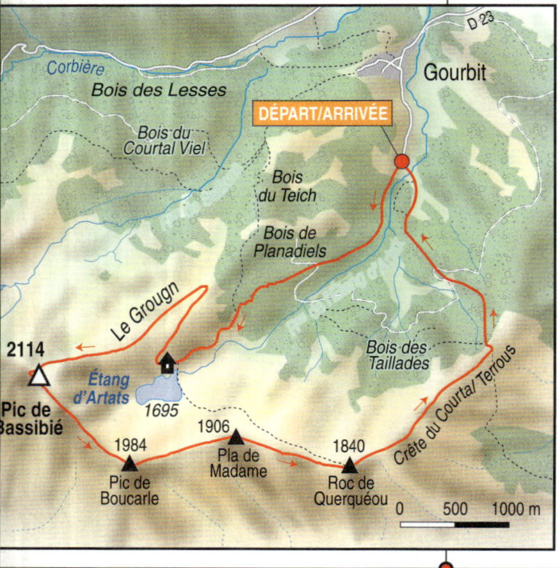

L'étang occupe tout le creux du cirque qui lui sert de berceau. Au-dessus, une série de sommets débonnaires l'encercle en partie, sur 180°. Nous avons devant nous, et se découpant dans le ciel, le circuit que nous pourrions emprunter pour peaufiner et embellir notre excursion. À droite : le pic de Bassibié (2 114 m) que nous pourrons fouler sans complication ; à l'extrême gauche : se devine le col de Lastris, point de retour. Le circuit est trop tentant ! Impossible de résister à l'envie d'aller nous percher sur…

LE PIC DE BASSIBIÉ 2 114 m

0h00 Derrière les refuges, une petite sente monte vers le nord (à l'opposé !) pour passer à l'extrémité inférieure de la crête de Grougn. A ce point, il nous suffira de la parcourir (trace) en direction du pic auquel elle est rattachée. C'est facile, sans problème, sans souci.

1h20 **Le pic de Bassibié (2 114 m).** Un "soum" plus qu'un pic. Mais quel panorama ! Du Valier (2 838 m) jusqu'au Carlit (2 921 m), c'est un défilé de pics prestigieux. Bien sûr, "il" est là, l'étang d'Artats ! Comme la pointe d'un compas piqué au centre d'un cercle, il nous verra graviter autour de lui sur presque 180° puisque, maintenant, nous allons suivre la crête vers l'est en passant sur des bosses qui vont la transformer en montagnes russes. Pics de Boucarle (1 984 m), Pla de Madame (1 906 m), Roc de Querquéou (1 840 m). D'un coup, le charme de cette balade panoramique est rompue ; la crête du Courtal Terrous plonge sur le…

3h00 Col de Lastris (1 427 m). Panneau : *"Gourbit"* sur la gauche. C'est ici que notre circuit resserre sa boucle pour se refermer sur le parking quitté ce matin. L'itinéraire très bien balisé ne nécessite aucun commentaire, aucune précision supplémentaire. Les jambes se font un peu lourdes, mais en moins d'une heure (ou plus si l'on aime prendre son temps), nous retrouvons…

4h00 (depuis le pic de Bassibié) **ou 6h00 au total.** Notre voiture.

L'ÉTANG D'APPY & LES PICS DU HAN 2 074 m ET GALINAT 2 115 m
DEPUIS LE VILLAGE D'APPY (945 m)

24 Le bon sentier, bien balisé, fait de cette excursion une balade insouciante et sans gros effort. L'arrivée à la Jasse d'Appy, avec sa tourbière et sa vieille cabane, est déjà une belle récompense tant le cadre est original et reposant. À peu de distance, la situation de l'étang d'Appy, borné au nord par le Galinat, dispense vers le sud une vue des plus étendue sur les sommets de la Haute-Ariège. Quant aux pics du Han et Galinat, d'accès relativement facile, on reste stupéfait devant l'immensité du panorama, jusqu'au massif de la Maladeta (Aragon) tout blanc de neige et de glaciers !

ACCÈS ROUTIER
Carte Michelin n° 343 Local – Case I 8 (haut)

ACCÈS/DÉPART
À Bompas (3 km au nord de Tarascon-sur-Ariège) suivre la "Route des corniches" jusqu'à Appy où l'on stationnera (parking au-dessus du village).

HORAIRES
- pour l'étang d'Appy : 2h05 (aller)
- pour le pic du Han : + 1h10 (aller), soit 3h15 au total
- pour le pic Galinat : + 0h45 (aller), soit 4h00 au total
- pour le circuit complet : 6h35 au total.

DIFFICULTÉS
- pour l'étang d'Appy : randonnée sur sentier balisé.
- pour les pics du Han et Galinat (et circuit) : pour bons marcheurs et montagnards.

DÉNIVELÉES
- pour l'étang d'Appy : 800 m
- pour le pic du Han : + 350 m, soit 1 150 m au total
- pour le pic Galinat : + 160 m, soit 1 310 m au total

CARTES
Rando Éditions n° 7 Haute-Ariège, au 1/50 000

IGN Top 25 n° 2148 ET, au 1/25 000

Le pic du Han, d'apparence inaccessible…

L'étang d'Appy

Il est difficile de stationner dans Appy, la rue principale n'étant autre que la D 20. Heureusement, on peut atteindre un grand parking en pleine nature (20 places env.) au-dessus du village, en remontant la deuxième rue, à gauche (en venant de l'ouest) un peu tortueuse ; panneau au départ *"Parking Etang d'Appy - Interdit aux campings cars et caravanes"*. Pour ces véhicules, on trouvera à 300 m avant le village (côté ouest) un petit enfoncement de la route (1 ou 2 places).

L'ÉTANG D'APPY 1 734 m

0h00 Nous quittons le parking où un panneau marque le départ du chemin *"Étang d'Appy : 3h15"*. Dix mètres plus loin, une pancarte indique *"Étang d'Appy : 2h45"*. C'est fou ce que l'on marche vite, dans l'Ariège !

Quelques frênes, quelques châtaigniers bordent l'itinéraire. Plus haut, le chemin devient sentier et monte au milieu de fougères si hautes que nous avons l'impression de circuler au fond d'une tranchée. Le balisage est parfait (un trait rouge) ; il jalonnera la totalité de notre circuit.

0h15 Après un passage sous une ligne à haute tension, un embranchement, à gauche, propose pour les amateurs d'escalade : *"Rocher d'Appy"*. Bien sûr, nous poursuivrons par le sentier principal. La vue se dégage progressivement sur le village et, plus intéressant, sur les premières montagnes dont les massifs du Montcalm (3 077 m) et de Bassiès (2 676 m).

0h30 Deuxième ligne à haute tension. Le paysage grandit de plus en plus avec, au centre, les sommets andorrans. Mais nous les détaillerons minutieusement lorsque nous serons perchés sur le Han et sur le Galinat. Notre marche, après une inclinaison vers l'est, reprend plein nord et s'engage sur le versant gauche, envahi par les fougères, du vallon de Girabal, tandis qu'une épaisse forêt couvre le versant opposé. Du fond du thalweg monte le grondement du ruisseau. Tout en haut, apparaissent les premières pentes du Saint-Barthélemy (2 348 m).

1h10 Le sentier vire brusquement sur la gauche, à angle aigu. C'est ici que s'embranche l'itinéraire menant au Saint-Barthélemy (pancarte), direction que nous délaisserons.

Quelques lacets nous élèvent plus rapidement pour nous orienter délibérément vers l'ouest pour franchir une croupe qui sépare le vallon de Girabal (où nous sommes, mais que nous quitterons bientôt) du vallon d'Appy (que nous remonterons alors). Auparavant…

1h20 Une petite source, sur la gauche (alt. : 1 465 m) sourd d'une petite anfractuosité creusée sous les racines d'un gros arbre ! Un simple filet d'eau, presque du goutte-à-goutte ; elle sera la bienvenue, au retour.

1h45 Nous voici sur la croupe. D'énormes rochers fantomatiques font penser à certaines sculptures modernes, dues à des "artistes", devant lesquelles il est de bon ton de s'extasier ! La vue s'amplifie encore merveilleusement et porte jusqu'au Valier (2 838 m). Le sentier tempère sa pente et creuse le versant droit de ce vallon d'Appy. *"La terre a été récemment labourée par les sangliers"* écrivait Michel Sébastien en 1983. Même spectacle lors de notre montée, en 2004, quelque vingt ans plus tard ! Que de couleurs ! Feuillages d'automne (nous sommes en octobre), fougères et herbes jaunissantes, murailles verdâtres (gneiss), blancheur des remous du torrent descendant de l'étang, ciel d'un bleu profond attestant la pureté de l'air…

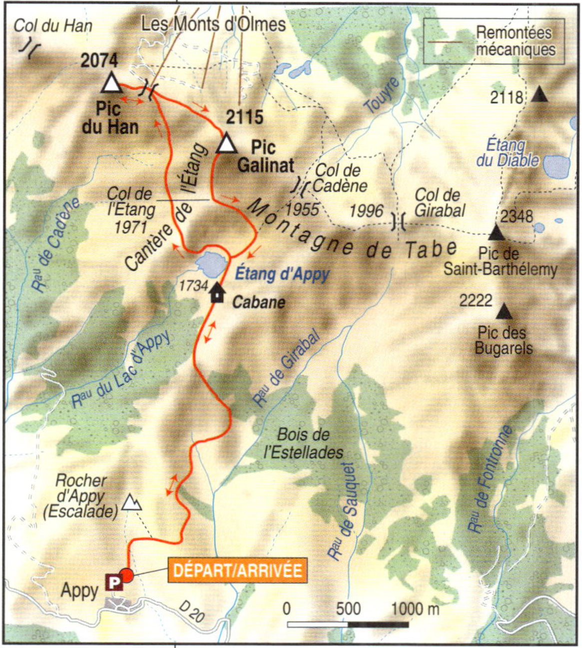

2h00 Un joli replat aux teintes encore plus accentuées où dominent le jaune et les reflets d'un marécage que semble garder une vieille cabane, bien ouverte… puisque sans porte ! Intérieur tristounet, sans confort : bat-flanc en pierre (pour 4 ou 5 places), seule une cheminée rustique donne une note poétique. Nous sommes parvenus à la jasse d'Appy. Sur la gauche, et à peu de distance, nous découvrons…

2h05 L'étang d'Appy (1 734 m). Quel charme ! À l'encontre de la plupart des lacs, il ne s'isole pas au plus profond d'un cirque, comme dans un gouffre géant. Sa partie aval, tertre à peine relevé, s'ouvre largement sur la longue chaîne ariégeoise. Que de pics ! Son environnement étant de teinte verdâtre (versants herbeux, abondance des genévriers, murailles de gneiss), ses eaux ne peuvent être que vertes !

Une furieuse envie nous stimule : monter sur des "sommets belvédères" pour mieux savourer tout ce décor typiquement ariégeois.

LES PICS DU HAN 2 074 m ET GALINAT 2 115 m

Regardons vers le nord : le Galinat nous domine. Une énorme antenne (relais de télécommunication) s'y dresse comme pour l'identifier. À sa droite, le col de l'étang d'Appy creuse la crête. De là, un sentier s'incruste profondément sur le versant pour aboutir presque à nos pieds, aux abords de l'étang. Nous le rejoindrons pour le retour.

0h00 Pour l'instant, nous longeons la berge est, en suivant encore notre sentier de la montée.

0h05 Il nous place en amont de l'étang (amont/droite, est) au départ de celui dont nous venons de parler, bien net, montant au col de l'étang d'Appy. Panneau *"Tour du massif de Tabe - Pic St-Barthélemy - Col de Girabal"*. Nous faussons compagnie à cette voie pour contourner toute la partie amont de l'étang, en nous dirigeant vers l'ouest pour atteindre une croupe : la Cantère de l'Étang.

En raison du terrain (ruisseaux, marécage) le départ de l'itinéraire n'est pas très clair. Mais plus loin (ouest), une fine trace se distingue mieux ; elle gravit la pente pour franchir cette "Cantère", à la cote 1 867 m (carte Top 25). Le balisage retrouvé (trait rouge) nous rassure. Cette courte montée, en mouvement tournant autour du lac, offre une vue plongeante sur le site que nous apercevons dans toute son ampleur, arrivés à…

0h20 La cote 1 867 m, sur la Cantère de l'Étang, sorte de table d'orientation naturelle. Quelle vue sur le lac, la cabane et la tourbière colorée, ainsi que sur les grands sommets ! De ce promontoire, étudions le programme à venir.
1er objectif Tout d'abord, l'approche du pic du Han se devine nettement. Vers le nord, le col de Cadène échancre curieusement la crête, "curieusement" car il a été aménagé à grands coups d'explosifs et de bull depuis la station de ski des Monts d'Olmes, située de l'autre côté (nord) pour y installer l'arrivée d'un téléski. À gauche du col (vers l'ouest) pointe le pic du Han à la silhouette rébarbative.
2ème objectif Après son ascension, nous reviendrons au col et nous partirons à l'opposé, vers la droite (est), pour monter au pic Galinat, point culminant de notre circuit où se dresse l'antenne de télécoms. Puis, pour refermer la boucle, nous dévalerons la croupe appelée la Cantère de l'Étang (sur laquelle nous sommes actuellement), mais que nous quitterons un peu plus haut, exactement au col de l'Étang (carte Top 25), pour partir plus ou moins horizontalement, au mieux du terrain, afin de rattraper le sentier bien tracé descendant du col de l'Étang d'Appy. Enfin, nous le suivrons pour regagner les abords de l'étang où nous retrouverons le panneau signalé à **0h05**. De là, nous n'aurons plus qu'à reprendre l'itinéraire de la montée (mais à l'envers !) qui nous ramènera au parking du village. C'est parfaitement simple et clair !
Cette reconnaissance bien établie, nous ne donnerons que les grandes lignes de notre excursion. La faible pente jusqu'au col de Cadène (88 m de dénivellation !) s'avale sans peine.
0h50 Le col de Cadène (1 955 m). Panneau : au nord, la station de ski des Monts d'Olmes ; à l'ouest (gauche) : le pic du Han ; à l'est (droite) : le pic Galinat. Partons pour le pic du Han où un sentier bien gravé sur la crête (que les débutants qualifieront peut-être de "scabreux" ?) nous guide sans faille.
1h10 **Le sommet du pic du Han (2 074 m).** Sortons les jumelles et pivotons sur 360° ! Partons des bâtiments de la station de ski. Au loin : le château cathare de Roquefixade, puis la longue crête menant au Saint-Barthélemy. Elle cache, malheureusement, le fameux château de Montségur. Encore plus loin : le grand lac de Montbel. Vers l'est, puis le sud, les massifs de Font Romeu : Roc Blanc, Carlit ; et andorrans (frontaliers) : Ruille, Serrère, pic du Port, Tristagne, Bareytes. Enfin : Estats, Sullo, Montcalm (trois "3 000"), Certescans. Devant lui : le Bassiès. Et encore (vers l'ouest) le Valier, et à l'infini… mais oui… la Maladeta et ses glaciers d'où l'Aneto (3 404 m) culmine toute la chaîne !
Nous redescendons pour rejoindre…
1h25 Le col de Cadène. Les travaux d'aménagements ont malmené de départ du sentier (vers l'est) conduisant, à toute crête, au pic Galinat ; escalade sur roche effritée. Il sera plus commode d'attaquer la pente en se déportant sur la droite (sud), puis en grimpant "au pif" pour le retrouver un peu plus haut. Enfin, montée tranquille jusqu'au…
1h55 **Pic Galinat (2 115 m).** Antenne. Point de vue aussi magistral qu'au Han. Le Saint-Barthélemy paraît "à côté". Pour refermer la boucle du circuit, nous descendons plein sud la longue et débonnaire croupe – la Cantère de l'Étang – jusqu'au…
2h10 Col de l'Étang (1 971 m). Là, deux solutions : ou nous la suivons encore plus bas pour retrouver la table d'orientation naturelle (alt. : 1867 m – voir à **0h20**) et pour reprendre l'itinéraire de la montée, ou – deuxième solution adoptée ici – nous quitterons cette "Cantère" pour nous déporter sur la gauche, rejoignant un …
2h15 Replat marécageux (quelques flaques d'eau). Là, nous suivrons maintenant presque horizontalement, en jouant avec le relief, une sorte de plateau, tout en longueur (pas de sente ni de cairn) pour rattraper le bon sentier, bien visible, descendant du col de l'Étang d'Appy. Progression "sauvage", mais sans difficulté. Belle vue plongeante sur l'étang. Ne pas y descendre schuss !
2h35 Le sentier du col : un "boulevard", après cette marche au jugé ! Il nous guide gentiment aux abords de l'étang, plus précisément au…
2h50 Panneau (voir à **0h05**). Le retour au village (parking) ne sera plus qu'une (longue) formalité !
4h30 ou 6h35 (pour le circuit complet) Le parking, en haut du village d'Appy.

ES ÉTANGS DES TRUITES ET DU DIABLE & LE PIC DE St-BARTHÉLEMY

EN CIRCUIT, DEPUIS LE COL DE MONTSÉGUR (1 059 m)

25 À l'écart de tous les itinéraires classiques, ces étangs sont peu fréquentés. Ils font partie de ces lacs secrets de l'Ariège sur les berges desquels on distille le bonheur d'une journée en montagne. Quant au pic lui-même, il se révèle être un belvédère étonnant : l'immense panorama s'étend du pic du Midi de Bigorre jusqu'au Canigou !

ACCÈS ROUTIER

Carte Michelin n° 343 Local - Cases I 7 (bas, droite) et I 8 (haut)

ACCÈS/DÉPART

Col routier de Montségur (D 9)
Grand parking au col même

HORAIRES

- pour l'étang du Diable : 3h10 (aller)
- pour le pic Saint-Barthélemy : + 1h10 (aller), soit 4h20 au total
- le circuit complet : 7h15 au total

DIFFICULTÉS

Aucune pour toute l'excursion (étangs et pic), mais ascension très longue.
Pour très bons marcheurs.

DÉNIVELÉES

- pour l'étang du Diable : 950 m
- pour le pic Saint-Barthélemy : + 350 m, soit 1 300 m au total.

CARTES

Rando Éditions n° 7 Haute-Ariège, au 1/50 000
IGN Top 25 n° 2247 OT, au 1/25 000
IGN Top 25 n° 2147 ET, au 1/25 000

L'étang du Diable

"Pourquoi faire court lorsqu'on peut faire long !" Notre ascension semble répondre parfaitement à cette boutade : nous avons choisi l'itinéraire le moins logique ! Mais, en récompense, notre excursion sera d'une grande variété et comptera parmi les plus pittoresques.

LES ÉTANGS DES TRUITES 1 857 m ET DU DIABLE 1 971 m

0h00 Nous quittons le col de Montségur, tournant le dos au célèbre château, pour attaquer la pente herbeuse qui lui fait face (vers le sud-ouest). Au départ, un petit panneau assure le bon itinéraire : *"Le Taulat – Pic St-Barthélemy"* (balisage jaune). Comme pour appuyer cela, une saignée dans le terrain canalise le cheminement.
Puis nous traversons un sentier horizontal que nous délaissons pour poursuivre devant nous. Entrée sous bois. Toujours "tout dret" ! Plus haut : clairière, puis encore sous bois.
1h10 Fini le couvert, à nous les pelouses et le panorama grandissant ! Par un petit crochet sur la gauche, il ne faut pas négliger le Roc de la Gourgue (1 618 m), point culminant du Taulat et beau promontoire pour admirer le château de Montségur. Décollage de parapente. Quant à la vue vers le sud, elle nous livre le cheminement à toute crête aboutissant au St-Barthélemy, mais qui sera pour nous la voie du retour. Qu'il est loin ! Il semble plus près du pôle sud que de nous ! Nous dévalons du Roc, plein sud, pour retrouver le vrai sentier (balisage jaune). Panneau : *"Carrière de la Porteille – Pic de St-Barthélemy"*.
1h30 Nous côtoyons la cabane du berger (occupée), dite de la Taula (1 850 m), pour retomber au-delà sur le chemin jalonné de plaques de schiste arborant le dessin d'une grenouille indiquant le sens du retour !
1h50 Col (vers 1 600 m) attaqué par les anciennes carrières de la Porteille. Bâtiments en ruines. Il reste un treuil monumental. Et nous poursuivons toujours à toute croupe. Mamelons et cols se succèdent, de vraies montagnes russes, mais notre sentier a le bon sens de contourner ces bosses pour éviter les montées et descentes continues.

2h20 Un poteau indicateur : *"Étang des Truites - Pic de Soularac"* (à gauche) et *"Pic St-Barthélemy"* (tout droit), alt. : 1 909 m. C'est par-là que nous reviendrons, ce soir, de notre circuit. Partons donc sur la gauche. Le sentier balisé, assez tortueux et en apparence hésitant, descend longuement, épousant un relief tourmenté, pour remonter enfin à…

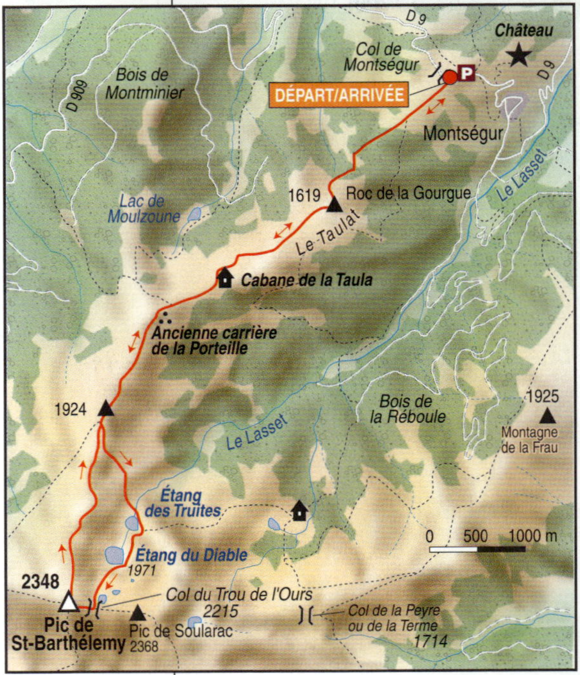

2h50 L'étang des Truites (1 857 m). Quel site ! Nous y trouvons solitude, silence et quiétude. Mais, n'en restons pas là. Traversons son déversoir et grimpons vers l'étang du Diable (bien plus étendu), juste au-dessus. En chemin, ignorons un départ sur la gauche (panneau : "Jasse de Pratmau"). En quelque 20 min nous émergeons à…

3h10 Cet étang du Diable (1 971 m) que la sente effleure sur sa gauche. Les amoureux de lacs seront ravis : couleur de saphir, merveilleux parterres de fleurs et de rochers semblables à des jardins de rocaille ! Comme l'âne de Buridan, nous nous heurtons à ce sophisme : resterons-nous ici, dans la douceur de ce décor, ou grimperons-nous jusqu'au pic ?

LE PIC DE SAINT-BARTHÉLEMY 2 348 m

0h00 Confiant dans le balisage, nous nous laissons guider sans souci (mais ça monte !) jusqu'au…

0h50 Col du Trou de l'Ours (sans l'ours et sans le trou… 2 215 m), non sans avoir jeté des regards en arrière, à maintes reprises, sur les deux étangs que notre cheminement domine merveilleusement. Surprise : un peu avant ce col, nous découvrons deux autres étangs, mais tout petits.

Ici, nous avons sur notre gauche (est) le pic de Soularac (2 368 m) et sur notre droite (ouest) le pic de Saint-Barthélemy. Par une longue crête débonnaire, nous nous perchons enfin sur…

1h10 Son sommet (2 348 m). Panorama fabuleux : pic du Midi de Bigorre, Vignemale, Maladeta, Valier, Montcalm, Bassiès, Trois-Seigneurs, sommets andorrans, Carlit, Dent d'Orlu, Madrès, Canigou.

Le retour s'effectuera en circuit jusqu'au "poteau indicateur" (alt. : 1 909 m ; voir à **2h20**). Pour cela, il suffira de suivre une bonne sente qui se tortille, tout d'abord au départ, pour longer la longue crête qui s'affaisse vers le nord. Notre situation élevée nous offrira de continuels points de vue sur les étangs du Diable et des Truites.

Le sentier, bien tracé, évite le point coté 2 118 m (porté sur la carte IGN) en longeant son versant ouest. Les buissons de myrtilles orange et rouges (en automne) colorent merveilleusement les pentes, les pins à crochets décorent notre descente.

2h20 Alt. : 1 909 m ; poteau indicateur vu à la montée. Maintenant, "y a plus qu'à" reprendre le chemin suivi ce matin. Il nous paraîtra interminable (et il l'est !).

4h05 (depuis le pic St-Barthélemy) **ou 7h15 au total.** Col de Montségur où nous attend notre voiture bien-aimée. Ouf ! *"Pourtant, que la montagne est belle…"* (Jean Ferrat).

ÉTANG DE COMTE 1 726 m & LE PIC DE L'ÉTANG RÉBENTY 2 415 m

CIRCUIT, DEPUIS LE PARKING FINAL DU VALLON DE MOURGUILLOU, PAR MÉRENS-LES-VALS

26 *"Pour ceux qui ne sont pas accros du chrono et pour qui montagne rime avec balade familiale, l'étang de Comte est la randonnée idéale. Vous pouvez faire le tour du lac facilement et même monter quelques centaines de mètres pour le dominer et l'admirer dans sa plus belle teinte."* (Jean-Pierre Siréjol)

Et quant au pic de l'Étang Rébenty : "Voici le sommet souligné par un joli cairn. Le Ruille et le pic d'Ascobes sont tout près vers le sud ; on distingue vers l'est le pic Pédrous, le Carlite et la vallée d'Orgeix." (Michel Sébastien)

ACCÈS ROUTIER

Carte Michelin n° 343 Local – Case I 9 (haut, droite).

ACCÈS/DÉPART

D'Ax-les-Thermes, prendre la N 20 - E 9 pour rejoindre Mérens-les-Vals (8,5 km). À moins d'un km après la sortie de cette ville, prendre sur la droite la petite route "Camping municipal".
Traverser l'Ariège (rivière) et emprunter sur la gauche la route forestière (panneau "Campings cars interdits", chaussée assez dégradée et parfois étroite, difficile, pour ce genre de véhicules).
Après 5 km env., on stationnera à l'un des deux parkings terminaux (pour une cinquantaine de voitures).

HORAIRES

- jusqu'à l'étang de Comte : 1h00 (aller)
- jusqu'au pic de l'Etang Rébenty : + 2h50 (aller), soit 3h50 au total
- pour le circuit complet : 5h45

DIFFICULTÉS

- pour l'étang de Comte : randonnée familiale
- pour le pic de l'Etang Rébenty et le circuit : pas de difficulté mais pour bons marcheurs

DÉNIVELÉES

- jusqu'à l'étang de Comte : 330 m
- jusqu'au pic de l'Etang Rébenty : + 700 m, soit 1 030 m au total

CARTES

Rando Éditions n° 7 Haute-Ariège, au 1/50 000
IGN Top 25 n° 2249 OT, au 1/25 000

À l'arrivée sur la crête, vers 2330 m

L'ÉTANG DE COMTE 1 726 m

0h00 Au bout du parking supérieur, le torrent (le Mourguillou) tombe en crans successifs : la cascade des Escaliers. La balade emprunte, au tout départ du moins, la suite de la piste (mais… barrière !) jumelée au GR 10. À peine avons-nous fait une centaine de mètres qu'un panneau (*"Refuge de Ruille - Accès n° 8 vallée de Mourguillou"*) nous dirige vers un chemin sur la droite qui nous guidera jusqu'au lac. Balisage propre au GR (trait blanc/trait rouge).
Sous-bois de hêtres et de sapins auxquels s'intercalent quelques noisetiers, bruit de la cascade, plus haut du torrent qui gronde en contrebas sur la droite, rochers couverts de mousse, fraîcheur, pénombre en cette heure matinale… Il fait bon marcher ; il fait bon vivre.
0h15 Le chemin s'amenuise, devient sentier, puis se déporte sur la droite pour traverser le ruisseau par un curieux pont rustique puisque composé de quatre énormes et longues dalles de gneiss semblables à des menhirs couchés ! C'est le "Pont des Pierres" (1 538 m).

L'étang de Comte

Le Mourguillou franchi et assagi, puisque la pente s'adoucit, le GR suit de très près sa rive gauche (orographique). Sous-bois où dominent le hêtre. Les boutons d'or, les grandes gentianes jaunes, quelques sorbiers colorent les berges. Des tentes de campeurs sont déjà installées sur l'autre rive : voilà un site enchanteur où l'on deviendrait vite poète ! Le bois s'aère peu à peu ; le haut du vallon se révèle. Nous devinons la situation de l'étang au-delà duquel s'élève une arête déchiquetée dont le point culminant porte le joli nom de pic de Castille (2 420 m). Les genêts et les rhododendrons font leur apparition et leurs parterres embellissent notre parcours.

0h45 Un panneau planté à une bifurcation démêle ces deux directions : à droite *"Refuge de Ruille, 3h45"* (qui n'est pas à côté, mais qui sera notre point de départ pour l'ascension au pic de l'Étang Rébenty, après notre visite à l'étang Comte), et tout droit, c'est toujours l' *"Étang de Comte, 0h20"*.

Sur ce dernier itinéraire, ne vous inquiétez pas d'une croix peinte sur le rocher ; elle avise seulement que ce n'est plus le GR 10 qui nous y conduira jusqu'au lac, puisqu'il bifurque pour guider jusqu'au Ruille.

Ici, le vallon s'est ouvert en une grande et magnifique jasse – la jasse de Mourguillou – dont la prairie est d'un vert clair étonnant. Le ruisseau s'élargit, lui aussi, en un petit "estagnol" à l'eau pure et limpide.

Les rhododendrons abondent de plus en plus ; la pente s'accentue ; le torrent blanchit d'écume, son grondement s'amplifie.

1h00 **L'étang de Comte (1 726 m).** Comme à chaque arrivée à un lac, c'est un

moment d'émotion suscité par le silence, la pureté de l'eau et sa couleur qui peut varier du vert foncé au bleu le plus lumineux. Ce qui étonne, au premier abord, sont des îlots de granit au milieu du lac, pierres verticales dressées comme des menhirs.
Les versants piqués de sapins, couverts de chaos de gneiss, colorés de rouge vif par des massifs de rhododendrons donnent la touche finale au décor.

LE PIC DE L'ÉTANG RÉBENTY 2 415 m

Vous décidez d'aller au pic de l'Étang Rébenty ? Pour cette ascension, nous ne tenons pas compte, alors, dans l'horaire, du temps passé à contempler ce cirque lacustre de Comte. Soit…

1h00 De l'étang, nous revenons sur nos pas jusqu'au…

1h10 Panneau planté à une bifurcation (voir à **0h45**) afin de nous confier au sentier GR 10 conduisant au refuge de "Ruille" (d'après la pancarte), sentier cette fois-ci sur la gauche (sens de la descente). Bon petit sentier, donc, vaillant sur ce versant bien relevé. Son exposition au sud (sud-est) commence à faire sentir les effets de la canicule ! Montée en lacets, et parfois l'un d'eux se révèle un…

1h20 Excellent mirador pour dévisager l'étang de Comte. *"C'est de ce point qu'il paraît le plus beau, et il n'est pas nécessaire de descendre sur ses bords"* (Pierre Soubiron). Ce n'est pas mon avis, car rien ne vaut une approche comme nous venons de le faire et même d'en faire le tour complet pour mieux l'apprécier dans toute sa grâce, dans tout son charme.

1h50 Une petite source bien fraîche s'avère la bienvenue car le soleil commence à cogner ! Plus haut, la pente se calme et le vallon s'évase largement ; chaos et éboulis en composent le décor sévère, atténué cependant par quelques pins groupés en bosquets, sans oublier les sempiternels genêts et les rhododendrons si généreux ! Un torrent y creuse son lit au hasard du relief ; c'est la Lhause qui (nous l'avons vu) se déverse dans l'étang de Comte. En prenant de l'altitude, nous constaterons qu'il est bien issu d'un laquet que nous laisserons sur la gauche, sans nous en apercevoir tout de suite.

Depuis longtemps déjà, ce vallon de la Lhause s'oriente imperceptiblement vers l'ouest, encadré par deux crêtes élevées et hachées, tailladées, et barré tout en haut (ouest) par des sommets abrupts, dont le pic de la Virade (2 422 m) et le Petit pic de Cazalassis (2 582 m), masses pointues et verticales au milieu desquelles le cheminement serait inquiétant si le GR auquel nous faisons confiance – toujours bon enfant et bien cairné – n'allait pas nous sortir rapidement de cet étau minéral. Il va s'orienter plein nord vers un versant herbeux et bien pacifique, afin de gagner une douce crête qui nous avait échappé, à gauche du point coté 2 331 m de la carte IGN.

Bien avant cet "échappatoire" ou cette "porte de sortie", une petite source – la dernière – pourra remplir notre gourde (sage précaution !), car une fois sur la crête… l'occasion ne se représentera plus !

3h00 Et nous y voici enfin sur cette crête (2 330 m) ! Quel changement de décor ! Nous sommes au point culminant d'un immense vallon, semblable à un plateau mais affaissé en son milieu. Devant nous (vers le nord), la pente décline très lentement pour former la grande jasse de Lherbès, avec sa petite cabane. Elle est bordée, à gauche, par le long Serrat de Lherbès et, à droite, par une croupe très large, pratiquement horizontale où, tout au bout, vers le nord, pointe sans méchanceté le pic de l'Étang Rébenty (2 415 m) que nous allons rejoindre. Et encore plus loin : la Tute de l'Ours (2 255 m), un avant-mont de la célèbre station de ski de Saquet-Bonascre.

À L'ÉTANG DE COMTE

Cherchez la poêle à frire !

Vous passez toute la journée sur ce coin pittoresque ? Faites alors le tour du lac ; vous le surprendrez dans ses mille secrets. Vous pourrez alors étudier la technique des pêcheurs de truites échelonnés tout le long des berges ; vous détaillerez tout le relief environnant : les ruines d'un vieux refuge (cabane) à son amont, le ruisseau de la Lhause qui dégringole d'un versant ouest dont vous approcherez de son origine si vous décidez de grimper au pic de l'Étang Rébenty, et l'échine aiguë de granit qui sert de piédestal au pic de Castille.

Ce repérage effectué, il n'y a plus qu'à suivre la longue croupe, à notre droite donc, avec insouciance, et à consacrer tout notre temps à plonger le regard au passage, çà et là, sur tout le vallon de la Lhause (avec son petit lac), puis au…

3h25 Pic de la Coumette (2 323 m), sur l'étang de Comte, 600 mètres sous les pieds. Une douce montée durant laquelle l'attention est retenue par la vue tous azimuts, et nous voici au...

3h50 Pic de l'Étang Rébenty (2 415 m). Outre son panorama de hauts sommets, dont le Ruille (2 783 m) et le pic d'Ascobes (2 799 m), tout proches vers le sud, puis la brochette de montagnes des régions du Lanoux et des Bouillouses, nous avons encore sous les yeux la voie de retour pour amorcer la boucle de notre circuit, ce qui est rassurant.

Dans un premier temps, le pic de Savis (1 958 m) – ou plus exactement le large col qui s'y appuie – sera notre prochaine cible. Le chemin (car maintenant il s'agit d'un vrai et large chemin) nous y déposera sans hésitation : il suffira de le suivre aveuglément ! Donnons quelques repères. Du pic, nous descendons la crête (nord) qui nous amène à l'arrivée des téléskis et des télésièges de l'Ours, plus précisément à…

4h05 La Couillade de Lherbès (panneau *"Le Rébenty - 2 305 m"*). Là, un autre panneau (bleu) : *"Savis"* est à suivre ; descente sur la droite (est). Nous sommes sur l'itinéraire du "Tour des Montagnes d'Ax", jalonné de poteaux "Savis", placés là pour les skieurs.

4h15 Sur la gauche et à quelques mètres, un minuscule laquet (2 168 m), à moitié glacé (nous sommes pourtant en juillet !).

4h20 Une petite source, une vraie avec un bout de tuyau en guise de robinet. Nous sommes au plus creux de ce vallon creusé par le ruisseau des Estagnols que nous traverserons, bien plus bas, pour nous déporter sur sa rive droite.

4h35 Sur la gauche, la jasse et l'orri des Campels ; le chemin amorce une très légère remontée en direction du col de Savis. Bien avant, sur un rocher, un très vieux balisage de GR, juste visible (traits rouge/blanc).

4h40 Le col de Savis (1 958 m) qui précède le pic de Savis qu'il ne faut pas rejoindre. Mais… plus de GR 10, pourtant tracé sur

La jasse de Mourguillou

la carte ! Il est parfois des itinéraires oubliés, au balisage abandonné, que la végétation envahissante d'herbes folles et de buissons cache et efface, année après année. Celui-ci doit faire partie de ces délaissés, car revenu une deuxième fois sur les lieux, je n'ai pu encore le retrouver ! Malchance ou sentier définitivement gommé par le temps ? Et pourtant, ce ne sont pas les sentes (de bêtes) qui manquent ! Choisissons-en une, la plus évidente, et descendons en une diagonale rectiligne et très longue, visant un minuscule replat en prairie, très loin (que nous n'apercevrons seulement qu'après le col), au-dessus du point coté 1 611 m (sur la carte IGN). Ne cherchons pas à perdre trop d'altitude. Très en contrebas (à gauche), la vue plongeante sur le parking quitté ce matin nous rassure ; voilà un excellent point de repère. Mais, il faut continuer notre longue marche descendante en oblique.

5h15 (env.) Le "petit replat en prairie". En son point le plus bas, débute un petit sentier, bien net, dominant une jolie cabane (1 611 m). Sur une muraille… une vieille balise de GR ! Nous sommes sauvés ! Descente sans problème en sous-bois (plus de balisage !), pour déboucher sur…

5h25 Le bon chemin pris ce matin pour monter à l'étang de Comte. Bien sûr, nous le descendons (gauche).

5h30 Le Pont des Pierres ; et, plus bas…

5h45 Les parkings ! Une journée bien agréable et bien remplie…

L'ÉTANG D'AYGUE LONGUE 2 076 m & LE PIC DE L'HOMME 2 464 m

DEPUIS LA LLAU (1 402 m), TERMINUS D'UNE PISTE DÉMARRANT À ORGEIX

27 Une randonnée hors des foules, dans un cadre de haute montagne. L'arrivée à l'étang est stupéfiante, au creux d'un hémicycle vertigineux. On peut rester là toute une journée, sans jamais se lasser.

Ascensionner le pic de l'Homme, c'est s'élever progressivement au-dessus du lac et le contempler de mieux en mieux dans son écrin de granit. Et le sommet atteint, c'est porter son regard sur 360°, des sommets orientaux jusqu'aux massifs luchonnais à la silhouette tremblotante sous la canicule de l'infini.

ACCÈS ROUTIER

Carte Michelin n° 343 Local – Case J 9 (haut, gauche).

ACCÈS/DÉPART

À Orgeix, un peu avant la sortie (est) du village, on traversera l'Oriège par un pont de pierre très étroit (les campings cars ne passent pas !) pour remonter, tout droit et plein sud, une petite route (7 km) goudronnée mais légèrement dégradée par endroits, oscillant d'abord en lacets pour s'engager dans la vallée d'Orgeix (une vallée de montagne).
Aucun panneau n'indique l'étang, mais seulement le col de Joux où... elle n'aboutit pas ! La suivre jusqu'à son terminus, à 1 402 m d'altitude. Grand parking (15 à 20 voitures).

HORAIRES

- pour l'étang d'Aygue Longue : 2h10 (aller)
- pour le pic de l'Homme : + 1h15 (aller), soit 3h25 au total

DIFFICULTÉS

Pour l'étang et le pic, pas de difficulté technique (toujours sur sentier ou trace), mais pour bons marcheurs

DÉNIVELÉES

- pour l'étang d'Aygue Longue : 680 m
- pour le pic de l'Homme : + 400 m, soit 1 080 m au total

CARTES

Rando Éditions n° 8 Cerdagne – Capcir, au 1/50 000
IGN Top 25 n° 2249 OT, au 1/25 000

L'ÉTANG D'AYGUE LONGUE 2 076 m

Sac sur le dos, nous continuons au-delà du parking ; la piste se poursuit en mauvais état, barrée par un câble cadenassé. Panneau indiquant l'itinéraire pour monter à l'étang : 3h45 (horaire très large !).
Très vite, nous surplombons le ruisseau (ruisseau de la vallée d'Orgeix) qui court, à gauche, tumultueux et blanc d'écume dans son lit de granit et de mousse, au milieu d'une belle forêt de hêtres exploitée, il y a fort longtemps, par la Cellulose d'Aquitaine (Saint-Gaudens). Des épicéas reboisent la partie tronçonnée, si bien que les plaies, aujourd'hui, sont pansées. Avec "l'obscure clarté" du matin naissant et du sous-bois, la gorge où se débat le torrent a un je ne sais quoi de sauvage, de farouche et de violent.
0h10 Sur un arbre, deux petits panneaux (un trait rouge) propose de quitter la piste pour nous engager, sur la gauche, sur un très bon chemin qui, en fait, sera un raccourci, évitant les longs détours de cette première. Le balisage est excellent.
0h25 Jonction avec un large chemin que nous adopterons en partant sur la gauche, tout simplement parce que "ça monte" et qu'un panneau nous y invite. Ce raccourci nous dépose sur la piste retrouvée qu'il nous suffira de suivre désormais pour sortir de la forêt et pour déboucher sur la Coume, le vallon principal extrêmement dégagé que nous allons remonter longuement jusqu'à l'étang.
0h35 Une cabane est en construction (juillet 2005), et déjà, malgré l'heure matinale, trois "maçons bergers" s'affairent, truelle à la main. Elle remplacera la vieille cabane (désignée, sur la carte, sous le nom d'orry de la Coume) en bien piteux état.
Nous délaissons ce versant pour traverser le ruisseau (passerelle) et continuer notre ascension par l'autre rive. Un poteau confirme : *"Lac d'Aygue Longue"*.
Un bon sentier balafre toute la pente en une diagonale parfaite pour piquer sur la gauche d'un verrou glaciaire fendu par la cascade du saut d'Aygue Longue. En levant la tête, encore

à gauche, nous distinguons, se découpant sur le ciel et nous dominant, la crête – le Sarrat de Coste Rébenc – du versant que nous remontons. À son extrémité sud, des névés posés en plaques, donnent une belle allure au pic de l'Homme dont nous avons prévu l'ascension ; un fier sommet, vu d'ici ! Quelques filets d'eau fraîche peuvent désaltérer le randonneur déjà assoiffé ; les genêts et les rhododendrons, regroupés en parterres, donnent de belles couleurs à ce vallon de pâturage.

1h25 Nous voici émergeant sur le verrou glaciaire… Pas de lac, au-delà, mais l'ombilic classique propre à ce phénomène naturel de creusement par l'ancien glacier.

1h35 Dans cette ambiance solitaire de haute montagne où la nature se révèle à l'état pur, un petit captage en béton a quelque chose d'insolent et d'injurieux ! Un captage ? Mais il n'y a plus d'eau, plus de torrent ! EDF a effectué cette prise d'eau pour dévier le ruisseau vers l'étang de Naguille, dans une autre et grande vallée, plus à l'est, traversant la montagne qui le sépare par un tunnel creusé sur près de 3 km ! Pourtant le débit ne doit pas être très important ; mais il est bien connu que “les petits ruisseaux font de grandes rivières”… et que ces grandes rivières génèrent des méga kW ! Le paysage change et devient encore plus sauvage, plus chaotique ; l'ancien glacier a bien raboté la montagne ! Heureusement, sur ce terrain bouleversé, le petit sentier, nettement marqué, cherche et trouve sa voie, facilitant ainsi notre marche. Plus haut, une large plate-forme derrière laquelle nous imaginions le grand lac est atteinte avec…

1h55 Déception : toujours pas de lac ! La montagne est bien une école de patience et d'humilité. L'homme se sent tout petit, un minuscule caillou dans l'immensité de la nature ! Tout petit et pourtant obstiné et courageux comme le prouvent les restes misérables de minuscules cabanes de bergers qui gardèrent leurs troupeaux sur ces lieux… il y a un siècle ? Deux siècles ? Peut-être plus. Juste une pièce habitable de 4 ou 5 m^2. Pas de bois dans les environs pour allumer un feu lors des soirées pluvieuses. À proximité, des vestiges d'enclos pour rassembler les bêtes durant la nuit.

Cette leçon de vaillance et cette image d'un passé lointain nous redonnent de l'entrain. Plus haut, en bout du vallon, de hautes et verticales murailles en demi-cercle forment un cirque glaciaire où doit reposer l'étang. Sur de grosses dalles plates, le glacier a laissé des traces de sa colossale pression, polissages et stries.

2h10 **L'étang d'Aygue Longue (2 076 m)** que nous abordons de plain-pied, car il affleure le haut de la pente qui le retient. Qu'il est beau avec ses dernières glaces du printemps qui le recouvrent à moitié et l'image des crêtes qui se dédoublent sur sa surface libre qu'aucune brise ne ride, pour l'instant. Nous sommes trop bas pour l'apprécier. À son amont et sur la gauche (est), un sentier zigzague sur le versant relevé qui aboutit au col de la Parade (2 241 m).

L'étang d'Aygue Longue vu en montant au col de la Parade

LE PIC DE L'HOMME 2 464 m

Même si cet étang est le but final de votre randonnée, n'en restez pas là, sur ses berges d'où la vue sera forcément limitée. Profitez de ce sentier en lacets pour vous élever afin de dominer tout ce site merveilleux. Que de fois vous vous arrêterez au cours de cette grimpette, non pour souffler mais pour réaliser le bonheur d'être là à contempler ce lac d'un blanc de glace et d'un bleu de saphir. Et puis, finalement, lacet après lacet, recherchant le meilleur point de vue, vous vous rapprocherez du col de la Parade sans vous en rendre compte, au point que vous serez bien tenté de "faire" le pic de l'Homme !

Alors, nous y montons ?

2h45 Le col de la Parade (2 241 m). Là encore : quelle vue imprévisible, vers le sud, sur la vaste jasse de la Parade, d'une impressionnante solitude où reposent quatre laquets et entourée de nombreux hauts sommets, parmi lesquels les pics d'Esquine d'Ase (2 706 m), de Nabre (2 692 m) et surtout l'imposant pic d'Étang Faury (2 702 m). C'est sublime, impressionnant, imposant et beau à la fois. Un paysage de bout du monde que nous avons l'impression d'être les premiers à découvrir !

Du col, une petite sente file vers le nord, très proche de la crête, facilitant ainsi la montée au pic de l'Homme. Par cette marche aérienne, sur le fil de l'arête, nous pouvons contempler, soit – vers la gauche – l'étang d'Aygue Longue qui s'expose dans toute son ampleur et dans toute sa grâce, soit – vers la droite – tous les sommets qui ceinturent la jasse de la Parade.

3h20 Arrivée à un "faux sommet" relié au "vrai" – le pic de l'Homme – par une arête étroite dont se joue notre petit sentier... Finalement : un boulevard !

3h25 **Le pic de l'Homme (2 464 m).** Sommet modeste par son altitude, certes, mais belvédère de premier choix qui nous laisse abasourdis et admiratifs. Au point que nous en oublions de nous décharger de notre sac à dos.

Vers l'ouest : dans la brume de l'infini, un massif scintille de névés et de glaciers. Serait-ce la Maladeta, précédé des massifs luchonnais ? Silhouette trop floue, aujourd'hui, pour l'identifier avec certitude. Moins éloignés : les grands sommets ariégeois où il est plus facile d'identifier le Montcalm, l'Estats, le Tristagne, et tant d'autres serrés, se cachant les uns des autres tellement ils sont nombreux !

Vers le nord, depuis notre sommet, s'élance une longue crête dont nous avons longé la base, lors de la montée : le Sarrat de Coste Rébenc et dont la pointe ultime – le pic Canras (2 486 m) – doit offrir une jolie vue sur l'étang de Naguille, malheureusement caché depuis ici. Dans la Montagne de Tabe, un massif semble tout enneigé tellement il paraît d'une blancheur immaculée : ce sont les carrières de Trimouns (ou de Luzenac), les plus importantes du monde, dont on extrait 300 000 tonnes de talc par an ! Également proches de ce site, le pic de Saint-Barthélemy (2 348 m), un grand classique de l'Ariège, qui détrône (pourquoi ?) le pic de Soularac pourtant plus haut (2 368 m). La "mode" en montagne, elle aussi, est capricieuse !

Vers l'est : au milieu d'un champ de rocailles et de névés apparemment illimité, les étangs Tort et Déroun se libèrent lentement des dernières glaces. En plein juillet, l'hiver s'accroche encore !

Vers le sud : aux célèbres pics d'Esquine d'Ase et d'Étang Faury, déjà reconnus depuis le col de Parade, s'ajoutent, en fond, un enchevêtrement de crêtes, d'arêtes et de montagnes voisines du Lanoux et des Bouillouses d'où il est difficile de séparer les Pedros, Coume d'Or, Carlit et Coll Roig, entre autres.

Et lorsque nous serons rassasiés de ce monde de lacs, de névés, de rocs et de cimes, il ne nous restera plus qu'à regagner le monde des villes et des foules bruyantes, en reprenant le même chemin qu'à l'aller...

L'ÉTANG DE LANOUX 2 213 m & LE PUIG DE LA GRAVA 2 671 m

EN CIRCUIT, DEPUIS LE PARKING DE L'ÉTANG D'EL PASSET, PAR PORTÉ-PUYMORENS

28 L'étang de Lanoux ? *"Que c'est vaste et beau ! Pour peu que le vent provoque des clapotis, vous vous croiriez au bord de quelque mer limpide et bleue, avec en plus l'air des Pyrénées ; quelques pins verts se mirent dans l'eau, dominés par des falaises noires : c'est encore et toujours beau !"* (Michel Sébastien)
Le Puig de la Grava ? Un soum plus qu'un pic. On tire un peu la langue, peut-être, mais le bonheur tout là-haut constitue la récompense suprême : c'est beau (encore !) et c'est grandiose. Le Lanoux est là, 400 mètres plus bas, dans toute son immensité.

ACCÈS ROUTIER

Carte Michelin n° 344 Local - Case C 7 (milieu), pic non nommé mais coté 2 671 m

ACCÈS/DÉPART

Du célèbre col de Puymorens, on descendra jusqu'à Porté-Puymorens. Presque au bas du village et à gauche, on s'engagera sur une petite route (panneau "Route des lacs – Massif du Carlit par le Lanoux") pour stationner 3 km plus loin sur un petit parking (5 ou 6 places), à deux pas de l'étang d'El Passet.

HORAIRES

- jusqu'au lac de Lanoux : 2h50 (aller)
- jusqu'au Puig de la Grava : + 1h45 (aller), soit 4h35 au total
- pour le circuit complet : 8h45

DIFFICULTÉS

- pour le lac et le Puig : pour bons marcheurs
- pour le retour par l'étang de Font-Viva : pour "très-très" bons marcheurs

DÉNIVELÉES

- pour le lac de Lanoux : 550 m
- pour le Puig de la Grava : + 480 m, soit 1 030 m au total.

CARTES

Rando Editions n° 8 Cerdagne-Capcir, au 1/50 000 ou IGN Top 25 n° 2249 OT, au 1/25 000

LE LAC DE LANOUX 2 213 m

0h00 Sur la gauche, s'élève un grand chemin marqué par deux panneaux *"Font-Viva : 2h30 aller/retour"* et *"Lanoux - Bouillouses - Pic du Carlit 3h30"*. C'est par-là ! Le chemin s'amenuise en sentier, et à 3 min du départ, se dédouble. Sur une pierre, des inscriptions clarifient la bonne direction : tout droit, c'est le Lanoux ; à droite : l'étang de Font-Viva. Nous reviendrons ce soir par cette dernière branche. Pour l'instant : direction le Lanoux.
À peine plus haut, la vue porte sur le joli lac d'El Passet en contrebas et à droite. La progression, à découvert, au milieu des genévriers et des parterres de genets, est des plus agréables, même si la pente se relève fortement, direction nord. Nous allons rejoindre…
0h15 Le bon GR 7 *"Tour du Carlit"*. Dès lors, la marche sera montante (bien sûr !) mais sans malmener nos poumons et notre cœur ! Une montée reposante, régulière et sans à-coups durant laquelle nous aurons tout loisir de détailler l'environnement et le massif dans lequel nous nous infiltrons de plus en plus, à chaque pas.
Un regard en arrière, vers l'ouest : le soleil frôle déjà les crêtes des pics de Font Freda (2 738 m) et de Font Negra (2 788 m). Sur notre droite, versant opposé, la Serra de la Portella de Bac d'Ortella s'élève du Punxó (2 581 m), à l'ouest, pour gagner les hauteurs du Puig de Coll Roigt (2 833 m), à l'est. Elle aussi se dore aux premières lueurs du jour. Une crête si belle à parcourir – un belvédère de 5 km – qu'un randonneur original et plaisantin y a monté et abandonné, après plusieurs heures de marche, une… chaise de jardin pour contempler le paysage ! Au-dessous de notre GR, le versant s'aplanit en terrasses à pâturages. Ce sera notre voie de retour en fin de journée.
0h45 Après un repli du versant, le regard plonge sur l'estany de Font-Viva, encore dans l'ombre, vaste étendue noirâtre au milieu de prairies vertes ceinturées du vert sombre des pins et des sapins.
Le GR, comme un long balcon, prolonge le plaisir de ce paysage. Notre vallon (vallon de Lanòs) se coude sur la gauche, à 90°, s'élevant délibérément vers le nord. Très loin, dans cette direction, un sommet tout en bosse ne peut-être que le Puig de la Grava, notre but. Qu'il est loin ! Mais la marche rapide et aisée nous rend optimistes.
1h20 En contrebas, un petit étang, tout en longueur, par un curieux

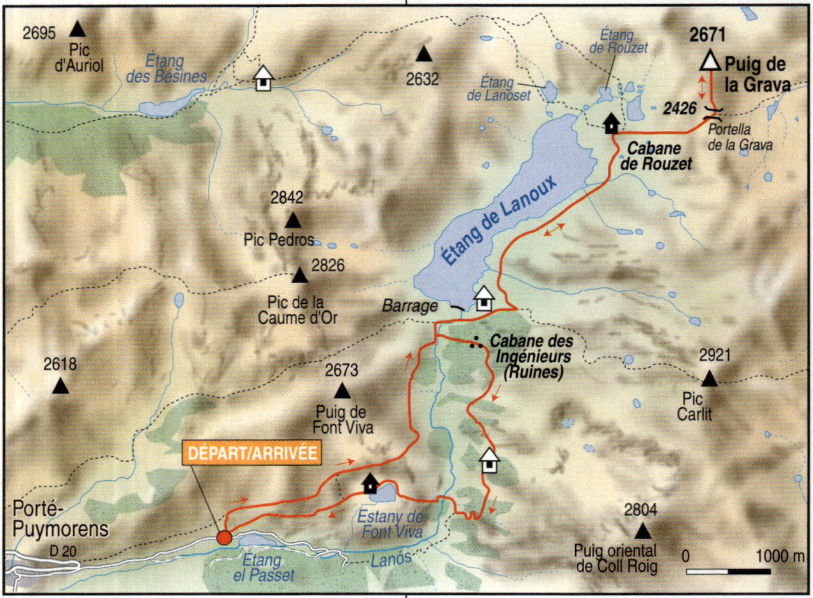

effet de perspective, semble incliné ! Le sentier s'aplanissant, notre allure s'accélère. À droite, le vallon se creuse en ravin et, plus haut, s'adoucit en plateaux. Le versant opposé paraît raide ; c'est pourtant par-là que nous redescendrons, au retour, grâce à un excellent sentier (excellent mais long !).

1h25 Le haut du barrage du lac de Lanoux se dessine sur le ciel. Sa construction a agrandi considérablement un étang originel, portant sa profondeur initiale de 55 m à 85 m actuellement. Avec une longueur de 3 km et une largeur de 800 m (en moyenne), son volume est estimé à 58 millions de mètres cubes.

1h40 Sur la gauche, une ancienne galerie de mines. Plus haut, une bifurcation : à gauche (à négliger), nous filerions vers l'ouest pour gagner la Portella de Lanòs, voie pour ascensionner le pic de la Coume d'Or (2 826 m), un excellent belvédère.

1h55 Une passerelle enjambe un torrent ; nous débouchons sur un très grand chemin horizontal. En fin de journée, nous l'emprunterons sur la droite pour le retour en circuit. Pour l'instant, nous partons sur la gauche (toujours balisage du GR) pour entrer sur un terrain très dégagé où, affolés par notre présence, s'enfuient une dizaine de mouflons.

Nous longeons la base du barrage, tout en nous dirigeant sur la droite (est). Le large chemin devient sentier.

2h15 Attention ! Une bifurcation à ne pas rater : il faut partir sur la gauche (balisage). Derrière un petit barrage s'étend une grande prairie striée par des ruisselets que nous traverserons pour nous approcher d'un mamelon. Ouvrons l'œil : un sentier grimpe tout droit (à ignorer). Sur la gauche : un autre sentier, ancien GR porté sur les cartes, est praticable, certes, mais à ignorer également. Préférons le nouveau, sur la droite qui démarre à angle aigu, en épingle. Soyons attentifs ; un balisage, du reste, nous confirme cette bonne direction.

Nous entrons sur un versant mouvementé, un terrain de rocs et d'herbe, de petites combes, de bosses, au milieu duquel notre sentier va se frayer un passage. Paysage sauvage, piqué de pins et décoré de minuscules laquets ; une progression pleine de poésie. Jusque-là le relief du versant nous a empêchés de voir le lac qu'il nous tarde de découvrir !

Enfin ! Le terrain se dégage offrant ainsi une première et belle vue sur…

2h50 Le lac de Lanoux (2 213 m). *"Véritable petite mer intérieure sous le soleil des Pyrénées catalanes."* (Louis Audoubert). De l'autre côté, sur l'autre rive, s'affichent

Le Lanoux ; à droite, le puig de la Grava

les premiers contreforts des pics de la Coume d'Or et Pédros. Vers le nord : les pics des Bésinelles et de Lanòs, puis la Portella d'Orlu qui fait basculer vers les lacs d'En Beys, et enfin le gros dôme du Puig de la Grava. À l'est, nous dominant de sa masse imposante : le Carlit (2 921 m).
À être là, il serait vraiment dommage de délaisser…

LE PUIG DE LA GRAVA 2 671 m

Le GR, maintenant horizontal et rectiligne, dispense une vue totale sur le lac. Quel plaisir ! La marche aisée nous fait atteindre…
3h25 La cabane de Rouzet. Ouverte, très propre (4 m x 4 m), ni table, ni banc. À quelques pas, l'ancienne cabane finit de s'écrouler. Un petit panneau posé sur un rocher renseigne. À gauche : *"Coll de Coma d'Anyell et refuge des Bésines" ; à droite : "Portella de la Grava – Refuges des Bouillouses et de Camporells".*
Vue d'ici, la suite de notre ascension est évidente. Nous partons d'abord sur la droite (est) pour gagner par une gentille pente (sentier)…
3h55 La Portella de la Grava (2 426 m). Au-delà, le paysage se limite à un joli "estanyol" et aux rudes versants du pic de la Cometa. Notre sommet (sur notre gauche, nord) semble nous attendre paisiblement, nous présentant une pente régulière et facile… mais qui nous essoufflera si nous accélérons l'allure, impatients de l'atteindre. Cherchons les cairns qui nous orienteront vers une petite sente zigzagante, rendant la grimpée plus humaine.
4h35 Le Puig de la Grava (2 671 m). Le panorama est magique : les étangs de Lanoset et de Rouzet, entre autres, juste à nos pieds. Puis, la vue saisissante sur l'immense lac de Lanoux. Vers l'ouest : des centaines de sommets, dont, à l'infini, les crêtes blanches des Bassiès ; le Montcalm, l'Estats et le Sullo se perdent un peu au milieu de tant de montagnes ariégeoises.
Au nord, sous notre mirador : les étangs de la Grava dont le vallon se soude à celui d'En Beys où, à son amont, se dresse le pic d'Etang Faury (2 702 m). Très loin, blanchâtres, les carrières de talc de Luzenac.
Au sud, au milieu de crêtes et de falaises agressives : le célèbre Carlit se montre enfin "des pieds à la tête".

Quant au retour, nous allons nous offrir une variante pour rendre visite à l'étang de Font-Viva.
0h00 Demi-tour, donc, toujours par le même GR, à la Portella de la Grava, puis à la cabane de Rouzet ; toute la longue mar-

Dalles de granit et cairn sommital

che pour suivre le Lanoux sur 3 km, la base du barrage et enfin…

2h00 (depuis le sommet) Nous voici sur le très grand chemin horizontal (voir à **1h55**), sous l'aval du lac. C'est ici que nous abandonnons l'itinéraire suivi à la montée pour composer cette variante. Nous délaissons donc la passerelle (prise ce matin) pour suivre ce grand chemin qui deviendra sentier, certes, mais très évident et au balisage parfait (trait jaune, parfois gris clair) très visible, sur les rochers et sur les arbres. Nous nous engageons ainsi sur le versant gauche du vallon de Lanòs.

Une courte description sera bien suffisante.

2h05 Un très grand refuge (fermé) au milieu des pins, cadre paisible. Fontaine à quelques mètres. Deux minutes plus loin : ruines de la “baraque ou maison des ingénieurs” portée sur les cartes.

La descente très agréable sous les pins, sans souci et variée, agrémentée de sources (pour les assoiffés !) propose des vues plongeantes sur le ravin.

2h40 Un très beau refuge sur un replat de pelouse : deux pièces ouvertes et très propres dont une avec table et banc, pour 4 ou 5 personnes. Nous retrouverons le sentier dans le prolongement de notre arrivée ; bien repérer le balisage.

Plus bas, et sur l'autre versant, l'étang de Font-Viva apparaît sur un grand plateau. En dessous, un petit replat herbeux, au creux du vallon sera notre point de mire puisque c'est par-là que nous remonterons vers l'étang.

3h10 Ce replat herbeux (1 898 m). Un rocher fait office de pancarte : *“Font-Viva”* souligné par une flèche. Il faut descendre sur la pelouse vers le nord pour retrouver le sentier qui nous conduit au bord du torrent de Lanòs. Pour le traverser ? Une poutre métallique de 5 ou 6 m de long, mais de la largeur de la chaussure. Un passage pour funambule, dangereux. Si vous ne vous sentez pas à l'aise (car un déséquilibre causerait la chute), n'hésitez pas à traverser pieds nus, les godasses à la main !

Nous remontons de l'autre côté et émergeons sur les berges de…

3h30 L'étang de Font-Viva (1 896 m), dans un cadre silencieux, paisible, reposant après la longue descente depuis le Lanoux. Sa rive droite longée, un spectacle étonnant nous attend. Une belle cabane en “dur”, solide, a été poussée, déplacée par une avalanche. Les quatre murs et le toit se sont effondrés à quelques mètres du sol cimenté !

Nous poursuivons vers l'ouest (légère montée pour sortir de la cuvette du lac) et longeons une longue murette en pierres. Là, en nous orientant vers la gauche, nous retrouvons le sentier descendant qui, traversant des terrasses à pâturages, nous ramène enfin à la bifurcation, à trois min du départ de ce matin ; vous vous souvenez ? Et à…

4h00 (depuis le sommet) **ou 8h35 au total**
Nous voici revenus au petit parking où nous attend sagement notre voiture. La boucle est… bouclée. Ouf !

ES ÉTANGS DE CARLIT alt. max. 2 320 m & LE PIC CARLIT 2 921 m

EN CIRCUIT, DEPUIS LE LAC DES BOUILLOUSES (2 016 m)

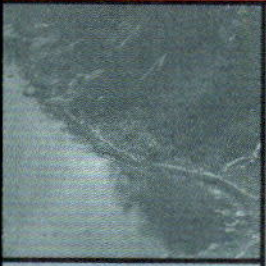

29 “Merveilleux ! Superbe ! Extraordinaire ! Quelles couleurs !...” Telles sont les exclamations qui ponctuent la découverte de chacun de ces lacs, tout au long de cette randonnée.
Et le pic Carlit ? Certains jours, il y a foule au sommet, parfois plus de cent personnes ! Son ascension agréable et facile, le spectacle somptueux, grandiose jusqu'à l'infini une fois la cime atteinte en sont sûrement la raison…

ACCÈS ROUTIER

Carte Michelin n° 344 Local – Case C 7 (milieu, droite)

ACCÈS/DÉPART

À 1 km au nord de Mont-Louis, la petite route (D 60), longue de 14 km, mène au lac des Bouillouses (panneau). Attention : route à circulation réglementée en été. En règle générale, la route est fermée à partir du Pla dels Avellans de début juillet à début septembre, de 7h à 19h. Montée en voiture possible avant 7h. Navette tous les 1/4 d'heure. Point Info des Bouillouses : 04 68 04 24 61 (uniquement en été). Autres renseignements 04 68 85 82 11.

HORAIRES

- pour le circuit des treize lacs : impossible de “chronométrer” cet itinéraire tant la beauté de chacun nous retiendra longuement sur ses berges. Compter une petite journée en prenant tout notre temps.
- pour le pic Carlit : 3h20 (aller) ou 6h00 pour le circuit complet

DIFFICULTÉS

- pour le circuit des lacs : aucune, à condition de bien suivre l'itinéraire décrit ci-dessous et de se référer à la carte
- pour le pic Carlit : un court passage d'escalade “facile”, mais ascension, toutefois, en terrain de haute montagne.

DÉNIVELÉES

- pour le circuit des lacs : 300 m
- pour le pic Carlit : + 600 m, soit 900 m au total

CARTES

Rando Editions n° 8 Cerdagne-Capcir, au 1/50 000
IGN Top 25 n° 2249 ET, au 1/25 000

L'étang Llong ; au fond, l'étang Llat

LE CIRCUIT DES LACS

0h00 Une randonnée au cours de laquelle nous allons admirer, contempler treize lacs (dont **le grand lac des Bouillouses**) ? Pas de temps à perdre : vite, le sac sur le dos ! Pour le randonneur qui n'ambitionne que le circuit des lacs, nous ne donnerons pas d'horaires très précis ; c'est une balade pour poètes ! Oublions nos montres.
Le parking final étant situé sous le barrage, nous monterons par un escalier pour en atteindre le haut. Puis nous suivrons les cent derniers mètres de la route qui dessert un grand hôtel. Cinquante mètres avant, nous remarquerons sur la gauche un panneau posé à l'entrée d'un chemin discret. Turbulent, encombré de blocs de granit, il s'insinue sous les branches de pins clairsemés. Trente minutes à peine suffisent pour atteindre le premier lac : **L'estany del Viver (2 143 m).** Berges bordées de sapins, surface si figée qu'elle reflète le grand Péric (2 810 m) et le Petit Péric (2 690 m) dont les crêtes rosissent sous les premiers rayons du soleil. À partir d'ici, il faut quitter délibérément le sentier pour vagabonder à notre fantaisie d'un lac à un autre, carte en main pour ne pas en oublier un seul.
L'estany Nègre (2 150 m) est à deux pas, au sud. Encore dans l'ombre, il a la couleur de ces tentures que l'on mettait jadis à

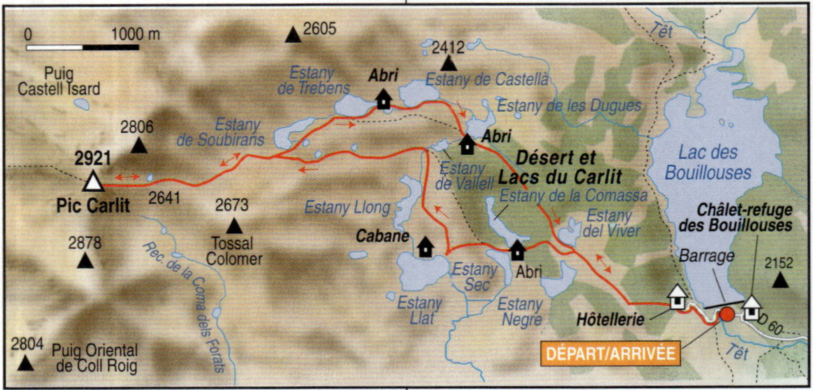

l'entrée des maisons en deuil. Un sentier bien large nous sollicite vers le sud. Nous nous garderons de le suivre ; il nous faut couper vers le nord-ouest pour passer une sorte de croupe derrière laquelle nous surprenons…

LE LAC DES BOUILLOUSES (2 016 m)

Un barrage de 350 mètres de longueur emprisonne et tempère la fougue des eaux sauvages venues des hauteurs. Il fut bâti en 1902, créant ainsi une retenue d'eau de 17,5 millions de mètres cubes. Il capte de nombreux torrents, dont la Têt qui prend sa source au pied du pic Péric (2 810 m). Cette importante réserve d'eau permet d'alimenter des canaux d'irrigation et les usines hydroélectriques de la vallée de la Têt qui lui fait suite. Cinq de ces usines fournissent le courant au "Petit Train Jaune" (alimenté en 850 volts par un troisième rail) dont la ligne, la plus haute de France, construite de 1903 à 1927, s'étire sur 63 km. Elle relie Villefranche-Vernet-les-Bains à la Tour de Carol.

Un détail amusant : jusqu'à ces dernières années, une pancarte plantée sur la berge indiquait qu'il était interdit de marcher sur le lac ! Bien sûr, et l'on s'en doute, elle était placée là pour que les skieurs ne s'aventurent pas, en hiver, sur sa surface glacée…

Au-dessous et à droite de ce barrage : refuge du C.A.F. Gardé de juin à septembre. Hiver/printemps : 26 décembre à fin avril (sur réservation).Tél. : 04 68 04 93 88. Nombre de places : 56 (hors gardiennage, hiver, 15).

L'estany Sec (2 160 m). Bizarre appellation ; tout en longueur, il se montre très grand et très profond ! Au beau milieu, un énorme rocher lui fait comme une île. Pour rejoindre le lac suivant (à moins de cinq minutes), nous passons à proximité d'un abri métallique vert. Nous rencontrerons quatre "refuges" de la sorte le long de notre parcours.

L'estany de la Comassa (2 162 m) s'étire sur un demi-kilomètre. Il faut en faire le tour, déambuler sur sa rive gauche où chaque petite crique invite à regarder l'image réfléchie de la berge opposée. On y soupçonne déjà la pointe du Carlit (2 921 m). Contournant l'extrémité nord du lac, nous allons gagner une croupe pour aborder en quelques minutes…

L'estany Llat (2 174 m). Parce que les pentes herbeuses et désolées du "Désert du Carlit" s'y mirent, sa couleur est d'un vert pâle et triste. À son aval se cache le refuge des Frères Aymar, très curieuse construction carrée, triste et vétuste.

À moins de cinq minutes, toujours vers le nord, nous tombons sur…

L'estany Llong (2 184 m). C'est l'éternelle magie des couleurs vives ou douces : bleu violent de l'eau ; jaune, vert clair, vert foncé des herbes. Plus haut, derrière un petit col nous attend un laquet :

L'estany de Vallell (2 220 m) ; rives désertes, herbes aquatiques envahissantes, pins solitaires. Nous prenons pied sur le sentier d'ascension du Carlit ; suivons-le pour monter un court vallon (près de 100 m de dénivellation) pour déboucher sur le haut d'un autre vallon parallèle, sur notre droite, – vers 2 350 m d'altitude – lui aussi constellé de lacs (déjà, d'ici, nous en surplombons le premier : l'étang de Sobirans). Et c'est par ce vallon que nous reviendrons au point de départ, soit en bouclant dès maintenant le circuit des lacs, si tel est notre programme, soit en revenant de l'ascension du pic Carlit.

Dans le premier cas, nous irons tout de suite au repère **1h25** (voir plus bas) de la randonnée décrite afin de connaître les détails du retour.

LE PIC CARLIT 2 921 m

Si nous avons prévu cette ascension, nous reprenons la (relative) précision des horaires. Sans nous être attardés aux étangs rencontrés à la montée, nous sommes donc à…

1h30 Vers cette cote 2 350 m, et toujours sur le sentier, large et bien emprunté, qui nous guidera jusqu'au sommet. Dès lors, plus de souci à nous faire, plus d'hésitation. Tout l'itinéraire jusqu'à la cime est devant nous. Au bout du chemin, un col herbeux (2 640 m) infléchit l'arête qui relie le Carlit au Tossal Colomer (2 673 m), à l'est. Il nous faudra l'atteindre, puis à toute crête, et enfin en nous déportant légèrement sur la droite pour bénéficier de vires rocheuses accueillantes, nous parviendrons alors au sommet. Mais auparavant…

2h30 Nous entrons dans un petit cirque, à la base du grand pic, occupé entièrement par un laquet tout rond (2 598 m).

Au-dessus de notre tête, le Carlit nous nargue par sa muraille presque verticale. Dix minutes nous séparent du…

2h40 Col herbeux (2 640 m). L'arête finale se redresse ; nous allons l'escalader sans difficulté aucune puisqu'un sentier nous en approche. Il s'effacera ensuite à l'attaque de la muraille, cédant la place à de bonnes traces bien visibles, jalonnées de petites marques à la peinture rouge. Il faut parfois poser les mains. Plus haut, le sentier reprend ses droits et nous dépose dans l'échancrure sommitale qui sépare les deux pointes du Carlit. À gauche s'élève…

3h20 Le vrai **pic Carlit (2 921 m).**

Le panorama est saisissant sur les montagnes ariégeoises et catalanes (le drapeau catalan flotte au sommet). La vue s'étend jusqu'à la Maladeta. Le chapelet des lacs du Carlit se distingue dans sa quasi-totalité,

L'étang Sec (!)

ainsi que les deux grandes nappes des Bouillouses et, vers l'ouest, du Lanoux.

0h00 Pour le retour, nous reprendrons le même chemin jusqu'à…

1h25 La cote 2 350 m, juste en haut du "vallon parallèle" que nous allons descendre et en tête duquel s'étale le grand lac aperçu à la montée : l'**estany de Sobirans (2 330 m).** Les versants qui l'entourent et la stature hautaine du Carlit, qui le domine à l'ouest, lui donnent une belle prestance. Plus bas, quatre autres estanys s'échelonnent graduellement jusqu'à la forêt au-delà de laquelle nous retrouverons l'estany del Viver. Quatre splendeurs de saphir ou d'émeraude. Sur leurs berges, les pins balancent sous la brise et la chaleur de l'après-midi : l'estany de Trébens (2 310 m), l'estany d'en Gombau (2 306 m), l'estany de Castella (2 300 m), l'estany des Dugues (2 236 m). Par la faible différence d'altitude de tous ces lacs, la descente de ce vallon sera "de tout repos" et donc un enchantement ; nous aurons tout loisir de les contempler, de bénéficier de leur grâce et, pourquoi pas, de rêver sur leurs berges tout en profitant d'une pause bien méritée, surtout au retour du pic Carlit !

Nous aurons une dernière vision de ce sommet à l'estany des Dugues, par un regard en arrière : tout au fond, à l'horizon, se dresse en dernière image, le pic gravi. Plus qu'une demi-heure et nous retrouvons le premier estany "del Viver", de ce matin ; et en peu de temps encore…

2h40 (horaire depuis le sommet) Le barrage des Bouillouses (soit **6h00** au total pour le circuit complet).

LE LAC DES BOUILLOUSES, LES ESTANYS DE BOUTASSOU, DE LA LLOSA & LES PICS PÉRIC

DEPUIS LE LAC DES BOUILLOUSES, PAR MONT-LOUIS

30 Le lac des Bouillouses, vu depuis le barrage, est d'un attrait limité parce que trop "image carte postale". Mais que l'on gagne son amont, et voilà un grand lac pyrénéen orné d'îles et de presqu'îles du plus merveilleux effet. Si l'on y ajoute les estanys de Boutassou et celui de la Llosa, la randonnée prend une autre tournure ! L'ascension des deux pics Péric (c'est bien connu… les jumeaux sont inséparables !), et le retour par les étangs de Camporells terminent en beauté le parcours de cette région unique dans les Pyrénées.

L'estany de la Llosa et le Péric

ACCÈS ROUTIER

Carte Michelin n° 344 Local - Cases C 7 (milieu, droite) et D 7 (milieu, gauche)

ACCÈS/DÉPART

Se reporter à la randonnée/ascension n° 29 "Les étangs de Carlit et le pic de Carlit".

HORAIRES

- jusqu'à l'amont du lac des Bouillouses : 0h55 (aller)
- jusqu'aux estanys de Boutassou : + 0h45 (aller), soit 1h40 au total
- jusqu'à l'estany de la Llosa : + 0h30 (aller), soit 2h10 au total
- jusqu'au sommet du Grand Péric : + 1h40 (aller), soit 3h50 au total
- pour le circuit complet : 7h55

DIFFICULTÉS

- pour tous les étangs décrits : pour randonneurs attentifs et bons marcheurs
- pour le circuit complet : uniquement pour montagnards

DÉNIVELÉES

- pour les estanys de Boutassou (2 127 m) : 120 m
- pour l'estany de la Losa (2 238 m) : + 120 m, soit 240 m au total
- pour les pics Péric (2 810 m et 2 690 m) : + 680 m, soit 920 m au total

CARTES

Rando Editions n° 8 Cerdagne-Capcir, au 1/50 000
IGN Top 25 n° 2249 ET, au 1/25 000

L'AMONT DU LAC DES BOUILLOUSES, LES ESTANYS DE BOUTASSOU ET DE LA LLOSA

0h00 Du parking terminal (au pied du grand barrage), nous prenons l'escalier nous conduisant sur la rive aval du lac des Bouillouses. Le spectacle du site lacustre avec les deux Péric en fond n'est rien comparé à tout ce que nous allons traverser et gravir tout au long de notre périple.
Le chemin (le "GR de Pays du Tour du Carlit", cf. carte IGN) s'embranche juste à quelques mètres à gauche. Pancarte : *"Portella de la Grava, 3h00 – Camporells, 3h30 – Balmeta, 1h30 – Roc d'Aude, 2h00"*.
La marche, à quelques mètres de la rive encadrée par les pins, est vision continue sur le lac, avec ses berges de granit, ses criques et les pêcheurs absorbés et passionnés. Les racines des conifères nervurent le chemin, comme les veines sur les mains d'un vieillard, à la recherche de terre quasi absente, car ici tout n'est que roc.
À l'approche de l'amont, la beauté et le charme du lac s'amplifient par des îles éparpillées où quelques pins tenaces s'accrochent comme des naufragés au mât d'un radeau en perdition. Avec les premières lueurs dorées de l'aube, c'est une apparition magique que ces archipels sur le bleu pur et profond de l'eau, nappe froissée de vaguelettes par la brise matinale.
Les clarines des vaches contrastent avec cette ambiance marine ; nous approchons des…
0h55 Pâturages de l'amont. Bifurcation et pancartes. À gauche : *"Portella de la Grava", à droite : "La Balmeta, Camporells, Roc d'Aude"*. Nous adoptons cette deuxième branche désignée sous le nom de "GR du Tour du Capcir" (balisage jaune/rouge).
1h00 Une solide passerelle enjambe un fort torrent : la Têt qui prend sa source bien plus haut tout le long

du vallon de la Grava, mais principalement dans le chapelet de lacs qui reposent, à plus de 2 500 m, à l'ouest du Grand Péric.

1h05 Sur une pente dénudée, une pancarte (décidément nous ne pouvons nous égarer !) : *"Balmeta – Camporells"* nous invite à partir sur la droite.

1h15 Traversée à gué (pierres) d'un torrent qui vient de l'estany d'Esparver, malheureusement trop en dehors de notre itinéraire pour lui faire une visite. Trois minutes plus loin : bifurcation et… pancarte. Aussi sûr que sur une autoroute !

Arrivée sur un grand plateau d'où la vue s'ouvre largement sur les deux pics Péric, lointains, certes, mais bien tentant pour en faire l'ascension !

1h35 Cabane de la Balmeta en vue. Nous n'y arrivons pas. 200 m avant, partons sur la droite (là, aucune pancarte !) et remontons un petit ruisselet issu d'un petit lac mignon comme tout…

1h40 **Le petit Boutassou.** En retrait et pas signalé, tous les randonneurs l'ignorent ! Et c'est très bien : vous êtes assuré d'être à l'écart des foules. C'est un délice. Vous pouvez en faire le tour, choisir votre place pour le casse-croûte et – mieux – monter encore pour arriver à un deuxième étang, un peu plus étendu…

1h45 **Le grand Boutassou (2 127 m).** Et si, par un petit effort supplémentaire, vous vous offriez l'estany de la Llosa ? Croyez-moi, il vaut le coup ! Demi-tour pour retrouver le GR et passer devant…

1h55 (arrêt non compris aux estanys de Boutassou) La cabane de la Balmeta où le berger nous adresse gentiment un petit bonjour. C'est ici que nous quittons tout itinéraire balisé et fréquenté à outrance. Nous partons sur la gauche (nord-ouest) pour suivre un ruisseau, le "rec du Puig Péric", venant justement de cet estany de la Llosa : un fil d'Ariane ! Sur sa droite, un petit sentier nous guidera sur la pente herbeuse très douce, puis s'éloignera du thalweg pour passer plus commodément sur la droite, traversant des bosquets de pins et des plateaux. La stature du Grand Péric, toujours en face, sera notre repère et notre point de mire.

2h10 Soudain… **l'estany de la Llosa (2 238 m),** au milieu de pelouses et de doux versants. Quelques pins, et au fond la révélation des deux Péric reliés par une crête incurvée en large col. Ils sont loin… mais si attirants ! L'ascension paraît très gentille ; l'allure sera rapide, régulière, sans être "bavante". Allez ! C'est décidé : nous y montons !

LE GRAND (2 810 m) ET LE PETIT (2 690 m) PERIC

À l'amont de l'estany, une cascade dégringole dans une courte gorge. Nous la traversons, à sa base, puis grimpons et atteignons des étendues marécageuses ; ruisselets, flaques, herbes aquatiques, quelques rares cairns. Nous perdons le fil, mais fixant le col (2 608 m) entre les deux Péric nous sommes assurés de garder le cap. La montagne n'est pas un réseau routier. Nul besoin de sentiers balisés, ni de pancartes ! Il faut savoir composer son itinéraire, même sur un terrain compliqué. En nous engageant au creux du vallon encadré par les pentes des deux Péric, nous sommes assurés d'être "canalisés" jusqu'au col. Très vite, nous avons la surprise de trouver un cairn, puis un autre, puis une petite sente que nous adoptons finalement de bonne grâce.

2h35 (environ) Nous voici donc positionnés à la base du vallon. Un ruisseau, né un peu sous le col, caracole en son milieu, de haut en bas. Le col ne paraît pas si loin que ça ! La sente, de plus en plus nette, va nous y conduire sans soucis et sans souffler. Marche lente mais régulière, sans pause ; l'allure du montagnard.

3h30 Nous sommes à quelques mètres du col. Le sentier s'incline vers la gauche pour attaquer la rude montée au Grand Péric. Comme toujours, les faces terminales semblent raides. Erreur d'optique ou de perspective, puisque à…

3h50 Nous nous dressons au sommet du **Grand Péric (2 810 m).** Quelle vue ! En allant d'est en ouest (et ne nommant que les principaux) : Madrès, Canigou, Cambre d'Aze, Puigmal (lac des Bouillouses, à nos pieds ou presque), Sierra de Cadi, Carlit, Campcardos, Font Nègre, Coume d'Or, Montcalm, pic d'Étang Faury, Ruille, Pique Rouge de Bassiès, Saint-Barthélemy, Soularac, Tarbézou, Roc Blanc… Incroyable ! Nous faisons demi-tour avec en tête de ne pas rentrer encore à la maison ! Faisons l'école buissonnière.

4h05 Retour au col et, toujours à toute crête, nous montons au…

4h20 **Petit Péric (2 690 m).** La vue n'est pas inférieure mais complémentaire. À l'est et 400 m sous ce nouveau belvédère, les étangs de Camporells se dispersent sur cent plateaux ! Il y en a tellement, que nous n'avons pas la patience de les compter.

De notre sommet, nous partons dans leur

L'estany de Boutassou, pour le farniente

direction pour constater que la pente tombe très raide mais sans danger, toutefois, puisqu'un sentier y zigzague. Repérons notre prochain but : l'estany del Mig identifiable par les deux refuges bâtis sur sa rive. Il y a, en réalité, deux grands étangs presque côte à côte ; celui de gauche est l'estany Gros, le "nôtre" est donc à sa droite.

Descente un peu "casse genoux", puis, au bas, plus douce au milieu des combes et des prairies, guidée par des bribes de sentier et des cairns plus ou moins fantaisistes.

5h05 Rive ouest de l'estany del Mig (2 240 m) appelé aussi "lac du refuge". De l'autre côté sont les deux refuges que nous allons rejoindre en contournant l'estany par la gauche (nord) où nous retrouvons le "GR de Pays du Tour du Capcir" (balisage jaune/rouge) qui nous ramènera… jusqu'au point de départ de ce matin : le barrage des Bouillouses ! Mais nous avons beaucoup de chemin à faire.

5h20 Les deux refuges de Camporells. L'un est ouvert toute l'année (cheminée, deux pièces, une table, deux bancs, bat-flanc pour 8 places). L'autre est gardé de mi-juin à mi-septembre. 20 places ; partie hiver 16 places. Hors saison, demander la clé à la "Maison du Capcir", à Matemale (66210). Tél. : 06 82 12 99 22. Bivouac autorisé autour du refuge.

À quelques pas, une pancarte : *"Lac des Bouillouses, 2h40"*. Comme un train sur ses rails, nous voici donc placés sur le chemin du retour. Autre pancarte : *"Cabane de la Balmeta, 1h40"*. Estany de la Besseta, dernier "grain" du chapelet de lacs. Cheminement sous les pins, laquets aux herbes aquatiques, balisage excellent, sentier bien tracé, à tendance horizontale. Il suffit de nous laisser guider…

6h10 Nous franchissons un col-plateau (2 232 m), base de la Serra dels Alarbs, de même altitude que les refuges quittés 50 min auparavant ! Vue sur le lac des Bouillouses et plus bas sur…

6h30 La cabane de la Balmeta que nous rejoignons sans peine. Etant en terrain connu, nous accélérons le pas tout en prenant soin, toutefois, de ne pas nous fourvoyer, par distraction, aux diverses bifurcations. Et à…

7h55 Nous mettons sac à terre au pied du barrage des Bouillouses, point de départ. Une journée bien remplie et que du bonheur ! Elle n'est pas belle, la vie ?

L'ESTANY DE LA BALMETA 2 047 m & LE PUIG DEL PAM 2 470 m

DEPUIS L'ESTANY DE VALLSERRA (1 770 m), PAR LES ANGLES

31 Une forêt de pins tellement dense, sur un terrain compliqué, que nous aurions l'impression d'être les premiers "explorateurs" si un balisage parfait ne définissait pas l'itinéraire ! Et au bout : l'estany dans un environnement de granit et de couleurs. Quant au Puig del Pam : une "montagne à vaches" ! Oui, mais remonter la Serra dels Alards qui mène à son dôme, c'est découvrir pas à pas l'un des plus beaux paysages des Pyrénées-Orientales.

ACCÈS ROUTIER

Carte Michelin n° 344 Local – Case D 7 (milieu, gauche).

ACCÈS/DÉPART

On entrera au cœur même du village des Angles pour trouver la route forestière menant à l'estany de Vallserra, direction bien indiquée, mais – attention ! – ce nom a été francisé en lac de Balcère. Deux grands parkings au bord de l'étang.

HORAIRES

- jusqu'à l'estany de la Balmeta : 1h15 (aller)
- jusqu'au Puig del Pam : + 1h55 (aller), soit 3h10 au total

DIFFICULTÉS

- pour l'estany et le Puig : aucune, mais pour bons marcheurs

DÉNIVELÉES

- pour l'estany de la Balmeta : 300 m
- pour le Puig del Pam : + 430 m, soit 730 m au total

CARTES

Rando Editions n° 8 Cerdagne-Capcir, au 1/50 000

IGN Top 25 n° 2249 ET, au 1/25 000

L'estany de la Balmeta

L'ESTANY DE LA BALMETA 2 047 m

0h00 Pour ne pas rater la bonne direction, nous partirons du parking inférieur réservé aux camping-cars. Là, une petite pancarte marque le départ : *"sentier d'Emilie n° 3"*… mais réservé, en fait, pour le tour du lac. Très vite, nous tournons le dos à l'estany pour partir sur la gauche ; balisage trait jaune. Itinéraire bien jalonné, mais il faudra être attentifs car le sentier parfois très fin deviendra peu apparent. La forêt de pins est vraiment sauvage, ce qui ajoute beaucoup d'attrait à cette randonnée.

0h05 Traversée d'un ruisselet. Plus haut, un autre ruisseau court et gronde sur la gauche. Le terrain très mouvementé désoriente un peu ; heureusement, le balisage parfait constitue un vrai jeu de piste pratique à suivre.

0h25 Passage marécageux facile à franchir grâce à des planches et des troncs disposés en passerelle. Et la progression dans cette "jungle" se poursuit de bosse en combe, de ruisselet en grimpette.

0h45 Nous débouchons sur un large chemin qui débute très loin à l'est, aux dernières maisons des Angles. Important : repérons bien l'endroit de notre débouché ici, car au retour il ne faudra surtout pas le manquer ! Elever un petit cairn sera une sage précaution.

Vingt mètres plus loin : une fourche où le serviable balisage jaune nous invite à adopter la branche de droite devenue brusquement sentier. Celle de gauche (large) mène rapidement à la “Font Grossa” (source captée portée sur la carte). Voici donc un repère pour nous positionner dans ce massif.

Et la montée reprend toujours au milieu des pins, mais dans un milieu moins compliqué. Nous remontons un vallon, parfois étroit, où, sur notre droite, galope un torrent turbulent.

Un long et gros “serpent” traverse notre sentier ; c’est un tuyau noir qui du ruisseau amène son tribut à la Font Grossa.

Plus haut, à la faveur d’une éclaircie de la forêt, sur la droite, se dévoile un grand versant herbeux aboutissant à une longue crête parsemée de pins alignés, où nous apercevons avec peine un cairn lointain : c’est “notre” Puig del Pam.

La pente se relève dans une combe étroite pour aboutir à un petit col. Nous sentons la présence de l’estany et par avance nous nous régalons du coup d’œil.

1h15 L’estany de la Balmeta (2 047 m). Un “Oooh” d’admiration, car outre son harmonie c’est son originalité qui nous séduit. Dans ces Pyrénées-Orientales, les étangs paressent au milieu de pelouses gracieuses. Notre estany, lui, s’est installé au creux de pentes rocailleuses et des dalles de granit ; un décor bien rude.

Des pins se penchent sur ses bords comme pour se voir sur le miroir de l’eau. Des feuillus à la teinte de l’or et du pourpre (nous sommes en automne) se dédoublent sur la nappe émeraude de l’estany. En bordure flottent ou se quillent des herbes aquatiques du plus bel effet. Un jardin de rocaille !

Vite ; nous longeons la berge pour nous placer à…

1h25 Son amont. Le spectacle est encore plus dégagé, plus ouvert, plus grandi. Bien sûr, nous pouvons en rester là, sans nous ennuyer un seul instant. Mais…

LE PUIG DEL PAM 2 470 m, dont nous avons aperçu la silhouette tout à l’heure, nous tente beaucoup. Heureuse décision car nous étions loin de nous douter de tout ce que nous allions découvrir par cette facile ascension.

Il faut ouvrir l’œil (encore !), car en nous plaçant à l’amont pour mieux contempler le lac nous n’avons peut-être pas remarqué, à la base d’un petit vallon, le balisage discret sur un gros rocher qui nous indiquait de partir sur la gauche, à angle droit, pour remonter justement ce thalweg.

Après ce couloir de blocs, le sentier s’inscrit mieux sur le sol. Montée tranquille. Sur la gauche, un plateau (coté 2 099 m sur la carte), puis sortie du bois, à découvert, pour émerger sur un pâturage et sur…

LE SITE DE L’ESTANY DE VALLSERRA (OU LAC DE BALCÈRE)…

… est remarquable… ce qui attire beaucoup de monde ! En famille, le tour du lac est une agréable promenade, mais - attention, encore ! - au départ, certains panneaux mal orientés peuvent vous expédier du côté opposé !

Le pêcheur de truites peut y faire (peut-être…) des prises miraculeuses. Vente de carte journalière sur place.

1h50 La cabane de la Balmeta (2 120 m). A notre approche, le berger - bien sympathique, comme tous ses semblables - apparaît sur le seuil et fait un brin de causette. Nous sentons, comme toujours, combien il aime son métier pourtant si ingrat et pénible, loin du monde et de sa famille, combien il aime "sa" montagne et les troupeaux dont il a la garde durant les trois ou quatre mois de son "exil".

Nous prenons plein nord, en direction des étangs de Camporells (panneau). Balisage jaune/rouge. Mais l'itinéraire est si bien incrusté sur le sol par le passage répété du bétail et des randonneurs qu'il est impossible d'hésiter. Marche paisible, désormais à découvert avec la vue qui grandit et s'élargit sans cesse mais que nous détaillerons mieux à partir du...

2h20 Col (2 232 m). Ce n'est pas un vrai col, mais un long replat, à la base ouest de la Serra dels Alarbs. C'est ici que nous quittons l'itinéraire des lacs de Camporells pour partir sur la droite (est) et pour remonter la débonnaire Serra, si douce qu'un bon vététiste pourrait l'affronter sur sa bécane ! C'est tout le long de la montée que nous allons être fascinés, hypnotisés par la grandeur et l'esthétique du paysage. Nous nous arrêterons souvent, non pour souffler mais pour contempler, scruter, admirer. Un vrai bonheur ! Le Grand et le Petit Péric (2 810 m et 2 690 m), le lac des Bouillouses qui nous montrera ses presqu'îles et ses îles au fur et à mesure de notre ascension sur cette Serra ; cette Serra si large, si spacieuse qu'aucun sentier ne s'y grave. Ça passe partout ; un boulevard ! Pas de cairn non plus. Des pins éparpillés, épris de liberté, poussent un peu partout, en désordre, comme un parterre de champignons ! Au bout de la Serra...

2h40 Un cairn (le premier, et il y en aura d'autres). Ce n'est pas le sommet. Déception et joie de constater que l'enchantement final n'est que retardé. Le décor est cependant très beau. Nous sortons jumelles et appareil photo. Cabane de la Balmeta, Bouillouses plus magnifique encore, Carlit, Péric, étangs supérieurs de Camporells... A l'est : le Madrès (2 469 m), l'orgueil des Catalans, et au fond de la grande vallée le lac de Matemale. Au sud : la Serra de Cadi.

2h50 Deuxième cairn ; ce n'est toujours pas le sommet ! A nouveau, nous sortons du sac jumelles et appareil photo !

3h00 Troisième cairn avec un poteau planté (2 453 m), repère qui nous laissait croire que nous avions atteint le but. Un quatrième cairn est posé sur une éminence, plus à l'est. Courage, c'est presque tout plat...

3h10 Ouf ! Le vrai sommet du **Puig del Pam (2 470 m).** Une montagne à vaches ? Oui, mais l'émotion est aussi intense que lorsque nous atteignons une "grande" montagne. Le plaisir est immense, immense comme le panorama : Carlit, Mortiers, Terrers, Roc Blanc, Baxouillade, Péric ; les grands étangs de Camporells, Madrès, les lacs de Puyvalador et de Matemale ; et à l'infini : le Canigou (2 784 m).

Autre émotion qui a précédé notre arrivée de quelques secondes : à une trentaine de mètres, les restes d'une cabane, à 2 460 mètres d'altitude ! Des bergers ont bâti cet abri, jadis... mais quand ? Il y a un siècle ? Deux, peut-être ? Trois murs, le quatrième effondré. De grosses branches de pins formaient la charpente sur laquelle sont encore disposées en quinconce des dalles de pierre. Ces bergers ont vécu là tous les étés, durant toute leur vie.

Nous avons beaucoup d'admiration pour ces hommes. Ils étaient sûrement heureux parce qu'ils aimaient leur travail (leur vocation ou leur destin de bergers). Ils acceptaient leur condition, ils profitaient pleinement de leur existence, indépendants et libres. Pauvres ? Misérables ? Non ! Heureux, tout simplement.

Admiratifs, remués au plus profond de nous-mêmes par ces témoignages de ces hommes d'un passé révolu, enrichis par leur leçon, nous redescendons dans la vallée pour retrouver...

5h00 (environ) La civilisation de consommation et de la grande bouffe ! Un triste retour...

L'ESTANY DE LA PORTELLA D'ORLU & LE PUIG DE TERRERS

EN CIRCUIT, DEPUIS LA VALLÉE DU GALBE (DÉPART À 1 650 m), PAR PUYVALADOR

32 Cet estany, en retrait de tous itinéraires, ne reçoit jamais de visite ! Et pourtant, pour l'amateur de lacs, il a tout pour plaire : son isolement, sa quiétude, son cadre de haute montagne. L'ascension du Puig de Terrers offre un beau et vaste panorama, mais en plus, au cours du circuit, nous découvrirons l'étang du Diable, insolite et étrange, puis les énigmatiques gravures sur les "Peiras Escritas" (les Pierres Écrites)…

ACCÈS ROUTIER

Carte Michelin n° 344 Local – Cases D7 (haut, gauche) et C 7 (haut, droite). Le Puig de Terrers, non porté sur la carte, se situe très près et au-dessus de la cote 2 608 m

ACCÈS/DÉPART

À peu de distance (sud) de Puyvalador, on prendra à gauche (est) la D 32B (direction Fontrabiouse). Mais très vite, on suivra encore à gauche (sud) la D 32 D menant à Espousouille (nommé sur la carte IGN "Esposolla"). Au centre du village, en face de la fontaine, s'engager à gauche dans une rue (cabine téléphonique) débouchant sur la piste remontant la vallée du Galbe par la rive droite orographique, piste carrossable mais demandant beaucoup d'attention. Après 4,5 km, on passe sur l'autre rive (pont) et on stationnera 1 km plus loin (barrière). Parking, aire vaste et très agréable.

HORAIRES

- jusqu'à l'estany de la Portella d'Orlu : 1h45 (aller)
- jusqu'au Puig de Terrers : + 1h20 (aller), soit 3h05 au total
- pour le circuit complet : 4h55

DIFFICULTÉS

- pour l'estany de la Portella d'Orlu : pour randonneurs
- pour le Puig de Terrers et le circuit complet : pour montagnards.

DÉNIVELÉES

- pour l'estany de la Portella d'Orlu : 450 m
- pour le Puig de Terrers : + 450 m, soit 900 m au total

CARTES

Rando Editions n° 8 Cerdagne-Capcir, au 1/50 000
IGN Top 25 n° 2249 ET, au 1/25 000

Le plateau des Bessetes

Le calme du parking terminal, sous les pins, près du ruisseau (le Galbe), avec tables, bancs est un lieu paradisiaque !

L'ESTANY DE LA PORTELLA D'ORLU 2 100 m

0h00 Le jour se lève à peine, les crêtes sont encore dans l'ombre. Sac sur le dos, nous franchissons la barrière. Panneau : *"Refuge des Camporells, 3h00 – Cabane de la Jaça de la Llosa, 2 km".* Bon sentier (balisage trait jaune/trait rouge) ; le Galbe coule sur la gauche, la vallée remonte vers l'ouest, rectiligne, exposant ses deux versants couverts de pins. La lune au zénith faiblit peu à peu, laissant la place au soleil levant qui effleure progressivement les sommets.

0h20 Sur la droite : la cabane du berger – la Jaça de la Llosa – fermée. Le haut de la vallée laisse entrevoir, à l'extrême droite, la Portella d'Orlu, puis un sommet anonyme coté 2 456 m, et enfin le col et la crête de Terrers, notre but montagnard, que les premières lueurs caressent timidement. Cette randonnée est plus poésie qu'effort physique, malgré la pente qui s'accentue. Sur la gauche, le Galbe amplifie ses remous et son grandement.

0h35 Bifurcation (1 793 m). À gauche, une pancarte :

1610, en plein règne de Richelieu

"Tour du Capcir – Refuge des Camporells : 2h40". À ignorer, malgré le balisage jaune/rouge ; mais nous reviendrons par là en fin de circuit. Prenons à droite (en fait, tout droit) pour continuer à nous élever dans le prolongement de la vallée. Terrain sauvage, plus fréquenté par les bêtes que par les humains : les sangliers ont labouré les prairies en quête de racines et autres nourritures ; cela avec rage, frénésie sur des centaines de mètres.

La vallée, large au départ, s'amenuise en vallon pour se terminer en cirque, à son origine. Après une série de montées…

LAS PEIRAS ESCRITAS

L'abbé Abélanet, dès 1958, s'intéressa à ces graffiti. Il releva de nombreux thèmes de figures : animaux, guerriers stylisés armés de flèches, d'épées, d'arbalètes, mais surtout curieux zigzags, cercles, rouelles, damiers et signes cruciformes. Leur datation ? Aucune réponse précise n'a pu être apportée. Peut-être "l'âge des métaux", ce qui est très vague… 1 000 à 1 500 ans avant notre ère ? Des inscriptions plus récentes sont incisées entre ces dessins, comme pour les respecter : dates et noms des XVIIe et XVIIIe siècles !

Aux Peiras escritas

1h00 Un immense plateau : les Bassetes (1 919 m), strié par des ruisselets qui, dans le plus grand désordre, ont forcé le passage. Grand tube (jaune/noir) planté en son milieu, comme un repère. Tout au bout de cette plage herbeuse, le Roc Nègre (2 155 m), lourde masse, divise la vallée qui s'élève encore.

Sur la gauche, le sentier, à nouveau réapparu, attaque vaillamment la pente. C'est clair et net, dans ce décor un peu embrouillé par ailleurs. Par un regard en arrière, nous sommes séduits par ce plateau marécageux des Bassetes d'un vert lumineux, face au soleil matinal, avec tous les ruisseaux brillant comme l'argent. Quelle palette de teintes et de lumières !

1h30 Sur un replat est installée une petite station météo, étonnante présence dans ce coin perdu ! Toujours en face de nous (ouest) et bien au-dessus, s'ouvre, étroite, la cassure de la Portella d'Orlu, entaillant la muraille.

1h40 Devant nous, le ruisseau saute une courbe du terrain, comme s'il s'agissait de l'exutoire de l'estany. Eh bien, non ! Nous arrivons à un petit plateau, alors que le sentier poursuit sa montée toujours tout droit.

Stop ! Combien de montagnards aux yeux rivés sur la Portella d'Orlu ont dû rater l'estany, tout de suite sur la droite, et pas très loin, pourtant, mais caché derrière un mamelon. Partons à sa recherche, et en quelque deux ou trois minutes, nous l'accostons par son aval.

1h45 L'estany de la Portella d'Orlu (2 100 m). Qu'il est beau ! Versants doux couverts d'herbe grasse, de myrtilles, de rhododendrons, de granit, de pins tenaces enracinés sur le roc plus que sur la terre fort rare. Un miroir pur qu'aucune brise ne froisse. La Portella d'Orlu fracture la crête joignant le pic sans nom coté 2 463 m au pic de Baxouillade (2 546 m). Un coin idéal pour échapper à la vie trépidante des villes, pour se retrouver seul ou avec de bons amis, pour faire une cure de repos au fond de nous-mêmes, pour faire un bain de silence, de calme, et – pourquoi pas – pour bivouaquer sous les étoiles.

Mais pour l'heure, le montagnard prend le pas sur le randonneur ; il ne peut rester en place… pour son plus grand bonheur.

LE PUIG DE TERRERS 2 540 m

Pour ne pas nous fourvoyer, étudions le terrain. Regardons vers l'ouest. Une longue croupe se détache sur le ciel où, au milieu, se situe le col de Terrers. Le versant, assez raide et tourmenté, présente deux longs éboulis de couleur ocre. Entre eux : un éperon herbeux et régulier, à la forme de cône, où, au sommet, émerge un pin (le seul du coin !). C'est par-là que notre itinéraire se fraie un passage. Retournons rejoindre…

1h50 (sans tenir compte du temps passé auprès de l'estany) Le sentier pour le suivre un temps en direction de la Portella d'Orlu. Dix minutes après, sur le côté et dans l'herbe, un cairn paraît inutile. Et pourtant, il indique le point où nous devons abandonner notre route pour partir sur la gauche, à 90°, à l'assaut de l'éperon (ou du cône) herbeux. D'abord, une légère trace sur la pente, puis une sente de plus en plus nette qui nous élèvera sans crainte vers l'unique pin planté au sommet.

Un regard vers l'est (un prétexte pour souffler un peu !) : les trois laquets minuscules (souvent sous des névés) portés sur la carte ; dans leur prolongement : Portella del Llaurenti. De ce col, sur la gauche, la crête rocheuse s'élève jusqu'au Baxouillade, tandis que sur la droite, pointe le pic de la Tribuna. Et au pied de cet ensemble : l'estany que nous avons abordé tout à l'heure. Un beau décor de montagne !

Continuons notre grimpée. La pente se calme un peu, s'évase et devient plateau. Et à…

2h45 Nous touchons le col de Terrers (2 407 m). Un col ? Un plateau à vaches, plutôt ! Une plaque en fer forgé en marque le passage : *"Réserve nationale de faune d'Orlu"*. Quel point de vue ! Mais nous le détaillerons mieux depuis le sommet tout proche (au sud) ; tout proche puisqu'une large pente régulière, facile, nous en sépare, seulement. Un dernier petit effort… "de tout repos", et à…

3h05 Nous sommes sur **le Puig de Terrers (2 501 m).** Deux panneaux de télécoms, un énorme cairn et surtout – surtout – un point de vue illimité : Saint-Barthélemy, carrières de talc de Luzenac, Dent d'Orlu, Tarbezou, Baxouillade, Tribuna, Madrès ; puis vers le sud : lac de Camporells, Péric ; vers l'ouest : Coume d'Or, Pédrous, pics de l'Étang Faury, d'Esquine d'Aze, les sommets du massif dominant En Beys ; très loin : Montcalm, Estats, Sullo, Pique Rouge de Bassiès… Un monde !

Toujours à toute crête, et vers le sud, nous poursuivons notre marche aérienne (large croupe). De ce balcon naturel, nous serons stupéfaits à la vue (à gauche) de l'étang du Diable, curieux étang, un rond parfait comme dessiné au compas, semblable à un lac de cratère ! Pour nous en approcher, la pente, bien que praticable, paraît une peu forte. Attendons d'être au plus creux de la crête.

3h25 Nouvelle plaque de fer et cairn (2 501 m) qui signalent sur la gauche le départ d'un bon petit sentier jusqu'ici

insoupçonné. Plus bas, en nous déportant sur la gauche, nous pourrons nous rapprocher de l'étang du Diable. Au cours de cette descente, nous relevons, encore plus bas, deux petits plateaux traversés chacun par un ruisselet. C'est celui de droite qui nous intéresse et nous intrigue car il a pour nom…

3h45 "Las Peiras Escritas" (vers 2 250 m)… Durant notre approche, nous y avons remarqué de grandes dalles posées naturellement à plat. Leurs surfaces lisses sont gravées de dessins énigmatiques que la finesse des traits rend souvent difficile à déchiffrer.

Toujours par le sentier, plus net à partir d'ici, nous longeons tout d'abord le ruisseau (le ruisseau de Peira Escrita, sur le carte IGN). Puis notre voie s'oriente progressivement sur la gauche, en direction de la val-

L'estany de la Portella d'Orlu

lée du Galbe remontée ce matin, et que nous devinons très bas en dénivelée.
3h55 Le sentier bifurque ; prenons à gauche, comme nous le suggèrent les cairns.
4h00 Grand plateau où ondulent des ruisselets cherchant une pente pour en sortir. Jonction avec un bon sentier (balisage trait jaune/trait rouge) ; à droite, nous irions aux étangs de Camporells. Partons donc sur la gauche, évidemment. Nous nous rapprochons du Galbe que nous traversons par une passerelle. Trois minutes après, nous reconnaissons l'embranchement rencontré ce matin (voir à **0h35**). De là, une tranquille descente nous ramène à…
4h55 La barrière et au parking sous les pins, notre point de départ du matin. Quelle journée riche en beaux décors et en découvertes d'un passé bien énigmatique !

L'IBÓN D'ESTAËNS 1 754 m & LE PIC DE VISAURIN 2 669 m

DEPUIS LE PARKING DE SANSANET (1 300 m), AVANT LE COL DU SOMPORT

33 Des murailles calcaires aux formes folles, des berges rouges comme le sang, des prairies d'un vert violent… et le lac bleu saphir. Cet ibón d'Estaëns est une vraie merveille ! Le pic de Visaurin appartient à une originale "construction" géologique. L'aspect sauvage et bizarre de ses plateaux, la verticalité de ses crêtes délabrées, la variété de ses vallons tantôt rocheux et arides, tantôt verdoyants et frais… tout est là pour le rappeler, si besoin était.

ACCÈS ROUTIER

Carte Michelin n° 342 Local - Case I 6 (haut, droite).

ACCÈS/DÉPART

Depuis Oloron, remonter la N 134 menant au col du Somport. Environ 5 km avant ce col, et peu avant un virage aigu en épingle, on se garera sur la droite au parking de Sansanet, point de départ.

HORAIRES

- pour l'ibón d'Estaëns : 1h30 (aller)
- pour le pic de Visaurin : + 4h00 (aller), soit 5h30 au total
- pour le retour Visaurin - Sansanet (par la brèche de Bernera, 2 250 m) : 3h50, soit un aller/retour de 9h20 au total

DIFFICULTÉS

- pour l'ibón d'Estaëns : agréable marche sur sentier
- pour le pic de Visaurin : pas de difficultés majeures, mais course très longue, pour montagnards expérimentés et très bons marcheurs

DÉNIVELÉES

- pour l'ibón d'Estaëns : 500 m
- pour le pic de Visaurin : + 900 m, soit 1 700 m au total (montée en dénivelée irrégulière)

CARTES

Rando Editions n° 25 Ansó - Hecho, au 1/50 000

Editorial Alpina "Candanchú - Astún - Canfranc", au 1/25 000 + "Ansó - Hecho", au… 1/40 000 !

Au bout du chemin : l'ibón d'Estaëns

L'IBON D'ESTAËNS 1 754 m

Si l'on a prévu de poursuivre jusqu'au pic de Visaurin, il sera indispensable de démarrer de très bonne heure. Il serait regrettable de courir par manque de temps, alors que l'ascension est continuellement succession de paysages superbes et variés, à déguster… sans modération !

0h00 À l'entrée du parking, un large chemin (une piste à l'usage des bergers) traverse (pont) le gave d'Aspe dont le berceau se situe à peu de distance au sud, sur les pentes du pic d'Aspe.

Juste après le pont, une bifurcation propose (pancartes) *"Le tour de la vallée d'Aspe"*, tout droit, et *"Le lac d'Estaëns - 1h30"*, à droite, direction que nous prendrons, bien évidemment. Dix mètres après une passerelle enjambant un thalweg sec, nous adopterons un petit chemin (pancarte *"Lac d'Estaëns"*). La montée au petit matin dans cette forêt de hêtres géants donne beaucoup de charme, dès le départ, à notre excursion.

0h20 Ces raccourcis pris nous ramènent à la grande piste qui, sur un petit plateau, s'arrête net, laissant à un petit sentier le soin de prendre le relais. C'est là, sur la droite, que se dressent deux

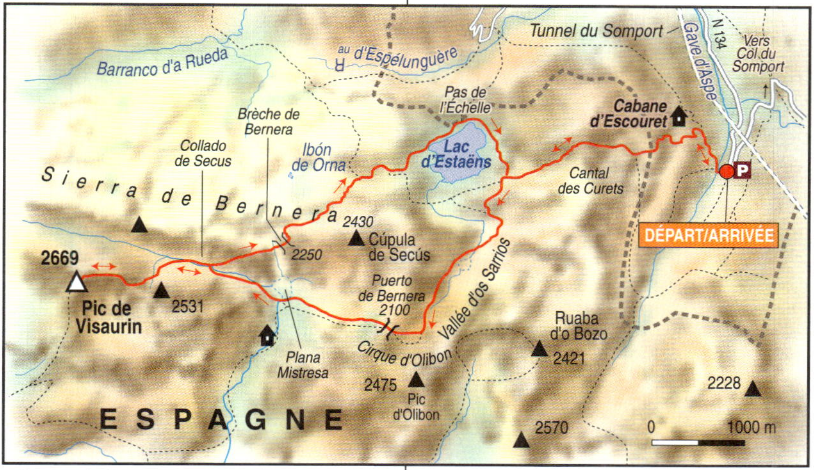

cabanes de bergers ; pancarte *"Vente de fromage"*…
En nous élevant, la vue se dégage sur la vallée d'Aspe et notamment, vers le sud, sur la Sierra d'Aisa (Garganta - Aspe). Prairies et hêtraies se partagent un terrain mamelonné. Sans nous en apercevoir, nous entrons en Espagne.
1h00 Le paysage s'entrouvre, le vallon remonté, herbeux et très beau, s'évase et notre marche côtoie le petit ruisseau de Curets. En face de nous (ouest) se faufile la longue Sierra de Bernera, lumineuse par son calcaire blanc, curieuse par ses sommets aux formes fantasques, apparemment infranchissable par sa verticalité aux strates tourmentées. Et pourtant, la brèche de Bernera (nommée sur certaines cartes brèche de Sécus) est une porte qui s'ouvre en son milieu ; nous la passerons au retour du Visaurin.
1h20 Progressivement, la pente s'amollit, le terrain se transforme en un long plateau au bout duquel nous ne tarderons pas à dominer…
1h30 Le lac d'Estaëns (1 754 m) d'un bleu aussi pur que le ciel aux beaux jours de l'été, aux berges de roches rouges comme la bauxite, aux alentours blanchâtres des falaises calcaires et du vert criard des pelouses. *"Ce lac est une charmante pièce d'eau, très bleue et entourée de la plus belle verdure. La première nuit, il vint un ours. La seconde nuit, il ne vint plus. Il est vrai que les bergers m'avaient prié de tirer quelques coups de pistolet qui, sans doute, lui donnèrent à réfléchir."* (Russell)

Une légende raconte que, jadis, les bergers auraient chassé un malheureux pèlerin de Saint-Jacques-de-Compostelle, épuisé et égaré. Alors, le Christ, pour les punir, transforma ces terres en lieux de ruines et engloutit les verts pâturages sous les eaux.

LE PIC DE VISAURIN 2 669 m

Si vous avez prévu cette ascension ne vous attardez pas trop : la route sera longue ! Mais le bonheur ne se niche pas uniquement sur la pointe même du Visaurin ; il commence dès le premier pas, lorsque, après la contemplation du lac, depuis ce "plateau-col", on relève le sac posé au sol et qu'on le charge sur les épaules. Un bonheur continu… Il ne faut pas descendre sur le lac.
0h00 C'est au bout du plateau qu'un gros cairn, sur la gauche, attire l'attention pour marquer la nouvelle voie à suivre. D'autres repères, plus discrets mais généreux, balisent une simple trace entre cailloux et herbe, trace qui deviendra vite petit sentier. L'enchantement de la vue sur l'ibón augmente avec l'altitude, comme grandissent aussi les lointains : la Sierra de Bernera (nous nous dirigeons vers sa partie la plus orientale), le Castillo de Acher, et, à l'opposé, l'Ossau.
0h20 Nous voici sur une crête dominant un vallon allant d'ouest en est, partagé entre lapiaz et prairies, vers lequel nous descendrons pour regrimper sur son versant opposé où s'imprime le sentier à suivre. C'est on ne peut plus clair. Il s'élève assez fortement, s'orientant légèrement vers la droite (ouest) pour nous faire entrer dans…

1h30 La “valle de los Sarrios” (la vallée des Isards).
Après le terrain traversé au relief en ruines – paysage typique du lapiaz – ce nouveau site est d’une quiétude, d’une douceur et d’un ensorcellement inattendus ! *“Figurez-vous un hippodrome aussi vert que Longchamp ou que le parc Monceaux, uni comme la glace, borné au sud par des murailles neigeuses, dressées en hémicycle et recevant les premiers feux d’un jour sans nuage. Un torrent cristallin le traverse, et deux ou trois énormes rochers simulent des îles sur ce lac de verdure.”* (Russell)
Juste au fond, avant la base des murailles (le cirque d’Olibon), le vallon vire sur la droite (ouest) et s’élève sans brusquerie jusqu’au…
1h55 Col (ou Puerto) de Bernera (2 100 m), un balcon insoupçonné et fascinant par le spectacle qu’il révèle. Toute la suite de l’ascension est là, devant nous, avec précision dans le moindre détail. Jumelles en main, nous scrutons et repérons l’itinéraire comme si nous jouions avec les images d’un CD ROM que nous visionnerions à notre gré.
Devant nous, la pente en redans successifs s’achève (150 m plus bas en dénivellation) sur un plateau herbeux, vaste comme une plaine : la Plana Mistresa, occupée, jadis, si l’on en croit les anciennes cartes, par un lac temporaire oublié des mémoires. À droite (nord), une longue crête rocheuse borde tout ce décor ; c’est la Sierra de Bernera. Remarquons une discrète entaille dominant la Plana : c’est la Brèche de Bernera (2 250 m), porte que nous franchirons au retour de l’ascension pour tomber sur l’ibón d’Estaëns.
Dans le prolongement de notre balcon et de la Plana, le versant se relève en un large couloir rocailleux où chute un torrent sauvage. Tout en haut, très haut, en forme d’«Y» s’ouvre le collado de Secus (vers 2 400 m), séparant le Puntal de Secus (2 512 m), à droite (nord), de “notre” Visaurin (2 669 m), à gauche (sud). Juste sous ce col, il reste souvent, même au cœur d’août, un long névé. C’est à son milieu et à sa gauche que s’infiltre la voie pour se dresser au faîte du Visaurin à peine caché par une première et proche pointe.
L’itinéraire, vu d’ici, est d’une évidence rassurante. En route ! De notre promontoire, nous dévalons jusqu’à…
2h25 La Plana Mistresa (vers 1 950 m), pour attaquer la montée très facile du versant opposé s’élevant vers le col de Secus, pente en forme d’immense couloir où nous suivrons le ruisseau d’abord par sa gauche, puis par sa droite et encore par sa gauche. Après…
3h00 Un léger replat à mi-hauteur (à repérer pour le retour), nous continuons encore notre montée en direction du col, mais sans l’atteindre.
3h25 À une centaine de mètres (en dénivellation) au-dessous (vers 2 300 m), soit à mi-névé (s’il existe encore lorsque vous ferez l’ascension !), des cairns conseillent de partir à 90° à gauche pour remonter un couloir étroit mais très facile (nous posons juste les mains par commodité). Cette “cheminée” escaladée (que de grands mots !), la sente zigzague et gagne par des pentes d’éboulis…
3h50 La collada de Bastès (vers 2 450 m). Devant nous, un sauvage vallon suspendu (de droite à gauche) dont la rive opposée, en son milieu, s’affaisse vers le sud. Nous approchons ! À cette collada, et sur la droite (à 90°) s’élève une pente d’éboulis accompagnée sur son côté par une bande d’herbe étroite mais longue. Elle côtoie la falaise qui nous surplombait lors de la montée un peu rude à la collada.
Cette bande d’herbe, étroite mais régulière et unie, fait penser au célèbre tapis rouge déroulé pour la réception d’illustres personnages ! Désillusion ! Ce revêtement – tout à fait naturel – est là depuis des siècles ou des millénaires ! N’empêche qu’il est bien commode à remonter plutôt que de déraper à chaque pas sur l’éboulis proche. Nous frôlons la crête ; quels coups d’œil vers l’immensité du nord ! Puis nous gagnons un premier sommet (2 654 m), le vrai étant à deux pas…
4h00 Victoire ! Nous voici au sommet du **Visaurin (2 669 m),** après 5h30 de montée (arrêts non compris) depuis le départ de Sansanet. Russell nous ramène à plus d’humilité ! *“Il faut l’avouer, ce pic est bien facile, et il n’y a pas de gloire à y monter.”* Assertion que confirmait Corneille (qui… n’était pas du tout montagnard !) par ce vers fameux : *“A vaincre sans péril, on triomphe sans gloire !”* Dommage !
Une vue phénoménale ! À l’ouest : presque

jusqu'à l'océan, ce sont toute la Navarre et les horizons bleutés du Pays basque, avec toute la panoplie des massifs de Lescun et de la Sierra de Alano. Bien plus près, aux couleurs et aux formes extravagantes d'un synclinal : le Castillon de Acher. Au nord : la crête de Bernera, toute proche, et au-delà la haute vallée du rio Aragon, avec les méandres du torrent tortueux ("Aguas Tuertas"). À l'est : la Peña Collarada reconnaissable de partout parce que son sommet ressemble à une énorme verrue, à une coupole ou – encore mieux – à ce gros sac rempli de glaçons que l'on posait, jadis, sur la tête d'un malade fiévreux… Et encore plus loin : l'Ossau, le Balaïtous, les pics d'Enfer. Et à plus de 100 km encore les gigantesques Posets (3 375 m), le deuxième sommet des Pyrénées !

Et le retour ?

Nous rentrerons par la brèche de Bernera repérée maintes fois au cours de l'ascension, mais à condition que le temps soit sûr car tout l'itinéraire s'effectuera à vue. Dans ces conditions, nous composerons au mieux par un cheminement le plus évident, au plus commode.

0h00 Demi-tour, donc. En chemin, nous étudierons encore ce passage derrière lequel se voit, pour de courts instants, l'ibón d'Estaëns, avec l'Ossau dans son prolongement. Demi-tour jusqu'au "léger replat à mi-hauteur" (sous le collado de Secus, voir à **3h00**).

0h50 Ce replat (en réalité, une cinquantaine de mètres avant une pierre quillée) : quelques cairns sur la gauche marquent le départ de notre échappatoire pour gagner la Brèche de Bernera que l'on devine, pour mieux la voir plus loin, sensiblement à même niveau, à même altitude que notre position. Juste quelques traces… Nous adoptons une progression plus ou moins horizontale à la limite d'une rupture de pente (sur la droite), le versant accusant alors une inclinaison impraticable.

1h15 Déjà ? Nous y sommes ! La brèche de Bernera (2 250 m), le passage étant à l'extrême droite. Un cairn, lorsque nous y sommes… dessus ! De l'autre côté ? Descente sans problème, mais toujours à vue bien que cairns et sente (en pointillés toutefois) tentent de nous aiguiller. Progression et descente sans soucis que nous orientons

Un regard sur le Plana Mistresa, en montant au collado de Secus

progressivement vers la droite (est) pour accoster l'ibón d'Estaëns, bien visible mais encore loin.

1h35 Avant d'y parvenir, nous apercevons l'ibón de Orna (1 880 m) en le surplombant. C'est le moment de descendre encore pour atterrir bien à sa droite (entre lui et Estaëns).

1h55 Nous y sommes, dans un vallon en lapiaz tortueux mais assez bien cairné. Attention à ne pas descendre sur la gauche, sur la vallée d'Aguas Tuertas, comme nous y invitera un balisage blanc/rouge.

2h20 Nous tombons enfin sur l'ibón d'Estaëns que nous contournerons par la gauche (sentier suivant sa berge à une cinquantaine de mètres au-dessus).

2h45 Nous avons retrouvé sa rive orientale (sentier aux couleurs du GR), et le plateau de ce matin par lequel nous avons découvert ce site lacustre (voir à **1h20**). Nous sommes maintenant en terrain connu…

3h50 (depuis le sommet) **ou 9h20 au total.** Parking de Sansanet. Ouf ! Les jambes un peu lourdes ? Mais la tête pleine à craquer d'images extraordinaires.

L'IBÓN DE ESCALAR 2 078 m & LE PIC DES MOINES 2 349 m
EN CIRCUIT, DEPUIS LA STATION DE SKI D'ASTÚN (1 710 m)

34

Voilà une "randonnée-ascension" familiale (ou presque), ce qui ne sous-entend nullement : sans intérêt !
L'ibón de Escalar : *"Un joli lac peu profond, dans un tapis d'herbe et de mousse".* (Louis Audoubert)
Le pic des Moines : une petite "escalade" (oh ! le bien grand mot !) et vous êtes placés sur un mirador enchanteur : l'Ossau et tout son massif, dans leur moindre secret.

ACCÈS ROUTIER

Carte Michelin n° 342 Local - Case I 6 (haut, droite)

ACCÈS/DÉPART

Le col du Somport franchi, remonter (à gauche) la route menant à la station de ski d'Astún (1 710 m). À l'entrée de l'immense parking, remonter la petite route (à gauche) conduisant au-dessus des immeubles et commerces, et se garer à son terminus (simple parking).

HORAIRES

- pour l'ibón de Escalar : 1h00 (aller)
- pour le pic des Moines : + 0h45 (aller), soit 1h45 au total
- pour le circuit complet : 4h25 au total

DIFFICULTÉS

- pour l'ibón de Escalar : aucune, montée sur sentier.
- pour le pic des Moines : une petite escalade facile et amusante.
- pour le circuit complet : une randonnée tranquille, pour tous bons marcheurs.

DÉNIVELÉES

- pour l'ibón de Escalar : 370 m
- pour le pic des Moines : + 270 m, soit 640 m au total
- pour le circuit complet : 700 m

CARTES

Rando Editions n° 24 Gavarnie - Ordesa, au 1/50 000
Editorial Alpina "Candanchu - Astún - Canfranc", au 1/25 000

L'IBON DE ESCALAR 2 078 m

0h00 Au bout du parking (aucune indication au départ), un petit ruisseau dégringole dans le barranco del Escalar (eaux issues de l'ibón) ; il sera notre fil conducteur.
Sans traverser son lit, nous montons par sa gauche en suivant un mince sentier en lacets pour atteindre une clôture de barbelés que nous franchirons. Nous parvenons à la base d'une série de paravalanches étagés sur le versant. Là, plus de sentier ! Suivons alors par la droite cette première protection, protection à laquelle s'ajoute une plantation de jeunes sapins. Une trace dans l'herbe s'oriente lentement vers le barranco où débouche un bon sentier (petit captage ou réservoir d'eau), sentier qui conduit à l'ibón et que nous allons adopter, maintenant, dans le sens de la montée, bien sûr !
Cette voie devient plus attrayante que notre raccourci, car nous entrons au cœur de la randonnée et dans un décor de belle montagne.
0h30 Devant nous se déploie un grand plateau à pâturages où notre torrent gambade en

Panorama impressionnant depuis le pic des Moines

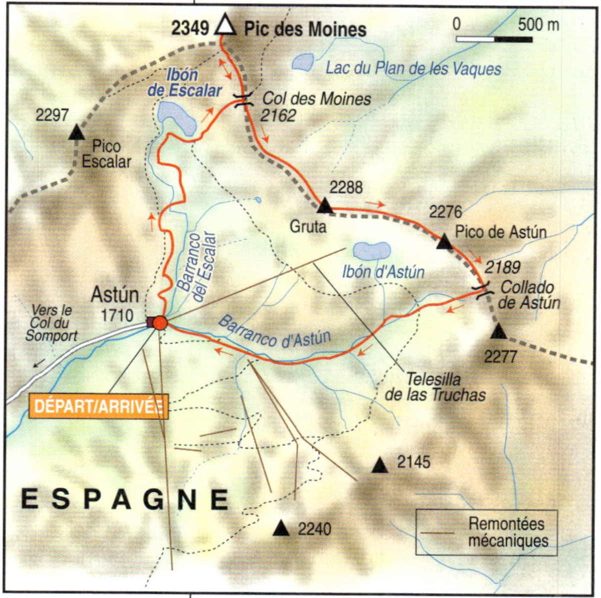

toute liberté. Au-delà, la suite de l'ascension se dessine avec une rassurante clarté : il suffit de remonter tout le vallon en haut duquel nous sentons la présence du lac. Le bon sentier franchit le ruisseau et, désormais, poursuit son tracé sur l'autre rive en décrivant de larges lacets.

La vallée se resserre de plus en plus, la pente se relève. Rapidement, les versants s'entrouvrent à nouveau pour nous offrir le spectacle reposant de…

1h00 L'ibón de Escalar (2 078 m) (*escalar : escalader*… il n'y avait vraiment rien à escalader !). La faible altitude et la facilité de son accès n'enlèvent rien à la beauté d'un site ; cet ibón en est l'exemple et la preuve irréfutables. En faire le tour sur son tapis herbeux rayé par de nombreux filets d'eau et s'élever quelque peu donnent un joli coup d'œil sur la longue fresque de sommets calcaires gris blancs qui se déploie au sud ; empilements de strates horizontales soulignées de bandes herbeuses, coupées verticalement par des couloirs d'éboulis, où les névés résistent encore avec entêtement à la chaleur de l'été.

Dans cette ligne altière émergent les pics de la Garganta (2 566 m), d'Aspe (2 640 m) et la Sierra d'Aisa. Quel étonnant spectacle ! Mais on peut amplifier ce déploiement de décors en poursuivant l'excursion pour atteindre sans gros effort un remarquable belvédère :

LE PIC DES MOINES 2 349 m

0h00 La suite est d'une évidence telle que nous pourrions continuer… les yeux fermés ! Longer l'ibón par sa droite (négliger une sente discrète s'embranchant encore à droite), remplir sa gourde à une petite source captée (un simple tuyau !) d'une

fraîcheur revigorante, remonter le vallon qui se resserre encore, traverser le barranco où chuchote un mince filet d'eau… et nous voici au…

0h20 Col des Moines (2 162 m) ; énorme borne frontière n° 309 (Hé oui ! Au-delà s'ouvre notre "douce France" !). Envoûtement d'un paysage presque irréel dû à la grandeur, à la majesté des montagnes et à la lumière magique d'un contre-jour : l'Ossau à l'arrogante silhouette, à la tête tronquée ; ombre chinoise, plutôt que silhouette, rehaussée par la douceur verdâtre des pâturages qui se développent devant nous et où le petit lac du Plan de les Vaques (2 059 m) prend la couleur d'un saphir.

Des panneaux, tels un dispatching, règlent la répartition des différents itinéraires. Le nôtre prend d'assaut une longue croupe s'élevant vers le nord, mais en se tenant toutefois sur la gauche désirant rester espagnol jusqu'en haut, ce qui nous permettra de découvrir progressivement l'ampleur et le charme du vaste panorama de cette partie du Haut-Aragon.

Le col de Bénou – simple franchissement de la croupe – nous fait basculer vers le nord en estompant la vue sur l'ibón pour s'ouvrir sur notre pic des Moines tout proche. Les derniers mètres seront un vrai jeu d'enfant, car tous les montagnards en herbe adorent grimper avec une maîtrise et une aisance étonnantes que ne possèdent pas toujours… leurs parents !

0h45 **Le pic des Moines (2 349 m).** Peu de place, mais point de vue à donner le tournis ! L'Ossau, les pics d'Aspe, la Collarada sont les points majeurs, encadrés, au sud et à l'ouest, par les sierras espagnoles et les massifs de Lescun, et à l'est par les innombrables sommets (dont le Balaïtous, le premier "3 000" depuis l'Océan) qui donnent aux Pyrénées leur lettre de noblesse. De nombreux lacs posés sur les plateaux verdoyants, tels des pions sur un damier, sont comme autant de repères : lacs d'Ayous (dont le Gentau), Castérau, Paradis, des Vaques, Escalar…

Demi-tour jusqu'au…

1h05 Col des Moines (2 162 m). Prolongeons l'excursion par un retour en circuit tellement facile, simple et clair (mais beau) que nous ne donnerons ici que quelques repères. Poursuivons vers le sud-est, toujours à toute crête, jusqu'au collado (ou puerto) de Astún (2 276 m), lointain, certes, mais vite atteint vu la commodité du terrain. Nous foulons des sommets anonymes mais simplement cotés : 2 278 m, 2 266 m, 2 288 m, 2 234 m. Cette progression rapide, en montagnes russes, est plaisir continu, alimenté par des perspectives nouvelles sur les paysages renouvelés (Ger, Balaïtous, Frondellas, Vignemale…) et la vue plongeante sur l'ibón d'Astún (ou des Truchas : des Truites).

Enfin, nous posons le pied sur…

2h15 Le pic d'Astún (2 276 m), sommet réputé mais non le plus élevé de la crête. Puis, descente sur…

2h25 Le collado de Astún (2 189 m). Un large sentier s'affaisse vers l'ouest. À partir d'ici, nous composerons à vue notre retour à la station. Un simple repérage nous invite tout naturellement à descendre au plus creux du vallon qui fond sous nos pieds (vers l'ouest) et qui a pour nom : le barranco d'Astún. Tous les minces ruisselets du versant s'y engagent ; c'est la voie toute tracée pour revenir à notre point de départ.

À 10 min (environ) du collado, nous abandonnerons le sentier pour dévaler la pente en direction de la station de ski que nous ne voyons pas mais que nous devinons ; descente opérée au plus commode, c'est-à-dire en recherchant le cheminement le plus évident. Donc, d'abord versant herbeux en visant une station, départ d'un télésiège. Un peu avant de l'atteindre, nous tombons sur le terminus d'une piste, juste au-dessus d'un thalweg, en fait : le barranco d'Astún dans sa partie la plus resserrée mais très praticable. Un petit panneau rassure : *"Telesilla Raca"*. Nous dévalons ce barranco qui nous amène sur…

3h05 Une piste d'une étonnante largeur (5 à 6 m) que suit le ruisseau. Les bâtiments de la station se dévoilent rapidement et nous servent de cible.

3h20 Nous arrivons à un départ du "Telesilla de las Truchas" (celui-là même qui hisse les touristes à proximité de l'ibón de Astún – ou de las Truchas – ce qui explique "le monde" sur ce site !).

Et une courte montée par une rue nous ramène au…

3h25 Parking du départ où attend patiemment notre voiture.

L'IBÓN DE ANAYET 2 227 m & LE VÉRTICE DE ANAYET 2 559 m

DEPUIS LE PARKING DE CANAL ROYA (1 340 m). VERSANT SUD DU COL DU SOMPORT

35 L'ibón de Anayet a quelque chose d'étrange : sa couleur rouge bordeaux, coloration due à la curieuse roche en couches géologiques qui en forme le fond et ses abords.
Le Vértice de Anayet, point géodésique remarquable ("vértice" = sommet) étonne également ; il culmine sur une crête de couleur identique et, parfois, veinée de blanc. Une image d'une autre planète… Mars ? La "planète rouge" !

ACCÈS ROUTIER
Carte Michelin n° 342 Local – Case I 6 (milieu, droite)

ACCÈS/DÉPART
Franchir le col du Somport et descendre pour dépasser Candanchu. 900 m après le casernement militaire de Rioseta, on remarquera sur la gauche l'accès à un parking où l'on stationnera, juste avant un pont qui, enjambant le rio Aragon, permet d'entrer dans la longue vallée de Canal Roya.

HORAIRES
- pour l'ibón de Anayet : 3h15 (aller)
- pour le Vértice de Anayet : + 0h45 (aller), soit 4h00 au total.

DIFFICULTÉS
- pour l'ibón et le Vértice de Anayet : progression sur sentier, mais excursion pour bons marcheurs.

DÉNIVELÉES
- pour l'ibón de Anayet : 1 000 m
- pour le Vértice de Anayet : + 350 m, soit 1 350 m au total.

CARTES
Rando Editions n° 24 Gavarnie – Ordesa, au 1/50 000
Editorial Alpina "Candanchu - Astún - Canfranc", au 1/25 000

L'Ossau en l'un de ses miroirs : l'ibón d'Anayet

Au fond : l'Ossau ; au premier plan : le pic d'Anayet

L'IBON DE ANAYET 2 227 m

D'après les courbes de niveaux de la carte, la montée sera douce et régulière. Mais, en contrepartie, le chemin sera long…

0h00 Nous franchissons le pont et entrons dans cette vallée verdoyante parcourue par le rio de Canal Roya en remontant une piste qui le longe sur sa gauche, piste jumelée avec le GR 11 (balisage), le tout sous une agréable forêt de conifères. Déjà, une bifurcation : prenons à droite.

0h10 Au bord du torrent : un vaste terrain de camping.

0h25 Une fontaine abondante (réservoir en béton). Elle ne coula plus à notre retour !

0h35 Sur la droite un grand mais original refuge (4 m x 10 m), semblable à un préau (trois murs seulement), tout neuf, avec barbecue, évier et eau courante (robinet) !

La forêt s'éclaircit, laissant place aux pâturages.

0h42 La piste prend fin, un chemin fait suite s'approchant du rio qu'il traverse par…

0h55 Une passerelle. 5 min plus tard : un "refugio" qui n'est autre qu'une grande cabane (une partie ouverte) au toit recouvert de terre et d'herbe, pour son étanchéité (sûrement toute relative !). Traversée d'un affluent (un barranco) ; le sentier s'élève, dominant le torrent

Trilogie magnifique : ibón de Anayet, pic d'Anayet (pyramide), Vertice (pointe rouge)

principal qui gronde dans un ravin, toujours à notre gauche. Mais la vallée s'entrouvre à nouveau laissant voir de larges perspectives et de vastes pâturages. De beaux iris fleurissent les pentes. Cabane de berger sur les hauteurs du versant opposé.

1h30 Une plaque de marbre sur un rocher : *"En mémoire de Enrique Amat Villegas - Kike - Sa famille et ses amis - Février 2003".*

La vallée progressivement s'infléchit en une longue courbe régulière sur la droite pour se refermer en un cirque qu'occupe…

2h15 L'immense plateau de la Riconada (vers 1 900 m). Superbe paysage typiquement pastoral : le rio paresse en nombreux méandres, des centaines de vaches se promènent lentement ou paissent çà et là, au gré de leur envie. Un décor reposant où un déprimé et un neurasthénique retrouveraient la joie de vivre ! Au fond du cirque et à droite, des barres rocheuses s'étagent sur le versant en formant des vires spacieuses, passages naturels et idéals pour notre petit sentier qui va maintenant affronter cette pente pour en atteindre l'extrême gauche. Auparavant, pour parvenir à…

2h30 La base, il aura dû se faufiler au milieu de blocs rocheux effondrés des murailles du haut, mais (rassurez-vous) aux ères géologiques ! Sources délicieusement fraîches, fleurs, mousses et points de vues agrémentent cette montée, montée loin d'être une bavante.

2h55 La pente s'adoucit et l'ibón se pressent derrière la crête finale. Il nous tarde !

3h10 Un embranchement sur la droite, malgré les cairns insistants, est à négliger. Et soudain…

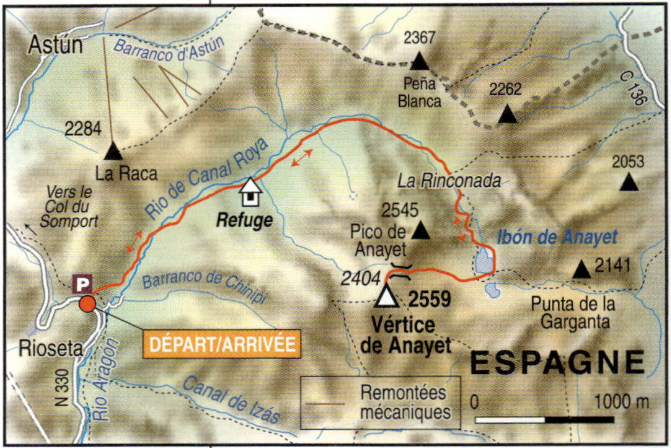

3h15 C'est l'apparition phénoménale du célèbre ibón de Anayet (2 227 m). Quel spectacle ! *"Ajoutez à cela une vue exceptionnelle sur le pic du Midi d'Ossau et le calme de vastes prairies, et vous comprendrez pourquoi j'aime ces lacs d'Anayet. Ou plutôt ce lac, car des trois lacs indiqués sur la carte il n'en subsiste qu'un, les autres étant maintenant réduits à de vastes étendues plates envahies par la mousse. Le lac d'Anayet est très peu profond. Mais sa situation en balcon juste au-dessus de la vallée de la Rinconada, son fond bleu-vert sur le vert des herbes et des mousses, et la silhouette à l'horizon du pic du Midi d'Ossau, donnent à l'ensemble une impression de sauvage grandeur."* (Louis Audoubert)
Et si vous êtes photographe, vous allez être vite en manque de pellicules ou de cartes mémoires !

ET… LE VÉRTICE DE ANAYET 2 559 m ?

0h00 Laissez-vous tenter, comme nous l'avons été. Le but paraît loin, mais la facilité d'accès semble en raccourcir la distance, puisque des berges de l'ibón nous nous dresserons sur sa pointe en moins d'une heure !
Regardons d'abord vers l'ouest, toute la voie d'ascension est "sur" les yeux : une longue crête rocheuse aux étranges couleurs : orange et rouge comme le sang, teintes rehaussées par le vert de l'herbe grasse qui plaque çà et là quelques gradins. À l'extrême droite s'érige comme une pyramide le pic d'Anayet (2 545 m), lui "normal" (!) puisque granitique. Juste à sa gauche, s'appuie la crête sanguine. C'est à ce contact géologique que se creuse un petit col (coté 2 404 m) où pointe un énorme rocher à l'allure de menhir. Un petit sentier y conduit sans problème, car bien tracé.
0h30 Ce col atteint, l'ascension se poursuivra à toute crête sur un tapis de roche à la couleur de lave en fusion ou de la braise ! Extravagante et fascinante montagne…
0h45 **Le Vertice d'Anayet (2 559 m).** Panorama sur lequel nous nous attarderons longuement : il est si beau et si grandiose ! Du Vignemale (et encore au-delà vers l'est) jusqu'au Visaurin (et encore au-delà vers l'ouest). Pêle-mêle (car partout c'est une explosion de grands sommets) : l'Ossau à la double pointe, vers le nord ; puis le Balaïtous, le Vignemale, l'Enfer, la Peña Telera, la Collarada, le massif d'Aspe, le Visaurin… Des massifs auxquels les hautes cimes des Pyrénées centrales ne nous ont pas habitué.

Quant au retour, il s'effectuera (en trois heures) – exception n'est pas coutume – par le même itinéraire que celui de la montée.

L'IBÓN DE PLAN & LES CRÊTES DE LA PEÑA DE LAS ONCE

EN CIRCUIT, DEPUIS LE "REFUGIO" (1 911 m), PAR SARAVILLO

36 L'ibón de Plan : une merveille ! Le vert tendre des pelouses, les bois de sapins sombres, les pentes d'éboulis de teinte rouille, la pureté de l'eau… tout cela donne à ce site un petit air de Canada. En face s'exhaussent les murailles calcaires aux plis convulsés de la Cresta de Armeña.
Des "Peñas" le dominent : la Diez, la Once, del Mediodia. Elles sont comme des bornes sur une longue crête qui ondule sur près de trois kilomètres. Trois kilomètres de progression aérienne, entre ciel et terre !

ACCÈS ROUTIER

Carte Michelin n° 443 "España" - Section E-30 (milieu, droite)

ACCÈS/DÉPART

De Lannemezan, puis Saint-Lary-Soulan (D 929), traverser le tunnel de Bielsa. 20 km après, au village de Salinas de Sin, prendre à gauche la HU 641 en direction de Plan. Après 5 km, remonter sur la droite une petite route conduisant à Saravillo.

HORAIRES

- pour l'ibón de Plan : 0h30 (aller)
- pour les crêtes de la Peña de las Once (en circuit) : 4h00 au total

DIFFICULTÉS

- pour l'ibón de Plan : balade familiale
- pour le circuit de la Peña de las Once : pas de difficultés, mais cette ascension s'adresse à des montagnards plus qu'à des randonneurs.

DÉNIVELÉE

- pour l'ibón de Plan : pratiquement nulle
- pour le circuit : 800 m

CARTES

Rando Editions n° 23 Aneto - Posets, au 1/50 000

Editorial Alpina "Cotiella", au 1/25 000

À Saravillo, le goudron cède la place à une piste carrossable assez bonne qui se dirige vers l'ouest. Après 2 km env., délaisser un départ sur la droite. La piste pique vers le sud, puis s'oriente vers l'est, interminablement (8 km env.), pour aboutir, après une série de lacets, au collado de Ibón (1 911 m)

L'ibón de Plan

où est bâti un refuge, une cabane plutôt (non gardé, deux pièces, sans confort, mais en bon état). Attention ! Certaines années, des pluies torrentielles peuvent malmener cette piste au point qu'elle peut être impraticable de façon inattendue. Il faudra alors poursuivre à pied.

L'IBON DE PLAN 1 913 m

À proximité du refuge, un panneau renseigne : *"GR 15 - Saravillo* (d'où nous venons) et, tout droit, (sud-est) : *"Bosa de la Mora* (c'est notre ibón de Plan) – *Barbaruens"*. Voilà notre direction à prendre.

Avant de charger le sac sur nos épaules, nous découvrons une bonne partie du circuit. En toile de fond, se déroule la Cresta de Armeña qui s'élève jusqu'aux pics d'Espouy (2 823 m) et du Cotiella (2 912 m), tous deux invisibles d'ici. C'est au pied de ces murailles que repose l'Ibon de Plan. À gauche de la Cresta s'incurve un large col : le collado del Aibon (2 345 m) où nous devrons passer. Sur notre gauche, une haute arête caillouteuse ondoie et se découpe sur le ciel. Nous la suivrons, pour le retour, d'est en ouest, pour retomber entre l'ibón et le refuge. C'est clair et net !

0h00 Du refuge à l'ibón, la dénivelée n'est que de… deux mètres ! Par un sous-bois de pins à crochets, nous descendons pour rejoindre le ruisseau issu du lac et qui creuse un vallon étroit. Plus haut, les eaux cheminent, invisibles, sous des blocs. Le traversant, la marche se poursuit en très légère montée sur des plateaux herbeux piqués de bosquets de conifères.

La peña del Mediodia

0h30 Voici l'**ibón de Plan (1 913 m).** Si près de 1 500 lacs pyrénéens sont autant de joyaux déposés tout le long de la chaîne, l'ibón de Plan (appelé aussi "Bosa de la Mora") mérite une mention toute particulière par son étrange décor fait de falaises de grès à la teinte bordeaux, aux éboulis ocres si fins qu'on dirait du sable, ses bois de sapins d'un vert foncé ; ses eaux ont la couleur de l'émeraude, et quelques troncs d'arbres morts blanchis par le temps reposent, depuis des décennies, à quelques mètres des berges.

Mais n'en restons pas là. D'autres décors formidables nous attendent sur…

LES CRÊTES DE LA PEÑA DE LAS ONCE 2 650 m

Pour nous approcher du lac, nous avons dû quitter le GR 15 que nous allons rattraper maintenant, à quelque 300 m d'ici, en faisant un léger demi-tour. Panneau indiquant diverses directions dont *"Barbaruens"* qui sera la nôtre, du moins jusqu'au collado del Aibon. Après une courte marche sous bois, nous émergeons sur des pentes aérées et herbeuses.

0h50 Petite source. Le sentier pointe vers le collado et nous y guide par une pente raisonnable. Les derniers pins dispersés s'estompent derrière nous ; le paysage devient désertique.

Sur la gauche, de longues et hautes falaises nous surplombent. Elles supportent la Punta Baja, à l'extrémité est, la Peña de las Diez *(de 10 heures),* la Peña de las Once *(de 11 heures),* et la Peña del Mediodia *(de midi),* à l'extrémité ouest. Une curieuse appellation donnée par les habitants de la vallée de Gistain, car ces pics sont des repères pour connaître l'heure suivant la position du soleil ! Il y a même la Peña de la Una *(de 1 heure),* mais celle-là, par contre, se situe sur notre droite, à l'opposé.

1h45 Enfin, nous posons le pied sur le collado del Aibon (2 345 m). Quel coup d'œil ! Au loin, au sud-est : le Turbon (2 492 m). Au sud : nous soupçonnons, plus que nous le voyons, le cirque d'Armeña où le Cotiella trône royalement. Au nord-ouest : une foule de sommets prestigieux (des "3 000") dont la Munia, le Louseras, les Astazou, le Marboré, le Cylindre, le Mont-Perdu, le Soum de Ramond, las Olas…

Poursuivons notre circuit qui, maintenant, va amorcer la boucle du retour en prenant un vague sentier sur la gauche (nord-est) afin de gagner une sorte de col évasant la pente de la Punta Baja (2 559 m). Nous allons nous percher sur la longue crête qui nous dominait lors de la montée au collado.

2h30 La Punta Baja. Belle vue sur le cirque d'Armeña, avec son petit refuge solitaire, et sur le Cotiella. Désormais, la progression s'effectue à toute crête, large, douce, sans souci ; marche aérienne faite de descentes et de montées continues, pour gravir un premier sommet anonyme (2 563 m), puis…

2h55 La Peña de las Once (2 650 m). Quel panorama ! Vers l'est : le massif de la Maladeta (3 404 m), qui expose tous ses "3 000", et l'imposant pic des Posets (3 375 m). Vers l'ouest : les grands sommets de Gavarnie et de Troumouse.

Notre crête s'affaisse sur un point coté 2 504 m. Quant à notre cheminement, il joue avec le relief de la ligne sommitale, au milieu d'un décor de toute beauté.

3h45 La Peña del Mediodia (2 427 m). Vue superbe sur le Cotiella qui se dévoile dans toute sa grandeur. Au sud, et 500 m sous notre mirador : l'ibón de Plan vers lequel nous allons descendre, mais sans l'atteindre, toutefois, pour retrouver le refuge et la voiture.

Un petit couloir canalise notre itinéraire de retour que nous composerons en fonction du terrain, en prenant comme cibles un petit pierrier et une pelouse (la Planeta del Mediodia). Encore plus bas, une cabane sera notre objectif suivant (ouverte, mais sale et inhospitalière). Nous nous déporterons légèrement vers la gauche afin de ne pas descendre trop bas dans le vallon et pour rattraper le GR 15, à quelques minutes de la bâtisse.

4h00 Le refuge, la voiture… et la fin d'une admirable randonnée embellie par ce parcours à toute crête.

LES ESTANYS BOTORNAS, DE COMA ARNAU & LE PIC DE BALLIBIERNA
DEPUIS L'ESTANY DE LLAUSET (2 200 m)

37 L'amoureux de lacs sera bien dans l'embarras. Un peu comme pour le menu à la carte des restaurants, il aura à composer lui-même sa randonnée lacustre : estanys de Botornas ? de cap de Llauset ? de Coma Arnau ?
Le pic de Ballibierna (ou Malibierne, pour les Français) connaît un tel engouement que certains jours d'été il y a foule au sommet ! Engouement justifié : sa position face au massif de la Maladeta (versant sud) permet de scruter tous ses grands sommets dans leurs moindres secrets, dont l'Aneto (3 404 m), le "toit" des Pyrénées.

ACCÈS ROUTIER
Carte Michelin n° 443 "Espagne Nord-Est" – Cases E 31 (haut, droite) et E 32 (haut, gauche)

ACCÈS/DÉPART
Passer la frontière au célèbre Pont du Roi, par Saint-Béat (N 230). Poursuivre jusqu'à Vielha et franchir le tunnel. 8 km après sa sortie (sud), on prendra sur la droite la route menant au village d'Aneto. Elle se poursuit (bonne mais très longue, 15 km) jusqu'au barrage de l'estany de Llauset (2 200 m). Très grand parking.

HORAIRES
- pour l'estanyet de Coma Arnau : 1h50 (aller)
- pour le pic de Ballibierna : + 1h40 (aller), soit 3h30 au total

DIFFICULTÉS
- pour l'estanyet de Coma Arnau : sans difficulté majeure, mais pour randonneurs expérimentés.
- pour le pic de Ballibierna : sans difficulté majeure, mais pour montagnards expérimentés

DÉNIVELÉES
- pour l'estanyet de Coma Arnau : 400 m
- pour le pic de Ballibierna : + 500 m, soit 900 m au total

CARTE
Editorial Alpina "Parque Natural Posets - Maladeta", au 1/40 000

Le grand estany de Llauset et les contreforts du Ballibierna

LA SERIE DES LACS !

0h00 Un départ pour le moins original : par un tunnel s'ouvrant juste au-dessus du parking ! Frontale inutile, cependant. À sa sortie, un panneau fourmille de détails. Il faut délaisser un sentier s'élevant sur la droite ; il mène au col d'Anglos. Le nôtre (GR 11, balisage blanc/rouge) file plus ou moins horizontalement, longeant tout le grand lac par son côté droit. La marche serait un peu monotone si les premiers contreforts est du pic ne s'exposaient pas devant nous, échantillons bien alléchants de ce qui nous attend là-haut.
À gauche de cette masse "granito-calcaire", un long vallon, tout en éboulis noir et triste comme un tas de charbon, descend du col de Castaneja (2 865 m), parfaitement rectiligne comme fait au cordeau. C'est le vallon du Riu de Llauset. Certains montagnards l'empruntent, soit à la montée, soit à la descente. Se doutent-ils du bonheur qu'ils ratent en ignorant la voie des lacs que nous allons suivre ?
0h30 Amont du lac. À notre droite monte un court vallon où dégringole un ruisseau issu de l'estany de Botornas. Une passerelle l'enjambe, et par un détour, puis des lacets, le GR se dirige vers le haut de ce thalweg. Peu avant de l'atteindre, une cabane de berger finit de s'écrouler ; plus de toit ni de mur, seule une partie de la façade tient encore le coup !

L'estanyet de Coma Arnau

0h50 Un cairn énorme (2 338 m) dressé sur le col. À 20 m de là, une cabane, celle-là neuve mais fermée à clé ! Du col, nous découvrons le premier lac de la journée l'**estany de Botornas (2 338 m).** Un plateau herbeux accueille souvent des randonneurs qui y plantent leurs tentes. Le GR remonte le vallon qui fait suite, paisible, à la pente bien sympathique.

1h20 Encore un grand panneau ! Impossible de nous perdre ! Si vous optez pour une "rando lacs", vous pouvez continuer tout droit, remontant toujours ce vallon accueillant, pour faire la connaissance, en dix minutes, d'un deuxième lac : l'**estany de Cap de Llauset (2 460 m).** Site très agréable, largement ouvert sur le ciel et les sommets environnants. Il y a une quinzaine d'années, un petit avion de tourisme s'était écrasé sur sa berge (brouillard ? panne moteur ?). Je traversais un jour cette région très peu de temps après cette tragédie au point que, m'approchant des débris, je craignais d'avoir le triste spectacle des deux passagers morts, coincés dans le cockpit. Cet avion a été enlevé tout récemment.

Mais restons (ou retournons) au grand panneau (voir à **1h20**). (Nota : il n'est pas tenu compte ici de ce détour pour la suite de l'ascension au pic de Ballibierna).

Pour le troisième lac (l'estanyet de Coma Arnau) et le pic, il faut prendre le sentier montant tout droit, plein ouest ; un sentier qui sent la haute montagne puisqu'il doit jongler avec les rochers, les chaos et les murailles pour se frayer le passage.

1h35 Encore un poteau ! À droite : *"Collada de Ballibierna"* (à ignorer). Abandonnant le GR, nous partons sur la gauche où notre itinéraire devra jouer avec un grand champ de blocs. Heureusement, des cairns bien évidents matérialisent la voie. Peu après, un petit étang (minuscule) n'éveillera pas notre intérêt car nous savons que plus haut repose un lac magnifique dans un cadre minéral…

1h50 L'estanyet de Coma Arnau (2 600 m). Un coin exquis d'où la vue sur la Balliberna lance une invitation à s'y percher ! Flâner sur sa berge, aller sur le bord oriental peu relevé pour regarder – comme depuis un balcon – tous les grands massifs qui se fondent dans l'air surchauffé du levant constitue un riche programme pour décider de demeurer ici jusqu'au soir ! Mais la Ballibierna est à deux pas (deux très grands pas !). Alors ?

LE PIC DE BALLIBIERNA 3 056 m

0h00 C'est décidé : nous y allons, d'autant que nous irons encore de lac en lac ! Nous partons de notre point d'arrivée ici. Pour récupérer le fin sentier (juste une trace), nous monterons un peu sur le versant à la recherche de minuscules cairns, puis, l'itinéraire retrouvé, nous filerons vers l'ouest. Cinq à sept minutes plus tard : un autre lac ! L'estanyet supérieur de Coma Arnau (2 640 m), plus sauvage, plus austère. Superbe vue sur le précédent d'un bleu pur et sombre. Étudions la suite : une ligne de crête, toujours devant nous (ouest) sera

notre prochaine station. Soyons attentifs aux cairns aussi salutaires que les cailloux du Petit Poucet.

0h25 Nous émergeons sur cette crête qui n'est, en fait, que l'entrée sur une immense étendue encombrée de chaos. Nous venons d'aborder le dernier plateau que domine toute la masse imposante de la Ballibierna. La suite du programme est "sur" les yeux, claire, et facile. De plus, le paysage grandira en beauté à chaque pas.

Dans un premier temps, nous remonterons sur la gauche (sud) une grande pente encombrée de rochers (encore !), heureusement entrecoupée de petits lopins de pelouses, pour gagner (toujours guidés par les cairns omniprésents)...

1h05 Une sorte de cuvette à gauche du pic. Puis, dans un second temps, de cette cuvette (encore des blocs !), nous nous confierons plus haut à un sentier tracé sur la pente finale en fins éboulis. Grâce aux lacets réguliers, cette grimpée ne sera pas une bavante.

1h30 Déjà ! Nous prenons pied sur la crête sommitale. Le vrai sommet se dresse à son extrémité, facile à rejoindre ; juste un peu d'attention pour suivre cette arête très facile mais pas très large.

1h40 **Sommet du Ballibierna (3 056 m).** Une belle leçon d'humilité pour ceux qui – comme Tartarin – transformeraient cette ascension en exploit... Le samedi 14 août 2004, une cordée familiale atteignait ce pic. Le père, corde en main, assurait le fiston sanglé dans un petit harnais (fait à sa taille) âgé de... 5 ans. Quant à la mère, avec la même sécurité, elle veillait amoureusement sur leur fillette de 7 ans ! Oui ! Une belle leçon et un bel exemple ! Des parents, enthousiastes et passionnés, faisant découvrir à leurs enfants le goût de l'effort et la découverte du Beau...

À ce moment émouvant s'ajoutait le fabuleux et fantastique panorama sur 360°, et plus précisément sur tout le versant sud du massif de la Maladeta où le pic d'Aneto (3 404 m) règne royalement puisqu'il est le point culminant de toutes les Pyrénées. Quelle fresque ! Le pic Russell (3 205 m) à l'extrémité droite, puis le Margalide (3 244 m), les Tempêtes (3 206 m), l'Aneto, le Coronas (3 294 m), le pic Maudit (3 350 m) ; la Maladeta ne montre que son bout de pointe (3 308 m). Entre cet exposition céleste et nous, pas un seul obstacle ; seule la vallée de Ballibierna nous en sépare.

Vers l'ouest : le Cotiella, les Posets et les hautes cimes de Gavarnie (dont le Mont-Perdu, 3 355 m) et les célèbres "3 000" luchonnais (Perdiguère, Crabioules, Lézat, Quayrat...).

Vers l'est : les Moulières, la Forcanade, le Faixant, les trois Besiberri, le Maubermé, le Valier. Impossible de faire l'inventaire complet de tous ces pics : ils sont aussi nombreux que les vagues sur l'océan !

Quant aux lacs, nous reconnaissons tous ceux que nous avons accostés à la montée, auquel il faut ajouter, juste à l'aplomb de notre piédestal naturel, l'ibón Chelat. Si nous allions lui rendre visite, sur le chemin du retour ?

Ne quittons pas notre pic sans aller sur un deuxième sommet – la Tuca de Culebres (3 051 m) – en empruntant une arête aérienne très effilée, appelée le "Paso de Caballo" (le Pas du Cheval), car beaucoup de montagnards, impressionnés, la suivent à califourchon, "à cheval", la jambe droite au nord, l'autre au sud ! Il est plus simple et plus rapide (plus élégant aussi) de la passer debout, comme un funambule sur son câble ; mais dessous... il n'y a pas de filet ! Passage très dangereux !

Nous reviendrons ensuite à l'estany de Llauset (point de départ) par le classique et traditionnel demi-tour.

LES ESTANYS D'ANGLOS & LE PIC SOUBIRON 2 815 m
PAR LA VALLÉE DES SALENQUES (DÉPART À 1 462 m)

38 Une quinzaine de lacs s'éparpillent dans ce long et vaste cirque ceinturé par de hautes crêtes et des cimes désertes ; un site retiré et peu couru… Quelle admirable journée “lacustre” allons-nous vivre !
Le pic Soubiron est “facile” à atteindre pour les montagnards expérimentés. Pourtant, il n'a été vaincu qu'en 1908, longtemps après ses voisins : l'Aneto (3 404 m) en 1842, et le pic Russell (3 205 m) en 1865.

ACCÈS ROUTIER
Carte Michelin n° 443 “Espagne Nord-Est” – Case E 32 (haut, gauche). Non porté sur la carte mais que l'on peut situer sur le “de” de “Pico de Valibierna.

ACCÈS/DÉPART
Gagner Vielha (Espagne), par la frontière du Pont du Roi (sud de Montréjeau, puis Fos). Traverser le tunnel. À 3,5 km après sa sortie, un barrage sur la Noguera Ribagorçana crée une immense retenue. On stationnera à 300 m en amont de ce lac, à la “cabane de l'Hospitalet” ou “cabana-refugi”, de la carte espagnole (alt. : 1 462 m).

HORAIRES
- pour l'arrivée dans le vallon d'Anglos : 2h40 (aller)
- pour le pic Soubiron : + 2h45 (aller), soit 5h25 au total.

DIFFICULTÉS
- pour l'arrivée dans le vallon d'Anglos : aucune, mais pour bons marcheurs
- pour le pic Soubiron : pour montagnards (bien qu'ascension “facile”, nous sortons du cadre de la randonnée)

DÉNIVELÉES
- pour le premier estany Grand : 800 m
- pour le pic Soubiron : + 600 m, soit 1 400 m au total

CARTES
Rando Editions n° 22 Pica d'Estats – Aneto, au 1/50 000

Editorial Alpina “La Ribagorçana”, au 1/25 000

LES ESTANYS D'ANGLOS 2 249 m

0h00 De la cabane de l'Hospitalet ou “cabana-refugi” nous poursuivrons à pied sur la route pour arriver au débouché de la vallée des Salenques (sur la droite). Le GR 11 franchit le torrent et le remonte sur sa rive droite orographique. Large chemin en pente douce, sous-bois aéré d'arbres élancés, grondement du rio qui gicle, mugit, saute les blocs, tourbillonne en remous impressionnants : quel enchantement ! Dans une demi-heure le charme sera rompu ; il y a quelques années, une avalanche avait déraciné une partie de la forêt, et le sentier initial disparaît sous un amoncellement de troncs et de branches. Heureusement, avec le temps et la fréquentation des lieux, une trace contourne par la gauche ce qui était, juste après le désastre, un véritable parcours du combattant pour franchir ce “cimetière” d'arbres renversés à terre !

1h00 Plus haut, la vallée bifurque. À droite, elle s'élève jusqu'au col des Salenques (2 810 m) ; à gauche, elle reçoit le tribut du rio Bueno issu des lacs d'Anglos étalés en chapelet dans un cirque silencieux et majestueux. C'est ce vallon qu'il faut “escalader”, toujours par le GR 11, mais qui, en raison du terrain accidenté, a du mal à se frayer un passage digne de sa renommée.

1h40 Vers 1 900 m, nouvelle fourche. À gauche, on gagnerait l'estany Fe, mais nous garderons cette branche pour le retour. Pour l'instant, nous prendrons à droite pour sortir directement sur le plateau lacustre d'Anglos. La pente s'assagit enfin, le chemin reprend un profil plus agréable. En juin, les rhododendrons couvrent toutes les pelouses où gambade le rio turbulent et tapageur. En nous retournant pour souffler un peu, nous apercevons (à l'est) la longue crête des Besiberri, trois grands “3 000”. Notre ascension, à partir d'ici, entre dans sa phase la plus passionnante et la plus pittoresque.

2h40 Nous entrons dans le cirque d'Anglos. C'est un moment toujours émouvant, lorsqu'on débouche sur un tel site. Toute vie semble suspendue ; les lacs sommeillent… Juste quelques clapotis lancinants. Sur la berge du premier lac – l'estany Gran (2 220 m) – deux pêcheurs, bien matinaux, nous ont devancés dans notre progression et rivalisent d'ingéniosité pour déjouer la méfiance de dame Truite !

L'estany Gran

Deux grands lacs se succèdent : **l'estany del Mig (2 240 m) et l'estany de l'Obaga (2 270 m).** Mais carte en main et en prêtant attention, nous en découvriront sept "petitous" (le dernier à 2 340 m). Entre le "Gran" et "del Mig" a été bâtie une petite cabane en planches, de construction bien fragile, que les intempéries hivernales n'ont pas trop malmenée. Ouverte, confort… assez sommaire. Mais pourquoi les randonneurs, après leur passage, ont-ils la négligence de laisser la porte grande ouverte, laissant ce petit refuge à la merci des pluies, vents et neiges et à l'irruption des troupeaux, inconscients bien sûr mais terriblement destructeurs !
Les lacs, quels qu'ils soient, sont toujours superbes, leurs rives fleuries et gracieuses. Et pourtant, en été 1865, lors d'un séjour en ces lieux, avec son ami Charles Packe, Russell écrivit : *"Notre seconde nuit sur les affreux rivages des lacs d'Anglos fut glaciale : nous n'avions pas le moindre abri et aucun combustible. Je pensais au Tibet... Puis les bergers nous volèrent toutes les truites pêchées la veille par Packe. N'ayant pas d'arme, je dormis mal la troisième nuit, car nous étions à la merci de ces mauvais sujets…"*
N'écoutez pas Russell et musardez tout à loisir pour visiter ce vallon dans ses recoins les plus secrets.
Le dernier grand lac : **l'estany de l'Obaga, 2 249 m,** (compter 30 min à 1h depuis le premier, suivant votre flânerie) peut marquer le terme de cette excursion. Mais l'ascension au pic Soubiron vous en ferait découvrir d'autres, plus beaux et plus grands, et surtout, comme en prime, de vastes panoramas ! Alors ? On y va !

LE PIC SOUBIRON 2 815 m

0h00 Dans ce cas, parvenus à l'Estan del Mig, nous progresserons légèrement sur la droite pour remonter un petit vallon que jalonnent trois laquets. Tout en haut de cette combe, un couloir redressé nous place sur…

1h30 Le collet dels Estanyets (2 540 m) d'où, soudain, la vue s'élargit pour devenir panoramique. Une courte marche vers la gauche, dégagera mieux la vue nouvelle : le Vallhiverna (le Mabibierne, en français, 3 056 m), puis toute la crête qui, de ce pic, ondule jusqu'au Russell (3 205 m). Juste au-dessous de nous, encore dans l'ombre : l'estany del Cap de Llauset (2 435 m). De notre col, il ne reste plus qu'à suivre la crête qui s'élève vers le nord-est. Nous passerons au plus commode, de préférence sur la droite, ce qui nous fera dominer tous les lacs d'Anglos. Au pied d'un escarpement, nous nous déporterons sur la gauche, en direction d'un col. Puis, sans l'atteindre, nous grimperons tout droit, dès que la pente le permettra, vers un premier sommet : le Cap d'Anglos (2 810 m). La crête s'infléchit en un col (le col Soubiron) pour reprendre son élan vers une deuxième pointe qui est, enfin…

2h45 **Le pic Soubiron (2 815 m),** sommet incommode constitué de blocs entassés et de dalles de granit fracassées. Quelle vue ! La face nord plonge directement dans le lac Packe, 2 594 m (rebaptisé par les Espagnols estan Negre), immense étendue de 500 m de longueur, d'un bleu sombre, presque noir. Quant au tour d'horizon : une splendeur !

Le Malibierne (3 056 m), les Posets (3 375 m), le Russell (3 205 m), juste en face, "à côté", avec son grand lac du même nom (rebaptisé : estan del Cap de la Vall). Puis font suite, vers la droite, les Salenques (2 986 m), les Mulleres (3 010 m). Au nord : le Faixant (2 955 m). Tout à l'est : les Besiberri (trois "3 000"). Au sud : les lacs d'Anglos dans leur totalité ; au-delà, la crête de Sarronera. Au loin, les horizons embrumés et bleutés où l'on devine le Tozal de Guara.

Pour le retour, nous pourrons nous contenter de l'itinéraire pris à la montée ou, de retour à l'estany Gran, histoire de varier, nous ferons un léger détour pour rendre visite à l'Estan Fe, en bout (aval) et à droite du cirque, en passant par le très léger collado de estany Fe. De cet étang, en suivant un "camino" (voir carte espagnole) qui longe par la droite le torrent, nous retrouverons le GR 11 pris ce matin à la montée. En moins de quatre heures depuis le Soubiron, nous retrouverons…

6h40 (depuis le pic Soubiron) **ou 9h20 au total** La route goudronnée.

Mais… avouons qu'auparavant, pour profiter pleinement de cette excursion, nous avons flâné (et pourquoi pas : "bullé") autour des lacs d'Anglos !

Le lac du Cap de Llauset et le Ballibierna

LES ÉTANGS DE LIAT & LES ANCIENNES MINES DE LIAT

EN CIRCUIT, DEPUIS LE REFUGE DERA HONERIA (1 015 m), VAL DE TORAN

39 Si les lacs sont la plus belle parure des Pyrénées, les étangs de Liat méritent une mention toute particulière : immensités d'un bleu aussi pur qu'un ciel d'été, cadre de haute montagne. Mais, quel pic gravir ? Le circuit établi ici est très long et les curiosités si nombreuses qu'il ne serait pas raisonnable d'ajouter encore l'ascension d'un sommet (aucun n'est proche) ; un bivouac s'imposerait alors !

ACCÈS ROUTIER

Carte Michelin n° 343 Local - Case C 8 (haut).

ACCÈS/DÉPART

À Pontaut, 2 km env. après la frontière du Pont du Roi, s'engager, par la gauche, sur la petite route (étroite mais bonne) du val de Toran. Stationner en fin de goudron (7 km). Grande aire à proximité du Refugi d'Icona (ou Centre d'éducation Ambientau era Honeria).

HORAIRES

- pour les étangs de Liat : 4h15 (aller)
- pour le circuit complet : 8h35

DIFFICULTÉS

- pour les étangs de Liat : rando pour bons marcheurs ; pas de sentier durant les deux dernières heures.
- pour le circuit : pour très bons marcheurs expérimentés. Circuit à proscrire par enneigement, même faible.

DÉNIVELÉES

- pour les étangs : 1 350 m
- pour le circuit complet : + 200 m, soit 1 550 m

CARTES

Rando Editions n° 22 Pica d'Estats - Aneto, au 1/50 000

Editorial Alpina "Val d'Aran", au 1/40 000

LES ETANGS DE LIAT 2 130 m

0h00 Une large piste fait suite à la route goudronnée. Un panneau propose deux sentiers pour les étangs, mais, par commodité, nous continuerons par la piste. Au premier virage aigu, négliger le départ d'un sentier sur la gauche.

0h10 Deuxième virage (0,5 km). Nous aurions pu remonter en voiture jusqu'ici, mais notre stationnement aurait été gênant. Nouveau panneau : *"Mines de Liat per Bedreda 9,5 km - GR 211 - 3"* (sentier sous bois ; c'est par-là que nous reviendrons ce soir) et *"Mines de Liat par Graouès 10 km - GR 211"* (par la piste, à suivre).

Très vite une fourche se présente ; prenons la branche de gauche comme nous y invite le balisage du GR (trait blanc/trait rouge). La piste devient grand chemin dominant, à gauche, le ruisseau de Toran. Cascade sur la rive opposée.

0h35 Abandonnons notre chemin qui monte au petit barrage deth Hons dera Coma pour nous engager, à gauche, sur un sentier qui enjambe le torrent par un pont… *"Interdit aux véhicules de plus de 15 tonnes"* (panneau) !

Nous voici donc, maintenant, sur la rive droite orographique du vallon, surplombant le barrage et le petit lac qu'il retient (alt. 1 200 m). Le vallon se resserre ; notre vaillant petit sentier domine les gorges d'Ermer. On a du mal à réaliser que ce sentier avait été tracé jadis (il y a presque deux siècles, mais il devait être alors en très bon état !) pour l'exploitation des mines de Liat situées à plus de 2 000 mètres d'altitude ; 6h de marche pour les ouvriers (départ de Pontaut). Également, jusqu'en 1912, le minerai était descendu depuis tout là-haut *"dans des chars (ils étaient cinq) attelés chacun de deux vaches, livrées à peu près à elles-mêmes et à leur instinct de conservation, l'homme placé à l'arrière, ne pouvant lâcher le frein"* (Maurice Gourdon, écrit datant de 1876). Incroyable !

Quant à nous, pas de soucis sur l'itinéraire à suivre grâce au balisage. Très jolis coups d'œil dans les bas-fonds du ravin à l'occasion des rares éclaircies de la forêt.

1h20 Sortant du sous-bois, la vue se dégage soudain. Devant nous tout le vallon adoucit sa pente et s'évase pour former cirque à son extrémité amont. Sur la gauche sourd la Hount (source) des Graouès. Juste en face de nous, dans le prolongement du vallon, s'ouvre un large couloir ou une combe : la Coma d'Arbe qu'il nous faudra remonter. Le torrent, lui, provient d'une gorge, légèrement sur la

droite : le barranco de Güerri. Sur le versant, encore plus à droite, se devine le tracé étroit et zigzaguant du GR qui le remonte ; itinéraire menant aux mines et emprunté par les chars à vaches, jadis…

À l'amont du plateau, avant le virage que le GR décrit vers la droite, mais juste après avoir traversé…

1h45 Un thalweg pierreux (alt. 1 600 m) nous attaquerons la montée vers cette Coma, à vue car ni repères ni traces ne guident.

2h20 Nous voici à la base même, à l'entrée de la Coma, bordée sur sa gauche par la haute crête reliant le Tuc de Crabère (2 630 m) au Tuc de Serre Haute (2 708 m). Un cairn, puis deux, puis trois… traces d'une sente discrète… Elle suit de près (10 à 30 m) le fond de cette Coma, souvent occupé par un long névé (même au cœur de l'été). Elle est longue, longue, cette Coma d'Arbe ! Contrairement à ce que laisse espérer la carte, nous ne verrons pas en chemin les étangs de Liat sur la droite, une haute crête nous en sépare.

3h55 Ouf ! Nous voici tout en haut, au Coret der Arbe (2 300 m). *"Mon Dieu ! Que c'est beau !"* En face trône, comme un monarque, le Maubermé (2 880 m). Sous nos pieds se déploie l'immense plateau de Liat qu'occupe en partie **l'estanh Long de Liat (2 130 m).** Une splendeur de couleurs et de formes, avec ses deux grandes îles et ses quatre îlots. Ses eaux s'écoulent vers l'est et vont se perdre sous terre, 500 m plus loin, dans un gouffre béant : le Norat (ou Forat) der Unhòla. À même altitude que notre belvédère mais sur le versant d'en face (sud) s'étagent les anciennes mines de Liat, déblais, pylônes, ruines des bâtiments et deux refuges apparemment en bon état qu'aborde un chemin. Descendons directement sur…

4h15 La rive du grand étang (pas de sentier, mais accès sans difficulté). Si nous prenons ce site lacustre pour terme de notre excursion, nous pourrons découvrir vers l'amont, à peine plus élevés, encore deux autres lacs : **l'Estanhòt et l'estanh Nere deth Cap Marc (2 160 m).** Une merveille !

LES MINES DE LIAT de 2 100 m à 2 300 m

Il serait bien tentant de flâner dans cet espace lacustre. Mais la suite du circuit offre bien des paysages inattendus, des curiosités et l'émotion des vestiges des mines de Liat et de leur activité passée d'il y a deux siècles. Nous rechargeons le sac sur le dos.

4h30 À quelque 500 m en aval du grand lac, voici le gouffre énorme qui engloutit ses eaux ! Après un parcours souterrain de plus d'un km, le torrent revoit le jour dans cette même vallée au Forat du Pla del Torn, au lieu-dit le Pas d'Estret.

Norat der Unhòla, un gouffre béant

DU PLOMB… DANS L'AILE

Cette région de Liat, constituée par des terrains schisteux d'âge silurien (ère primaire), renferme des gisements de plomb et de zinc, reconnus et exploités au cours du XIXe siècle. De nombreux forages de mines creusent la pente çà et là. Le minerai extrait était descendu jusqu'à Pontaut par… chars tirés par deux vaches (nous l'avons dit), jusqu'en 1912, puis, plus tard, par câbles, installation aérienne longue de 12 km. Hélas, toute cette gigantesque entreprise, phénoménale pour l'époque, sombra dans la faillite, et le seul chantier restant fut définitivement abandonné en 1929.

Levant les yeux, nous apercevons sur le flanc de la montagne la marque d'un bon sentier que nous allons rejoindre directement par une courte grimpée. Il nous fera entrer dans l'ancien chantier des mines.

4h45 Nous posons le pied sur ce chemin sauvage fort bien balisé ; il s'agit du GR 211 retrouvé, que nous avions abandonné par notre variante remontant la Coma d'Arbe. Désormais, ce balisage nous guidera jusqu'en fin du circuit. La pente s'atténue, un ruisseau court paisiblement sur notre gauche. Il vient de l'estanh de Pica Palomera que nous dominerons bientôt.

Et déjà nous repérons les restes des anciens et nombreux chantiers de mines : galeries, puits, "montagnes" et terrasses de déblais, pylônes rouillés et tordus par les neiges et les bourrasques…

5h10 Première cabane-refuge (une des "cases des mines de Liat" de la carte, 2 260 m). Ouverte mais sobre, à part quatre sommiers métalliques et une cheminée (bon courage au gars désigné "volontaire corvée de bois"…).

5h20 Deuxième refuge (2 300 m), en mauvais état. Nous sommes au cœur des **bâtiments des mines** dont il ne reste que des murs, des cloisons, des charpentes effondrées ; témoins émouvants d'une grande activité passée. Au nord, une altière crête relie le Maubermé au Crabère en servant de piédestal aux tucs de Tartereau, de la Serre Haute, Blanc du Portilhon et de Canejan. À nos pieds : une partie de l'estanh Long.

Juste après le refuge, à hauteur d'une armature métallique, soyons attentifs. Un large sentier s'embranche sur la gauche. C'est ici que nous partirons… à l'opposé, sur la droite, abandonnant aussi notre grand chemin. Le balisage garantit la bonne direction. Sans sentier distinct, les repères du GR suivent une ligne naturelle rocheuse (une minuscule arête). À droite, vue sur l'estanh Long ; à gauche sur l'estanh de Pica Polamera. Insensiblement, notre itinéraire (trace tout d'abord, puis sentier très légèrement montant) se déporte vers le nord pour contourner des pentes herbeuses culminant à 2 424 m.

5h45 Large col : la Passada de Güerri (2 320 m). Enfin, nous descendons ! Un vallon s'effondre devant nous, très sauvage ; ruines de cabane…

5h55 Bifurcation. Des panneaux viennent à notre rescousse. Branche de droite : *"Refuge de Honeria par Grauès - GR 211"* ; celle de gauche *"Refuge de Honeria per Bedreda - 7,5 km - GR 211 - 3"*. C'est par cette der-

Ruines des bâtiments miniers sur fond de Maubermé

nière (branche de gauche) que nous allons "digérer" les 1 300 mètres de dénivelée qui nous séparent du point de départ. Mais – horreur – avant, nous devrons... monter encore (très bon sentier) pour franchir un mamelon calcaire abrupt, le Cap de Bedreda (2 378 m), sans en atteindre le sommet cependant. En chemin et cinq minutes après la bifurcation, ignorer un départ sur la gauche.

6h20 Sur la droite : le joli petit lac deth Pozt, avec, en toile de fond, le Crabère. Nous arrivons à un col (pylône) nous faisant basculer dans un vallon dégringolant vers l'ouest (gauche) : le barranco de Bedreda. Très en contrebas, sur un plateau, encore un très beau lac (l'estanh de Bedreda que nous ne rejoindrons pas) dont les eaux s'engouffrent dans une gorge étroite et sûrement profonde. Mais notre sentier s'en tirera bien en empruntant une terrasse herbeuse au-dessus et à sa droite. Quel paysage étonnant, sévère, solitaire, étrange, comme hors du monde. Nous aurions l'impression d'être les premiers à circuler en ces lieux si de nombreuses cabanes n'avaient "subi des ans l'irréparable outrage". Tout est en ruines ; pas de vie, même pas un seul troupeau !

Un grand bravo et un grand merci aux baliseurs qui ont jalonné le sentier (parfois peu décelable sans les marques).

6h40 Le sentier nous déporte légèrement vers la droite, surplombant la gorge qui engloutit les eaux de l'estanh de Bedreda. Puis il dévale le barranco en nombreux et courts lacets. Sur la gauche : une belle cascade née du lac supérieur. Et plus bas : un petit étang anonyme qui, peut-être, ne réfléchit sur ses eaux aucun visage humain ! Bien plus bas, nous traversons, presque horizontalement, une longue pente herbeuse où le sentier devient, en raison de la végétation, fine trace.

7h40 Nous entrons maintenant dans un bois annonciateur du fond du vallon. Sous les hêtres, la trace devient excellent et sympathique sentier. Nous nous laissons guider.

8h20 Une très large piste (un boulevard !), celle qui fait suite à la route goudronnée prise ce matin en voiture. Il faut la traverser pour reprendre notre itinéraire sous bois.

8h25 Nous reconnaissons les panneaux vus à la montée (voir à **0h10**) et la piste que nous empruntons maintenant pour retrouver à...

8h35 La voiture. Heureux, non pas d'être arrivés mais d'avoir vécu intensément cette journée si riche en curiosités naturelles, en décors magnifiques et en histoire.

L'ESTANH NERE DE PARROS 2 553 m & LE PIC DE PARROS 2 727 m

EN CIRCUIT, DEPUIS LE GRAND PARKING DU PLA DE BERET (1 845 m)

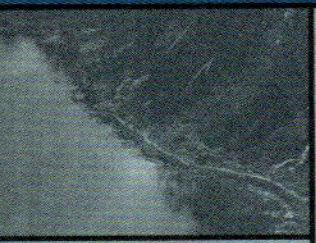

40 L'estanh Nere de Parros occupe le creux d'un cirque circulaire et étroit comme un gouffre. Il semble bien esseulé et malheureux, comme un reclus !
Vous aimez la solitude ? Vous aimez composer vous-même votre itinéraire ? Vous aimez les beaux panoramas ? Alors, le pic de Parros est fait pour vous !

ACCÈS ROUTIER

Carte Michelin n° 343 Local - Case D 8 (milieu, droite)

ACCÈS/DÉPART

Par la frontière de Fos, suivre la N 230 jusqu'à l'entrée de Vielha. Là, prendre à gauche (carrefour giratoire, C 28) en direction du col de la Bonaigua. Après Salardu, à la station de ski de Baqueira, remonter à gauche la route du Pla de Beret. Stationner sur l'immense parking du Pla. Point de départ : devant le grand bâtiment bleu (hangar).

HORAIRES

- pour l'estanh Nere : 2h40 (aller)
- pour le pic de Parros : + 0h35 (aller), soit 3h15 au total
- pour le circuit complet : 6h00

DIFFICULTÉS

- pour l'estanh Nere et le pic de Parros : c'est une longue ascension, mais sans obstacles techniques.
  Pour bons marcheurs habitués aux petites "difficultés" de la montagne.

DÉNIVELÉES

- pour l'estanh Nere : 720 m
- pour le pic Parros : + 180 m, soit 900 m au total

CARTES

Rando Editions n° 22 Pica d'Estats – Aneto, au 1/50 000

Editorial Alpina "Val d'Aran", au 1/40 000

L'ESTANH NERE DE PARROS 2 553 m

La discrétion du sentier demande une recherche attentive ! Une trentaine de mètres avant le grand bâtiment bleu, une piste démarre sur le côté gauche (GR 211)

0h00 Suivez-la. Elle se dirige vers la droite (nord).

0h05 Au bout de 300 m environ : ouvrez l'œil pour dénicher sur le côté gauche le départ d'une petite sente. Sa pente est très faible, son profil rectiligne. Mince tout d'abord, parfois effacée par l'herbe grasse et le terrain humide, elle devient bon petit sentier, bien marqué, qui se dirige vers un bois descendant le versant. Ce passage en forêt est un régal ; la moindre parcelle de prés devient jardin fleuri, merveilleux parterres de grandes gentianes jaunes !

0h40 Nous débouchons (à 90°) sur le vallon de Parros (à son aval) dont l'origine se devine très loin et très haut sur la gauche (ouest) : un large col en plateau (peu visible d'ici) ; ce sont les Estanhons des Clòsos (2 249 m). C'est là que prend naissance le torrent qui caracole sous nos pieds. Nous y passerons au retour. À droite de ce col s'élève verticalement tout d'abord, puis en pente plus humaine une longue crête se découpant sur le ciel et aboutissant au pic de Parros (sommet caché par un premier plan). Ce repérage effectué, l'excursion reprend en toute quiétude ; il suffit de suivre toujours notre sentier qui remonte tout ce vallon par sa gauche.

0h50 Ruines d'une cabane (1 906 m).

1h25 Notre itinéraire s'approche du ruisseau, puis le traverse pour suivre l'autre rive. 3 min plus loin, un torrent dégringole de la droite. Il provient d'un petit cirque qui creuse le versant du Sarrat des Cardigassos, juste sous le tuc de Cardigassos (2 640 m). Ignorons ce site, car nous passerons bien à sa gauche.

1h40 (environ) Stop ! C'est maintenant que nous allons quitter le chemin pour remonter sur la droite des pentes herbeuses. Etudions le terrain. La crête sommitale qui domine le petit cirque s'abaisse sur la gauche pour former un col (un peu caché d'ici), le Coret deth Horcalh (2 626 m) pour se relever ensuite jusqu'au pic de Parros. Nous devons donc atteindre ce col en inventant notre voie. Repérons au-dessus de nous un collet qui se creuse entre la crête du Parros (au point coté 2 622 m) et un mamelon à sa droite. Nous passerons là.

2h25 Nous y voilà. Un cairn ! Sur la droite et sous nos pieds : le petit cirque vu précédemment. Devant nous : une combe à traverser en nous élevant sur la gauche pour gagner…

Jardin de rhododendrons

2h35 L'autre côté (un petit ressaut). Montons encore. Le Parros se dresse devant nous ; à sa base se devine un grand creux où se cache…

2h40 **L'Estanh Nere (2 553 m),** le mal nommé puisque aujourd'hui (juillet 2005)… il est tout blanc de glace !

LE PIC DE PARROS 2 553 m

À être là, il serait bien dommage de ne pas arriver jusqu'à ce pic. Il est vraiment à deux pas, à 35 min !

À faible hauteur, longeons la berge de l'estanh pour grimper, au plus commode, jusqu'au…

3h00 Col, le Coret deth Horcalh (2 626 m). À gauche, une croupe herbeuse puis rocailleuse (facile) nous conduit au…

3h15 **Sommet du Parros (2 727 m).** Vous voyez ? Je vous l'avais dit qu'il était à côté ! Vue fantastique ! Vers le sud : les "3 000" luchonnais, Maladeta, Besiberri, Montardo, Colomers, parmi des centaines de pics. Vers le nord : étangs de Liat, Serre-Haute, Maubermé, port d'Urets, lac de Montolieu, Mail de Bulard…

Le retour en boucle empruntera la ligne de crête descendante (vers le sud) pour atteindre le grand col (plateau) aux Estanhons des Clòsos. Crête facile hérissée de trois sommets.

3h35 L'un coté 2 708 m…

3h45 Le second (un soum) 2 622 m. Puis la crête devient irrégulière, éboulis, herbe (minuscule sente sur la droite). Elle devient sensiblement horizontale avant de se relever en pente douce pour former le troisième sommet : le Tossal des Clòsos (2 440 m). Surtout n'y montez pas ! De son sommet, la descente sur le grand col est impossible !

4h05 C'est avant sa montée, à une échancrure sur la crête (deux cairns) qu'il faut quitter l'arête pour dévaler une forte pente sur la gauche (fins éboulis). Dès l'herbe atteinte, nous partirons sur la droite, et par une descente en oblique nous tomberons sur…

4h25 Le grand col et le premier Estanhon de Clòsos (2 249 m). À sa partie aval, naît un petit sentier qui descend le vallon de Parros, par sa rive gauche. Nous le suivrons, bien sûr. Plus loin et plus bas, nous perdrons un peu d'altitude en le quittant pour rejoindre le chemin de ce matin ; traverser le torrent, retrouver la cabane en ruine, les champs de grandes gentianes jaunes et…

6h00 Le parking du Pla de Beret (au grand hangar bleu).

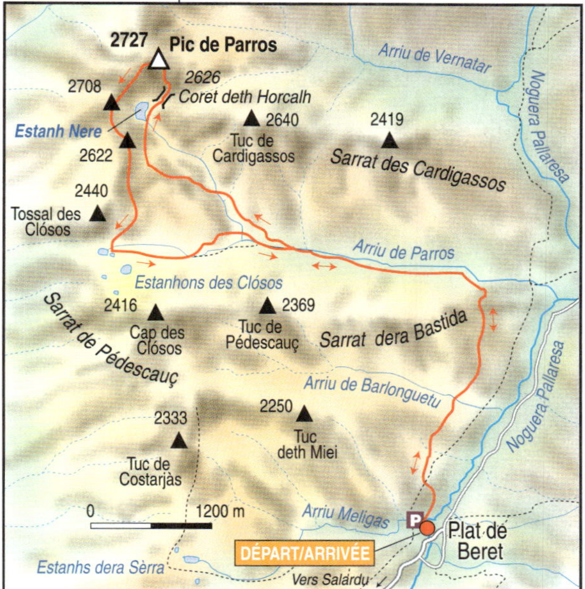

LES ESTANYS DE MARIMANYA & LE GRAN TUC DE MARIMANYA

EN CIRCUIT DEPUIS LE PONT DE MARIMANYA (1 581 m), SUR LA PISTE DE PLA DE BERET - ALÓS D'ISIL

41 Ce massif de Marimanya est constellé de lacs, si nombreux qu'on ne peut les compter ! Ce versant nord est peu parcouru, les repères y sont fort rares, et c'est très bien.
On a l'impression d'être le premier à remonter ses vallons et à flâner sur les rives des estanys.
"Géographiquement parlant, le Gran Tuc de Marimanya a une importance capitale. C'est le point central, le nœud de tout un ensemble de cimes granitiques qui jusqu'ici avait échappé à tous les regards." (Maurice Gourdon, en 1880)

ACCÈS ROUTIER

Carte Michelin n° 343 Local - Case E 8 (bas, gauche). Tuc nommé "Cabeza de Marimanya" et coté 2 660 mètres.

ACCÈS/DÉPART

Par la frontière de Fos, suivre la N 230 jusqu'à l'entrée de Vielha. Là, prendre à gauche (carrefour giratoire, C 28) en direction du col de la Bonaigua. Après Salardu, à la station de ski de Baqueira, remonter à gauche la route du Pla de Beret. Poursuivre toujours cette route qui, après l'immense parking, devient piste carrossable, demandant un peu d'attention, cependant. Passer Montgarri (sur la gauche) et le pont (une simple dalle) de Marimanya (alt. 1 581 m), à 8 km du Pla de Beret, indiqué par un grand panneau, qui enjambe le rio du même nom. 200 m après ce pont, la piste fait un virage sur la gauche, puis un autre sur la droite : c'est là ! Sur le côté gauche : replat pour garer 4 ou 5 voitures. Panneau "Vedado de pesca". En face, de l'autre côté de la piste, on distinguera une trace de sentier sur la pente herbeuse ; c'est le départ de notre randonnée/ascension.

HORAIRES

- pour les estanys de Marimanya : 2h50 (aller)
- pour le Gran Tuc de Marymanya : + 1h45 (aller), soit 4h35 au total.

DIFFICULTÉS

- pour les estanys de Marimanya : une longue marche au cours de laquelle il faut s'avoir s'orienter (avec carte et l'itinéraire ci-dessous).
- pour le Gran Tuc de Marimanya : facile, mais il s'agit plus d'une ascension que d'une randonnée.

DÉNIVELÉES

- pour les estanys de Marimanya : 780 m
- pour le Grand Tuc de Marimanya : + 320 m, soit 1 100 m au total

CARTE

Editorial Alpina "Montgarri", au 1/25 000

Les estanyets de Detras de Marimanya

LES ESTANYS DE MARIMANYA de 2 220 m à 2 340 m

0h00 Donc, en face de notre aire de stationnement, nous suivrons le sentier imprégné sur la pente herbeuse et qui se déporte sur la gauche (direction imposée par le terrain), pour revenir lentement vers la droite et entrer dans un bois. Après son écart, il se rapproche peu à peu du torrent (barranco de Marimanya de la carte) qui gronde en contrebas et sur la droite.
Un bon sentier agréable facilite la marche. Pas de cairn ni de balisage, ce qui donne un petit air de liberté et d'indépendance.
Le bois s'éclaircit progressivement, laissant présager que nous ne tarderons à progresser sous peu à découvert. Auparavant, à…
0h50 Le torrent sombre en une belle cascade d'une trentaine de mètres. Deux minutes plus tard, le vallon se montre dépouillé de tout arbres, versant à pâturage si l'on en juge par les traces multiples de sabots de vaches. Très large et en pente douce, c'est un

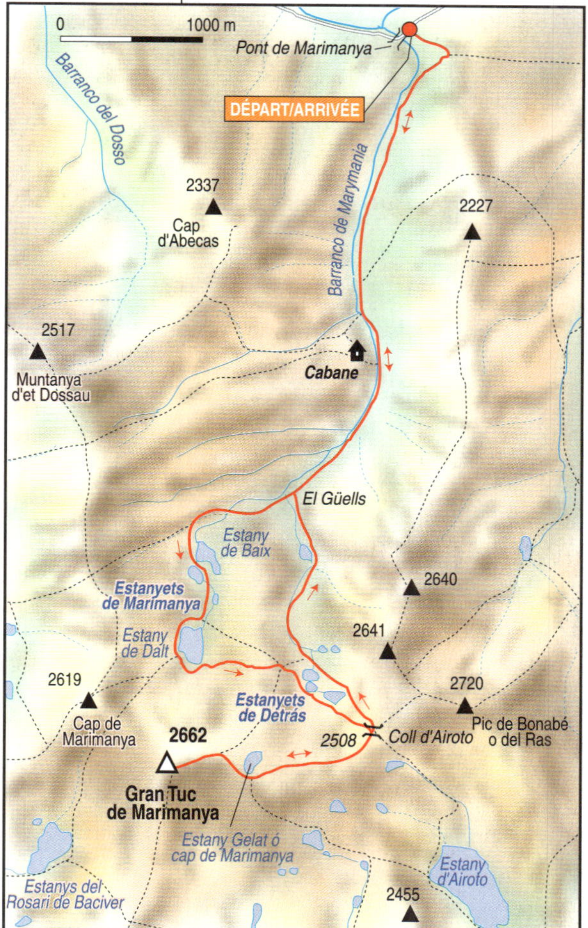

plaisir de le remonter avec insouciance et sans grand effort.

1h05 La pente s'adoucit encore plus ; la montée sur ces pelouses est une vraie promenade. Mais, nous n'allons pas tarder à pénétrer dans le cœur de notre randonnée, un décor de haute montagne. Car, en effet, nous devinons plus haut une fourche dont les branches sont deux vallons ; l'un – celui de droite – mène aux estanys de Marimanya (notre premier objectif), l'autre – celui de gauche – aux estanyets de Detrás et au col d'Airoto (vallon que nous prendrons pour le retour). Le terrain se lit à vue mieux que sur la carte !

1h45 Nous voici aux "Güells" (yeux) – vers 2 080 m – portés sur la carte et qui suscitaient une certaine curiosité depuis le départ. Un orifice ouvert dans la petite muraille calcaire d'où s'échappe avec force un ruisseau tapageur : une résurgence impénétrable dont le débit peut varier de 100 à 200 litres/seconde ! C'est l'origine du ruisseau principal que nous venons de remonter. Un supplice de Tantale pour les spéléos espagnols qui ont marqué à la peinture, sur la roche, leur passage et leur intérêt.

Contournant ces Güells par le haut, nous poursuivons notre montée en nous orientant légèrement vers l'ouest pour emprunter le vallon où nous attendent les estanys. D'autres filets d'eau résurgent par quelques fissures. La combe est dépourvue de torrent, tout simplement parce qu'il coule sous terre, mais à faible profondeur. En effet, plus haut, il réapparaît sous forme de cascade. Rocher et herbe grasse ne peuvent conserver de trace de sentier parce que, lieux de pâturages et surtout présence de bêtes sauvages, le sol est piétiné sans cesse.

1h55 Un gros rocher de trois mètres de hauteur, à la silhouette de menhir (naturel), semble marquer une bifurcation. Nous partons sur la gauche (un petit sentier) pour nous trouver au débouché des deux vallons aperçus précédemment (voir à **1h05**). Nous remonterons donc celui de droite. Le terrain devient plus tourmenté et se resserre en couloir.

2h00 Sur le côté s'ouvre un gouffre (simple effondrement) d'où monte le bruit d'un ruisseau qui doit ressortir, lui aussi, aux Güells ? Plus haut, d'autres orifices percent la combe.

À la sortie du couloir, deux cairns marquent un fin sentier que nous adoptons sur le champ après notre grimpée à vue. D'autres repères s'égrènent en chapelet, nous invitant à nous diriger progressivement vers la gauche (sud). Heureusement, car si nous avions continué dans le prolongement du vallon nous aurions atteint la crête derrière laquelle reposent les estanyols d'Et Clot d'er Os (non prévus au programme).

Devant nous, une butte nous fait espérer trouver derrière elle…

2h20 **Le premier lac : l'estany de Baix (2 220 m).** Quelle pureté ! Quelle couleur rehaussée par l'or de l'herbe brûlée par la chaleur estivale ! Çà et là, des pins piquent de vert sombre ces versants jaunis. Ne pouvant longer ses rives au ras de l'eau, nous monterons sur la droite pour rejoindre l'amont. À mi-chemin, un ruisselet trahi la présente d'un autre…

2h30 **Petit estany sans nom (2 270 m)** que notre sente longe par la gauche. Même couleur, même quiétude.

2h35 **Troisième petit estany, toujours sans nom (2 270 m)** que nous côtoyons encore par sa gauche. Des cairns posés sur un chaos nous guident rapidement à…

2h50 **L'estany de Dalt (2 330 m),** le plus grand de tous. Nous gagnons…

3h00 Son amont pour mieux profiter du spectacle. Il repose dans un large cirque que cerne, au sud, la haute crête qui, partant du Gran Tuc de Manimanya, se coude pour s'allonger vers le nord jusqu'à la Muntanya d'et Dossau (2 517 m). Ses berges de granit fracassé en blocs éparpillés font un reposoir à cette nappe d'un bleu de lagon !

Ce site paradisiaque peut être le terme d'une randonnée, à moins que le petit démon de la montagne nous taquine pour monter au…

GRAN TUC DE MARIMANYA 2 662 m

qui nous attire, 320 m plus haut, seulement.

Pour cette ascension, nous allons filer vers l'est pour rejoindre un autre vallon où se dispersent les cinq estanyets de Detrás. Ce vallon est, en effet, celui délaissé, à la montée, après les Güells (voir à **1h55**).

Pour le retrouver, nous devrons franchir un petit col (2 460 m) peu prononcé, mi-herbeux, mi-rocheux, s'ouvrant à l'est, sur une croupe. Un petit chaos à grimper et nous atteignons à…

3h30 Ce collet d'où l'on devine les estanyets de Detrás, tout proches, sans grande dénivelée. Au sud, tout en haut de ce nouveau vallon s'incurve le coll d'Airoto.

3h40 Estanyets de Detrás (vers 2 420 m) :

Au sein du chapelet des estanys de Detrás ; à gauche : le pic de Bonabé

L'estany de Baix de Marimanya

ils sont délicieux avec leurs presqu'îles et leurs petits îlots couverts d'herbes jaunis et de buissons. L'appareil photo ne chôme pas ! Maintenant, nous partons en direction du sud pour poser le pied sur…

3h55 Le col d'Airoto (2 508 m). Belle vue sur le sud. En premier plan le petit estanyet de Marimanya d'Isavarre et plus loin le grand estany d'Airoto. À gauche (est) de notre position surgit le pic de Bonabé ou del Ras (2 702 m) ; à droite (ouest) s'élève la longue crête qui nous mènera au but final. Trois bosses sont posées sur cette croupe : points cotés 2 564 m, puis 2 608 m et enfin 2 660 m. À l'est de ce dernier, et sur notre droite, l'estany Gelat ó Cap de Marimanya occupe un petit replat à quelque 30 m sous nos pieds. Et enfin, nous foulons la cime du…

4h35 **Grand Tuc de Marimanya (2 662 m).** Le panorama est somptueux. Au nord : les crêtes ariégeoises du Maubermé, de Barlonguère et du Valier. À l'est : les montagnes du Pallars jusqu'à l'Andorre avec la Coma Pedrosa, le Montcalm, l'Estats, le Sullo, derniers "3 000" de la chaîne. Au sud : le Montardo, puis les hauts sommets des Encantats, avec le Grand Peguera, les vallées lacustres de Saboredo et de Colomers. Enfin à l'ouest : la Maladeta, les Posets et les "3 000" luchonnais.

Pour le retour, au lieu de repasser par le vallon des estanys de Marimanya, nous emprunterons celui des estanyets de Detrás qui nous ramènera directement en amont des Güells. Donnons juste quelques repères.

5h05 Retour au col d'Airoto et descente rapide sur ces estanyets que nous contournons par la droite (légère sente). Au dernier, le vallon amorce une courbe vers la gauche (ouest). Le ruisseau issu des étangs l'emprunte, tantôt sous les blocs, tantôt visible. Restes bien tristes de deux cabanes très anciennes. Par commodité, nous nous déportons sur le versant de droite.

5h40 Un petit replat. Vue sur un étang, plus bas, que nous allons gagner ; un sentier le longe par sa droite. Rassurés sur l'itinéraire maintenant évident, nous y plongeons en restant toujours rive droite.

5h50 Le petit étang sans nom (vers 2 200 m), sur un terrain marécageux. Les Güells s'aperçoivent juste au-dessous.

6h10 Les Güells. Retour en terrain connu.

7h10 La voiture. Une journée longue mais magnifiquement bien remplie.

LES ESTANYS PODO, PUDO ET GARRABEA & LE PIC DE BONABÉ 2 720 m

DÉPART (2 040 m) À L'EST DU COL DE LA BONAIGUA

42 Attention ! Cet itinéraire pour atteindre ce pic de Bonabé est "anormal" et "illogique" ! À part les deux premières heures jusqu'au col anonyme 2 341 m qui entaille la Serrat de Garrabea, la suite de l'ascension se déroule dans un monde minéral sauvage, rude et agressif ! Beaucoup de chaos et de pertes d'altitude. Le curvimètre, sur la carte, (qui ne peut tenir compte d'une progression en zigzags) annonce… 20 km A/R ! Cette course ne doit être entreprise que par des montagnards expérimentés et très bons marcheurs.
Alors… pourquoi y aller ? Ce massif envoûte, fascine et finalement attire ! Pour ma part, j'y suis revenu quatre fois… Et ce n'est sûrement pas la dernière !

ACCÈS ROUTIER

Carte Michelin n° 343 Local – Case E 8 (pic non porté, mais que l'on peut situer entre le pic de Moredo et la Cabeza de Marimaniya

ACCÈS/DÉPART

De Saint-Gaudens (par la D 8, puis par la N 125) ou de Montréjeau (par la N 125), rejoindre la frontière de Fos – Pont du Roi, puis Vielha par la N 230. À l'entrée de cette ville, au carrefour giratoire, prendre sur la gauche la C 28 en direction du col de la Bonaigua. Celui-ci franchi, descendre sur 1,1 km. Sur la gauche de la route, terre-plein pour 5 ou 6 voitures (alt. 2 040 m).

HORAIRES

- **jusqu'à l'estany Podo (2 140 m) :** 0h35 (aller).
- **jusqu'à l'estany Pudo (ou del Muntanyo ; 2 202 m) :** + 1h05 (aller), soit 1h40 au total.
- **jusqu'à l'estany superior de Garrabea (2 240 m)** + 0h30 (aller), soit 2h00 au total.
- **jusqu'à l'estany de Garrabea (2 158 m) :** + 0h15 (aller), soit 2h15 au total.

Horaire pour le pic de Bonabé : 5h30 (aller). Les horaires donnés ici sont ceux relevés au cours de ma dernière ascension (arrêts non compris).
Mais ils peuvent varier (en plus ou en moins) suivant que vous aurez la chance (ou la malchance) de tomber sur un terrain facile ou chaotique, puisqu'il faut composer son propre itinéraire au fur et à mesure !

L'estany d'Airoto (à gauche : le pic de Cuenca)

DIFFICULTÉS

Pour les lacs Podo et Pudo, pas de difficulté, mais itinéraire pas très évident sur le terrain.
Pour les deux estanys Garrabea : pour randonneurs bons marcheurs.
Pour le pic Bonabé : uniquement pour montagnards exercés.

DÉNIVELÉES

- **pour les estanys :** de 100 m env. pour le premier (Podo) jusqu'à 200 m pour le dernier (Garrabea)
- **pour le pic de Bonabé,** par soustraction simpliste : 680 m, mais en réalité près de 1 000 m (dont beaucoup en chaos), à cause de nombreuses pertes d'altitude à récupérer.

CARTES

Aucune carte ne coïncide avec précision ; les altitudes diffèrent, les noms changent, les lacs, même importants, ne sont pas tous portés ! Vous serez plus "explorateur" que montagnard ! La carte principale utilisée ici : Editorial Alpina "Val d'Aran" (au 1/40 000). La carte "Montgarri" (au 1/25 000) permettra de compléter cette première.

LES ESTANYS de 2 140 m à 2 158 m mais attention : ça monte et ça descend !

0h00 Nous quittons la voiture pour monter par un talus (nord-ouest, pente douce) accédant à un plateau herbeux où, à son extrémité, démarre un petit sentier bien cairné. Il remonte le versant, en se dirigeant vers le nord-est.

0h15 Bifurcation ; prendre à droite. Nous gagnons une croupe (sud-nord) pour la remonter tout en nous déportant légèrement sur la gauche. Après un court passage horizontal, un cairn très discret sur la droite nous invite à prendre cette direction pour accéder à un petit col. À nos pieds, une grande cuvette en prairie retient un charmant laquet tout rond, comme dessiné au compas…

0h35 L'estany Podo (2 140 m) où des herbes aquatiques composent des massifs qui semblent flotter. Ne prenez pas l'itinéraire de la carte menant au collado d'Estany Pudo (2 325 m), car de là vous devriez perdre 100 m d'altitude, plongeant sur l'estany Pudo (ou del Muntanyó, d'après la carte "Montgarri") (2 202 m), pour les remonter de l'autre côté !

De l'estany Podo, partons alors sur la gauche en suivant une trace (cairnée) zigzaguant et s'estompant parfois pour se joindre à un sentier plus large (sud-nord). Nous le suivons (vers le nord). Il remonte une pente douce et large, creusée en vallon, au pied d'une longue crête où le tuc de la Cigalera (2 502 m) nous domine. La montée s'atténue progressivement et à…

1h15 Nous surprenons un petit estany sans nom (2 360 m), juste sous la colhada de Montanhon (2 420 m). 5 min plus loin, un deuxième laquet, aussi agréable, ne parviendra pas à nous retenir une grimace en apercevant le pic de Bonabé à l'infini, comme au bout du monde ! En premier plan : la Serrat de Garrabea échancrée par un petit col anodin, sans nom, que nous baptiserons "col de la Serrat" (alt. 2 341 m, et non 2 441 m sur la carte "Montgarri"). Pour identifier ce col qu'il nous faut atteindre : seul un petit piton (2 440 m), sur sa droite, est couvert de pins.

Après ce repérage, nous reprenons la route pour déboucher sur le flanc d'une immense cuvette occupée, 160 m plus bas, par…

1h30 L'estany Pudo (ou del Muntanyó ; 2 202 m). Si vous l'avez choisi pour terme de votre randonnée, une petite descente de moins d'un quart d'heure vous y conduira. Sinon, évitez de perdre trop d'altitude.

Poursuivons, à vue, en amorçant cependant une légère descente pour rechercher une timide sente qui nous conduira, en évitant de monter et de descendre inutilement, au "col de la Serrat".

1h50 "Col de la Serrat" (2 341 m). Vaste et "inquiétant" coup d'œil sur tout le chemin restant à faire ! Le bout du monde !

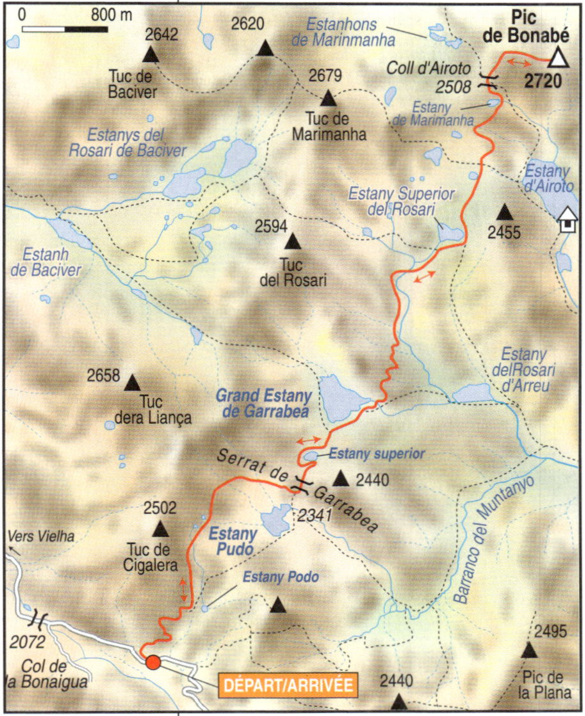

Et surtout l'importante descente pour rejoindre un large vallon verdoyant… 350 m plus bas. Nous distinguons le fort torrent qui le draine et que nous devrons remonter. Né principalement de l'estany Superior de Rosari (mais d'autres lacs apportent leur tribut), au pied des versants du tuc de Marimanha (2 679 m) ou Marimanya (2 662 m) sur la carte "Montgarri", il se jette plus bas à l'estany de Rosari d'Arreu (1 980 m) pour poursuivre sa très longue descente et pour se joindre à la Noguera Pallaresa.

Juste sous nos pieds, le spectacle de deux lacs nous distrait de cette perte d'altitude de 350 m à effectuer : un petit – anonyme ; baptisons-le "estany superior de Garrabea" (2 258 m) – et, encore au-dessous, le grand estany de Garrabea (2 158 m).

Une simple trace nous guide vers cet…

2h00 **"Estany superior" (2 258 m)** que nous abordons par sa gauche. Des cairns nous conseillent de suivre sa rive nord jusqu'à son déversoir, puis le ruisselet qui s'en échappe pour se jeter dans…

2h15 Le grand **estany de Garrabea (2 158 m).** Après 2h15 de marche, nous n'avons gagné que… 118 m d'altitude par rapport à notre point de départ (2 040 m) ! Nous sommes à mi-parcours du pic de Bonabé. La forme nous incite à poursuivre ? Nous avons le temps ? Alors, en avant pour le Bonabé !

LE PIC DE BONABÉ 2 720 m

C'est à partir d'ici que commence "l'aventure" : plus de cairn, plus de sente ni de trace. Rien ! C'est donc à vue, au fur et à mesure de notre progression qu'il nous faudra composer le meilleur itinéraire (ou le moins mauvais !). Pour l'instant, c'est en longeant la rive sud de ce dernier lac que nous entrons en contact avec des chaos pénibles. De bloc en bloc, nous atteignons…

2h40 Son exutoire (à l'est). Là, avançons-nous vers le nord pour étudier le terrain

L'estany Superior del Rosari

(chaos !) afin de composer la descente pour rejoindre le vallon verdoyant, décrit plus haut. Près de 100 m de dénivelée, suivant notre point de chute, à descendre encore.

3h50 Ouf ! Le vallon herbeux, encore avec des milliers de blocs, mais où la progression devient relativement rapide. La marche devient plaisir : montée gentille à gauche du torrent qui se disperse en nombreux ruisselets. Après les chaos, nous nous sentons des ailes !

3h30 Bien avant d'atteindre le haut du vallon butant vers les lointains versants du tuc de Marimanha, nous partons vers la droite (vers 2 200 m) pour remonter un autre vallon qui s'embranche ici et se dirige vers le pic de Bonabé. Nous sommes encore 140 m au-dessous du "col de la Serrat" que nous avons quitté tout à l'heure ! Décidément pour monter au Bonabé... ça descend beaucoup !

3h45 L'estany superior del Rosari (2 271 m ou 2 371 m d'après la carte "Montgarri" !). Qu'il est beau sur ce plateau verdoyant avec quelques petits névés qui le bordent et plongent dans ses eaux, avec les gentianes et les rhododendrons qui en fleurissent les rives. Toute la crête en dents de scie descendant du tuc de Marimanha compose un fond admirable à ce paysage lacustre. Plus haut, en jouant avec le terrain pour passer au plus commode...

3h55 Un autre lac, tout en longueur ; à peine au-dessus : un second, lui, presque rectangulaire, mais dont les formes ni leur situation ne sont pas respectées sur les cartes !

4h05 Voici un petit estany, tout rond, tandis que sur la droite le versant plonge sur le grand lac d'Airoto (2 197 m), à la couleur de l'azur le plus profond, dans un cadre merveilleux de pins et de rochers. À son extrémité aval (mais très loin d'ici) : le petit refuge non gardé et ouvert ("tout confort") de la Federación excursionista de Cataluña. Vers l'est, domine la lourde masse arrondie

L'estany Podo

du pic de Cuenca (ou de Moredo ; 2 636 m).
Au nord de notre position – enfin ! – : le col d'Airoto, peu prononcé mais bien repérable. Il entaille la longue crête qui relie le tuc de Marimanha (à gauche) de notre pic, à droite. Ce col n'est pas très loin, mais le terrain creusé de mini-vallons et bosselé de buttes va freiner notre allure. Nous composons au mieux et à vue. L'estany de Marimanha apporte un agréable divertissement avant d'attaquer la montée finale, rude mais sans difficulté si ce n'est que des dalles et des blocs en compliquent l'accès.
4h40 Enfin, le col d'Airoto (2 509 m). Très belle vue, encore, sur l'estany d'Airoto et sur tout le chemin parcouru, ce qui nous fait comprendre d'un coup pourquoi nous ressentons une certaine fatigue, et même une fatigue certaine ! Vers le nord, sur un terrain très doux (ce qui change des chaos), s'éparpillent cinq ou six laquets mignons comme tout : les estanhons de Marimanha (ou les estanyets de Detrás de Marimanha, d'après la carte "Montgarri"). Au loin : Crabère, Maubermé, Mail de Bulard, Barlonguère, pic des Trois Comtes…
Du col, vers l'est, la pente herbeuse, large et d'allure bon enfant, jusqu'au sommet de Bonabé est un régal. Brusquement, à l'approche de la cime, quelques pans de granit redressés, quelques raidillons ajoutent une note sportive ; mais rien de bien difficile.
5h30 Pic de Bonabé, appelé aussi pic del Ras (2 720 m) : une victoire pas volée du tout !
Vue extraordinaire. Vers le sud : Besiberri, Montardo, les grands sommets qui couronnent les cirques lacustres de Cabanès, de Gerber, de Saboredo et de Colomers. À l'ouest : le majestueux massif de la Maladeta scintillant de tous ses glaciers.
Le retour s'opèrera par le même chemin ; et, en raison des montées et descentes successives (et des chaos retrouvés !), l'horaire sera à peine inférieur à celui de l'ascension.

LE LAC DE BESIBERRI 1 992 m & LE TOSSAL DE MOLA GRAN 2 885 m

EN CIRCUIT, DEPUIS LA VALLÉE DE LA RIBAGORÇANA (DÉPART À 1 525 m)

43 L'estany de Besiberri ne se dévoile qu'au dernier moment, juste derrière un col étroit. D'un coup, ce sont les grands espaces révélés, les grands sommets des trois Besiberri – horizon tout proche – qui invitent à aller toujours plus loin et plus haut.
Le Tossal de Mola Gran, pic oublié, détrôné par ses voisins dont l'altitude dépassant les 3 000 mètres fascine et attire bien plus. Et ce délaissement est regrettable parce qu'il constitue un belvédère de tout premier ordre "tous azimuts".

ACCÈS ROUTIER

Carte Michelin n° 343 Local – Case C 9 (milieu, sommet non nommé mais coté 2 882 m)

ACCÈS/DÉPART

Passer la frontière au célèbre Pont du Roi, par Saint-Béat (N 230). Poursuivre au-delà de Vielha et franchir le tunnel. À sa sortie (sud) descendre sur 1,5 km jusqu'à une immense aire d'attente pour les poids lourds (sécurité tunnel). Là, prendre à gauche une courte piste (200 m) interdite au-delà d'un pont enjambant la Noguera Ribagorçana. Parking. Vaste aire de pique-nique après le pont.

HORAIRES

- pour le lac : 1h25 (aller)
- pour le Tossal : + 2h40 (aller), soit 4h05 au total
- pour le circuit complet : 7h25

DIFFICULTÉS

- pour le lac : aucune, sur bon sentier de montagne.
- pour le Tossal et le circuit : pour montagnard expérimenté : pas de sentier, pas de cairn, terrain difficile de haute montagne. Piolet ou bâton utile (descente par couloir pentu)

DÉNIVELÉES

- pour le lac : 500 m
- pour le Tossal : + 950 m, soit 1 450 m au total

CARTE

Editorial Alpina "La Ribagorçana", au 1/25 000

LE LAC DE BESSIBERI 1 992 m

0h00 Passé le pont sur la Noguera Ribagorçana, nous remarquerons la vaste aire de pique-nique sur la droite (très agréable et paisible) pour après le retour, peut-être. Puis, nous délaisserons un grand chemin ralliant le refuge Icona (porté sur la carte) pour continuer la piste principale, sur la droite, au milieu d'une belle forêt de hêtres, piste (GR, balisage blanc/rouge) légèrement descendante.
Heureusement, moins de 10 min après (négliger un départ sur la droite qui rejoint la rivière), notre "route" daigne enfin monter : 1 450 m de dénivelée à affronter ! Très vite s'embranche le départ d'une succession de raccourcis, plus agréables à suivre que cette piste qui ondule en larges lacets. Fraîcheur et calme du sous-bois, et surtout approche du torrent de Besiberri, issu du lac 500 m plus haut, qui dégringole dans le barranco.
0h25 Avec force bruit, une belle cascade s'effondre dans le ravin. Plus haut, c'est le vacarme et le sauvage décor du même torrent qui tombe en trois gerbes superbes d'une trentaine de mètres. Encore plus haut, la piste traverse le rio : stop ! C'est ici que nous devons la quitter pour poursuivre notre montée par le sentier (jusque-là "raccourci") : cairn au départ et marche toujours sans peine. Il s'oriente lentement vers la droite pour passer sur l'autre rive du torrent grâce à une…
0h55 Passerelle en béton. La pente se faisant plus abrupte, notre sentier zigzague en courts lacets serrés. Levant la tête vers le haut du barranco nous apercevons une crête, un col plutôt derrière lequel nous allons déboucher sur un grand plateau occupé en totalité par…
1h25 **Le lac de Besiberri (1 992 m).** Après la montée au coup d'œil limité, cette large vue sur le vallon évasé devient spectacle captivant. De part et d'autre s'élèvent les versants sévères, mais, par contre, en amont, le vallon poursuit sa douce montée en prairies où des pins s'éparpillent. Plus haut, le soleil fait briller le toit d'un nouveau petit refuge (ouvert) perché sur un mamelon. Encore plus haut, mais fermant ce décor, en un cirque austère se déploient, en une longue et altière crête vertigineuse, les trois Besiberri : le Nord (3 014 m), del Mig (du Milieu ; 3 008 m) et Sud (3 030 m). Le Tossal de Mola Gran, lui (non visible d'ici) se cache à l'extrême gauche de cet ensemble. Nous sommes aux portes de la haute montagne.
Mais… impatients et curieux, nous pourrions peut-être gravir…

Le lac de Besiberri (au-delà : le pic Faixant)

LE TOSSAL DE MOLA GRAN 2 885 m

Rappelons encore que cette ascension demande une bonne expérience de la montagne. Il faudra se guider au flair, à la carte et aux notes ci-dessous. Le retour sera encore "coton" ! Alors, on y va ?
Pour l'instant, c'est encore une gentille balade toujours sur le sentier longeant la berge du lac (par la droite). Nous voici parvenus à son amont dans un décor gracieux et poétique de pelouses et de pins. Un regard en arrière nous régale : l'estany d'un bleu pur et profond, au loin (ouest) un sommet pyramidal : le pic Faixant (2 955 m) ; et tout au fond le puissant massif de la Maladeta (3 404 m).
La montée, par le fond du vallon, toute douce (pour le moment !) flirte avec le rio de Besiberri qui caracole sur notre gauche. Excellent balisage (courts piquets en bois peints en jaune). Un panneau "Estanyet" nous avise que nous ne tarderons à déboucher tout au bout, au pied des murailles, sur ce…
2h15 Petit lac (2 180 m), bien solitaire, dominé par les écrasants sommets des Besiberri. À notre gauche (nord) et à une centaine de mètres plus haut, sur un mamelon, est posé le petit refuge.
C'est le moment de bien étudier le terrain pour déceler l'itinéraire à suivre, à vue et aussi carte en main. Regardons bien sur la gauche du cirque, en direction du nord. C'est de tout là-haut, à la collada de Canal de Rius (2 691 m) que descend, presque rectiligne, un thalweg nommé sur la carte Canal de Rius. Il débouche dans le cirque, mais un peu en arrière, en aval, de notre position. Nous le rejoindrons plus haut, par une montée en oblique.
Pour l'instant, nous traversons le déversoir de l'Estanyet pour attaquer (à gauche donc, nord) la pente d'aspect sans pitié. Deux ruisseaux, pas très éloignés l'un de l'autre, dévalent le versant. Nous montons d'abord en suivant celui de droite. De petits cairns et une fine trace nous guideront pour cette première phase de l'ascension.
2h35 La pente se calme. Devant nous et plus haut, le terrain se relève en une sorte de minuscule cirque. Sur notre gauche, par contre, au-delà d'un court chaos de rochers, une pelouse paraît bien commode pour continuer à nous élever. L'altimètre indique : 2 280 m. C'est ici que nous quittons la voie cairnée pour partir dans cette direction (nord-ouest) afin de rejoindre le Canal de Rius. Au-dessous de nous, et très bas, nous apercevons le petit refuge.
2h50 Nous abordons ce Canal de Rius, peu profond, pour le remonter sans aucune difficulté. Ciel ! Un cairn, puis un second !
3h00 Le Canal s'évase en un petit replat sablonneux où trône encore un cairn rassurant, et pourtant le dernier jusqu'au sommet ! Là, étudions encore le terrain. En remontant le thalweg, nous atteindrions la collada de Canal de Rius (2 691 m). Surtout n'y allez pas, contrairement à ce que j'ai fait ! Vous auriez une belle vue, certes, sur le grand estany Tort de Rius, bien en contrebas, mais pas du tout sur le Tossal de Mola Gran !
Il faut se déporter tout de suite sur la gauche et affronter le grand versant qui s'évase et s'élève très haut jusqu'à une crête. Elle se

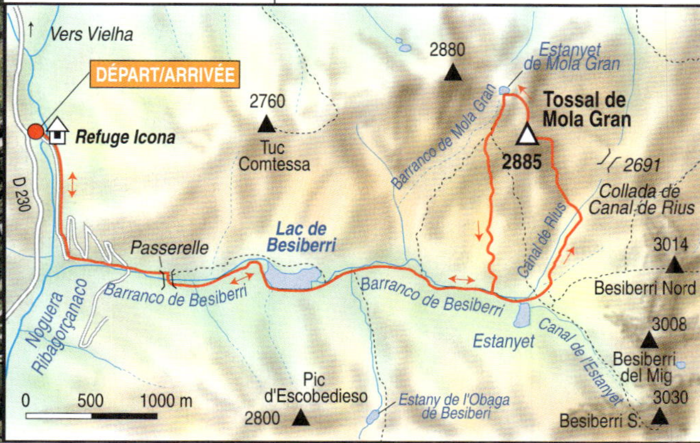

découpe dans le ciel et laisse voir deux échancrures voisines, comme deux petits passages. Un couloir en éboulis aboutit à celle de gauche. Nous pourrons l'emprunter : ça ne "patine" pas trop ! L'échancrure de droite (herbeuses) paraît plus commode d'accès. "C'est vous qui voyez", pour reprendre une répartie d'un sketch bien connu ! À mi-montée, une barre rocheuse pourrait inquiéter : nous la franchirons pourtant sans nous en apercevoir.

3h45 Crête atteinte (vers 2 750 m) ! C'est gagné : le Tossal (un soum tout débonnaire) semble nous attendre, sur notre gauche.

4h05 **Le sommet du Tossal de Mola Gran (2 885 m).** Nous sommes au cœur d'une immensité minérale. Dans toutes les directions ce n'est que granit sévère et austère. Tout n'est que roc. Et dire que notre planète s'appelle la "Terre" !

Quel panorama stupéfiant ! D'abord à l'est ("à côté") : la crête des trois Besiberri, et à nos pieds le lac de Besiberri ; puis les pics Faixant, Turbon, Cotiella, Vallhiverna ; et encore le massif de la Maladeta avec les Russell, Margalide, Tempêtes, Aneto, etc. ; et enfin Forcanade, Sauvegarde, Mine, les sommets luchonnais (Crabioules, Lézat, Quayrat, entre autres), Montludo, Maubermé, Valier, crête de Tumeneja, l'estanh de Mar… À tout regarder, encore et encore, nous attraperions le tournis !

Le retour en circuit s'effectuera toujours à vue, plus clairement que la montée parce qu'il "suffira" de plonger sur le vallon de Besiberri, mais ça ne passera pas partout ! Du sommet, nous suivons la crête vers le nord ; elle s'affaisse en un petit col (juste une échancrure), à 5 min du départ. Sur la gauche, un couloir très pentu et en éboulis croulants nous fait basculer vers l'ouest. Descente raide (un piolet ou un bâton n'est pas inutile) sur un laquet, dans le creux d'un bas-fond.

4h25 Le petit lac dans un site étroit et austère, entouré de hautes murailles, semblable à un entonnoir. Sur la berge : deux ou trois cairns ; après… il n'y en aura plus un seul ! La voie à suivre saute aux yeux : il n'y en a qu'une et elle est évidente ! Une marche d'abord horizontale vers le sud, et c'est la vue totale sur le vallon de Besiberri. Notre versant constitue la rive droite de ce vallon. C'est clair… Il ne resterait donc qu'à se laisser aller jusqu'au fond ? Au début, la progression s'annonce douce et agréable, sans hésitation. Mais plus bas, elle ne sera pas aussi gentille.

Gardons-nous de suivre le barranco de Mola Gran (voir la carte) sur notre droite, bien qu'il paraisse très évident. Il deviendra de plus en plus raide, voire impraticable dans sa partie finale. Nous descendrons à vue – "au pif" – en oblique, non en visant le lac de Besiberri mais plutôt entre lui et l'Estanyet. Le terrain très tourmenté nous fera zigzaguer sans cesse, parfois remonter, pour déceler les passages les plus accessibles.

5h40 (en fonction de notre point de chute, bien en amont du lac de Besiberri) Nous retrouvons le sentier de la montée pris ce matin. Ouf ! Et maintenant, "y a plus qu'à" descendre pour retrouver, d'abord ce lac, puis…

7h25 Le parking du départ.

LES ESTANYS ROI & LE PIC DE L'ESTANY GÉMENA 2 552 m

EN CIRCUIT, PAR CALDES DE BOÍ (DÉPART À 1 490 m)

44 Si vous aimez les fleurs, si vous êtes amateur de champignons, si vous recherchez une balade dans un cadre paisible, si vous êtes pêcheur de truites, si vous êtes collectionneur de beaux lacs… alors, les estanys Roi sont faits pour vous ! Ajouter à cette randonnée l'ascension du pic de l'estany Gémena et revenir en circuit par les deux grands lacs de Gémena… voilà un programme savoureux que vous ne serez pas prêt d'oublier !

ACCÈS ROUTIER

Carte Michelin n° 443 Espagne Nord-Est - Case E 32 (milieu/haut)

ACCÈS/DÉPART

Frontière du Pont du Roi, puis Vielha (N 230) ; franchir le tunnel. 2 km avant Pont de Suert, prendre à gauche la direction Caldes de Boí. 500 m après cette station thermale, juste après le pont qui enjambe la Noguera de Tor, garer la voiture sur la gauche (terre-plein).

HORAIRES

- pour les estanys Roi : 2h50 (aller)
- pour le pic de l'estany Gémena : + 0h35 (aller), soit 3h25 au total
- pour le circuit complet : 6h00

DIFFICULTÉS

Aucune, pour toutes ces destinations, mais pour bons marcheurs

DÉNIVELÉES

- pour l'estany Roi de Dalt : 900 m
- pour le pic de l'estany Gémena : + 170 m, soit 1 070 m au total

CARTE

Editorial Alpina "Aigüestortes - Vall de Boí", au 1/25 000

LES ESTANYS ROI alt. max. : 2 390 m

0h00 À l'entrée du terre-plein (champ), puis à son extrémité gauche, un panneau indique la bonne direction à prendre : *"Pla de la Cabana"*. Le pré traversé, le sentier bordé de buis se faufile sous des noisetiers et se dirige vers le sud, comme s'il faisait retour en arrière. Une trentaine de minutes plus loin, il s'engage franchement dans un vallon (à droite) perpendiculaire à la grande vallée. C'est le barranco de la Sallent, parcouru par le rio, né bien plus haut de deux bassins versants principaux : celui des estanys Roi (que nous atteindrons à l'aller) et celui de Gémena (que nous gagnerons pour le retour).

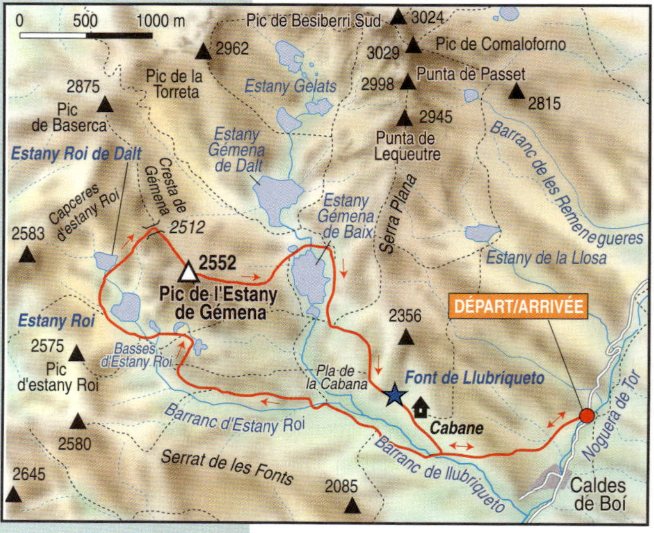

Un vacarme de chute d'eau et de tourbillons, sur la gauche, précède la vue sur la cascade de Llebriqueto, haute d'une quinzaine de mètres.

1h00 Nous faisons irruption sur un plateau herbeux. Le sentier se rapproche du torrent et des balisages (peinture et piquets jaunes) marquent une bifurcation. Abandonnons-le (il s'élève toujours tout droit ; c'est par-là que nous reviendrons en fin de circuit) pour poursuivre notre montée sur l'autre rive du ruisseau que franchit une passerelle. À peine plus loin, une deuxième saute un autre petit cours d'eau. Rien n'est plus agréable qu'une marche matinale dans la fraîcheur d'un sous-bois de pins accompagnée du chant des oiseaux et du murmure de l'eau ! Et comme, en plus, un excellent balisage ôte toute inquiétude sur la voie à suivre, nous sommes au comble du bonheur !

1h20 Le terrain se dégage, la vue s'élargit, la pente se calme ; conditions idéales pour effectuer un repérage. Nous sommes à l'entrée du Pla de la Cabana. D'abord à notre droite et sur l'autre rive du ruisseau retrouvé est bâtie une cabane récente que nous aborderons au retour. Devant nous, le vallon se divise en deux, en forme d'« Y ». La branche de gauche (que nous allons prendre) est parcourue par le torrent d'estany Roi provenant des lacs inscrits au programme. La branche de droite (par laquelle nous reviendrons) mène aux estanys de Gémena qui alimente une belle et haute cascade sauvage. Entre ces deux branches pointe un sommet : c'est le pic de l'estany Gémena (2 552 m). C'est clair et net !

Ce repérage bien en mémoire, nous continuons, détendus, pour nous infiltrer progressivement dans le paysage verdoyant du barranc d'estany Roi. Notre petit sentier traverse ce nouveau ruisseau pour le remonter désormais par sa droite, mais pour se faire de plus en plus discret !

1h30 Vers 2 000 m, en traversant la Pleta del Pi, la vue se dégage sur la cascade des estanys Gémena (à notre droite), haute chute dont le fracas nous parvient avec force.

Tout en haut de notre barranc, les pentes redressées, en éboulis, du pic d'estany Roi (2 575 m) nous surprennent par leur curieuse couleur : celle de la rouille ! Le massif est ferrugineux ; la toponymie le confirme : nous longeons (sur notre gauche) la Obaga de la Font del Ferro. Nous allons ainsi de replat en replat pour voir enfin…

1h45 Tout ce vallon devant nous, entièrement à découvert, largement dévoilé. Nous dérangeons une harde d'isards qui s'enfuient sur les éboulis ferreux. Quel cadre ! Quelles couleurs ! Les murailles et les rochers rouillés contrastent étrangement avec le vert criard des prairies que traverse le rio blanc d'écume et de rapides, après une chute en cascade débridée. Encore plus haut, le vallon s'étage toujours en petits plateaux, et, partant sur la droite, nous découvrirons les trois Besses d'estany Roi, trois laquets minuscules envahis par des plantes aquatiques. Enfin…

2h25 **L'estany Roi (2 304 m).** Superbe ! Quel bleu ! Teinte renforcée par l'omniprésente couleur rouille des éboulis (à gauche) et le vert sombre des pins qui s'éparpillent sur les gazons (à droite). Pour savourer ce site, il faut longer la berge (gauche) pour s'élever et, ainsi, le dominer. Un alignement de montagnes, à l'horizon du sud, forme une pittoresque toile de fond. Montons encore un peu pour accoster…

2h50 **L'estany Roi de Dalt (2 390 m),** plus sauvage, cerné par une crête rocheuse, altière et blanche, les Capceres d'estany Roi que domine la sobre silhouette du pic de Baserca (2 875 m). Un décor grandiose et calme à la fois pour passer là le reste de la journée…

Mais lorsque, consultant la carte, nous apprendrons que deux autres grands lacs – les estanys Gémena – s'étalent à l'est et que seule la cresta dels Gémena nous en sépare… alors nous aurons bien envie d'aller à leur rencontre tout en faisant, en chemin l'ascension du…

PIC DE L'ESTANY GEMENA 2 552 m

0h00 L'itinéraire apparaît à notre droite avec clarté. Tout d'abord, nous longerons la berge aval de ce dernier lac pour nous diriger vers le col coté 2 512 m qui échancre la cresta dels Gémena. En chemin, nous profiterons d'une dernière vue plongeante de toute beauté sur le premier estany Roi. Une grimpée un peu forte, mais facile, nous dépose au…

0h25 Col coté 2 512 m. Une gentille crête s'élève doucement vers le sud pour culminer au…

L'estany Gémena de Baix et la crête d'Abbellers

0h35 **Pic de l'estany Gémena (2 552 m) :** un belvédère idéal pour avoir sous les yeux et à droite (ouest) les trois laquets et les deux grands estanys Roi, puis à gauche (est) les deux immenses estanys Gémena (de Dalt et de Baix). Vers le sud, et surtout vers l'est : des centaines de sommets et de pointes. La Punta Alta de Comalesbienes (3 014 m) marque l'entrée du Parc National d'Aigüestortes, massif où près de 300 lacs sont à découvrir !

Au nord-est de notre poste de vigie, une crête en arc de cercle expose de grands sommets tels que le Comaloforno (3 029 m), le Besiberri Sud (3 024 m), les pics d'Abellers (2 982 m) et de la Torreta (2 962 m).

Maintenant, objectif suivant à atteindre : l'estany Gémena de Baix (l'inférieur). Pas de sentier ni de cairn, mais la descente est facile à orchestrer, la pente, depuis notre perchoir, ne présentant aucun piège. Nous viserons le milieu de l'estany : le relief du versant est régulier, les chaos moins méchants. Puis, avant d'atteindre la berge, nous obliquerons lentement vers la gauche afin de gagner l'amont. Durant toute cette approche, cet estany nous apparaîtra sous des angles et des décors de plus en plus féeriques : le lac idéal tel qu'on l'imagine, tel qu'on le rêve.

1h10 L'amont de l'estany Gémena de Baix (2 210 m), avec ses trois presqu'îles et ses deux îles qui semblent flotter comme des barques. Il nous tarde de gagner…

1h40 Le déversoir (par la rive gauche) d'où la vue sera des plus impressionnantes vers le nord, avec l'arête élevée se déployant en hémicycle et supportant, en plus des pics vus précédemment, la Punta Passet (2 998 m) et la Punta Laquetre (2 945 m). Trouver le sentier (l'unique passage) qui nous ramènera en bas – au Pla de la Cabana – (voir à **1h20**) demande une certaine attention. Nous nous élèverons sur la gauche (est) du déversoir d'une quarantaine de mètres environ en dénivellation et de 200 m en distance. Nous chercherons des cairns marquant ce départ. Celui-ci trouvé, la descente sera un peu forte mais bien balisée (cairns), descente durant laquelle nous reconnaîtrons le cheminement de l'ascension de ce matin : le Pla de la Cabana, la Pleta del Pi et une bonne partie du barranc d'estany Roi.

2h15 Une pancarte (à peine lisible) *"Font de Llubriqueto"* désigne cette source très abondante qui forme vite ruisselet.

2h20 La cabane récente (voir encore à **1h20**). Fermée ! Nous reprenons le sentier à quelques mètres au-dessous (bien visible, bien cairné) qui longe de plus ou moins près le ruisseau (ou barranc) de Llubriqueto où nous pourrons assister à ses rapides, à ses tumultes et à ses cascades.

2h40 Nous reconnaissons le plateau herbeux (voir à **1h00**), là où nous avons bifurqué à la montée, ce matin, pour emprunter une passerelle. La suite ? Nous connaissons. Et à…

3h10 (ou 6h00 au total) Nous retrouvons l'aire de stationnement, point de départ de cette "randonnée ascension" hors du commun.

LES LACS DU CIRQUE DE TRAVESSANI & LE PIC DE MONTARDO

DEPUIS LE BARRAGE DE L'ESTANY DE CAVALLERS (1 781 m), PAR CALDES DE BOÍ

45 Dans ce cirque de Travessani commence le ballet des estanys. Chacun a son charme, avec ses parterres de pelouses couvertes (suivant la saison) de gentianes, de populages, de renoncules, de primevères, d'anémones, de linaigrettes… avec ses filets d'eau qui l'alimentent, et les tentacules de crêtes qui se déploient et l'entourent.

"Bien qu'il soit dépassé en hauteur par la plupart des pics qui forment le cercle autour de lui, le Montardo est cependant un merveilleux observatoire. Isolé de tous les côtés, assez éloigné de ses voisins pour n'être pas dominé par eux, il laisse la vue s'étendre à l'infini."
(Note de M. Bepmale parue dans le Bulletin Pyrénéen en… 1909)

ACCÈS ROUTIER

Carte Michelin n° 343 Local – Case D 9 (milieu, gauche).

ACCÈS DÉPART

De Saint-Gaudens (D 8) ou de Montréjeau (N 125) franchir la frontière de Fos – Pont du Roi. Puis, par Vielha et le tunnel, descendre la N 230 jusqu'après Vilaller (5 km). Remonter ensuite la route de Caldes de Boí (L 500), jusqu'à son terminus : le barrage de Cavallers.

HORAIRES

- pour les lacs, impossible de préciser des horaires ! Le cirque est si vaste et les estanys si nombreux ! Si l'on a choisi de consacrer la journée à leur découverte, on flânera d'un lac à un autre, en s'arrêtant souvent, carte en main pour ne pas en manquer un seul ! Notons cependant 3h00 (aller) pour remonter tout le cirque jusqu'au dernier estany Monges par une marche normale, sans arrêt.
- pour le pic de Montardo : + 1h10 (aller, depuis l'estany Monges), soit 4h10 au total.

DIFFICULTÉS

- pour tous les lacs : aucune. Il faudra quitter souvent le sentier principal pour se rendre d'un lac à un autre.
- pour le pic de Montardo : aucune, mais pour bons marcheurs.

DÉNIVELÉES

- jusqu'au dernier lac (estany Monges) : 650 m
- pour le pic de Montardo : + 450 m, soit 1 100 m au total

CARTES

Rando Editions n° 22 Pica d'Estats – Aneto, au 1/50 000
Editorial Alpina "Val d'Aran", au 1/40 000

Le grand lac de Travessani et les aiguilles…

LES LACS DU CIRQUE DE TRAVESSANI de 2 127 à 2 420 m

0h00 Nous laissons la voiture dans un des parkings au pied de l'écrasant barrage du lac de Cavallers. Un petit sentier, sur la droite, nous hisse à sa hauteur et nous découvrons, d'un coup, cet immense embalse. Longeons-le, toujours sur sa droite. Au-delà, une petite grimpée nous dépose à l'entrée d'un plateau : la Pleta de Riumalo. Pancarte *"Estany Negre"*. Cet étang envoie ses eaux, devant nous, par le Riut del Negre que nous remontons par sa rive gauche, accompagnés par les clameurs des courants et des cascades.
Une passerelle (en bois et béton) nous dirige sur l'autre rive. De nombreux cairns guident notre cheminement dans les Llastres de la Morta, terrain couvert de dalles rebondies, pour nous faire franchir une croupe (sorte de col) derrière laquelle nous découvrons…

1h30 L'estany Negre (2 127 m). À partir d'ici, nous ne regarderons plus la montre car nous ne sommes pas venus pour participer à un marathon, mais bien pour passer une journée de vrai bonheur en découvrant et en "dégustant" chaque lac. L'estany Negre : un paysage idéal, image typique d'un

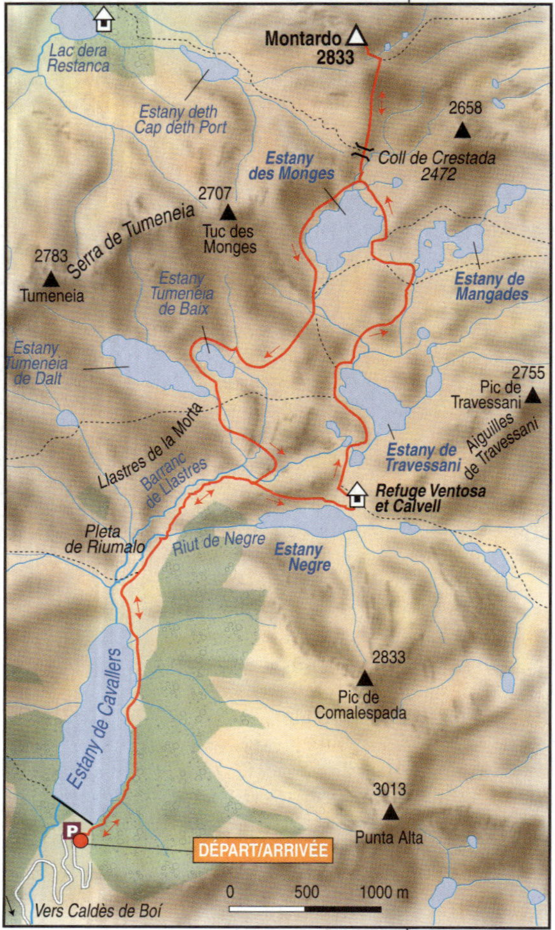

beau lac comme on en rêve, bordé de pelouses fleuries, ceinturé par des arêtes de granit, entouré de pins mélancoliques.

Sur la gauche, juché sur un promontoire, est bâti le refuge Ventosa i Calvell. Nous l'approcherons, mais après avoir longé tout l'estany Negre jusqu'à son extrémité amont d'où, en nous retournant, nous pourrons contempler au loin la fabuleuse crête des Besiberri avec le pic Célestin Passet (3 002 m), la Coma lo Forno (3 033 m), les Besiberri Sud (3 002 m), del Mig (3 003 m) et Nord (3 014 m).

Très beau refuge (2 220 m). Gardé de mi-juin à fin septembre, éventuellement en hiver (tél. : 973 29 70 90, depuis la France faire précéder de 00 34). 80 places.

Nous nous dirigerons vers une autre bâtisse, en face (est), à quelques minutes : le refuge de l'ENHER, abandonné, en mauvais état. Des lacs ? Il y en a partout ! Ici, un laquet où une dizaine de vaches font trempette avec de l'eau jusqu'au ventre. En nous dévisageant, elles semblent nous dire : *"Vous pouvez venir... Elle est bonne !"* Encore plus haut, soit à droite, soit à gauche, clapotent sur les berges les vagues d'autres estanys. Chacun a son charme, avec ses fleurs, ses filets d'eau qui l'alimentent.

Le plus majestueux, sans nul doute, est **le grand lac de Travessani (2 240 m),** bordé par une altière falaise – les Aiguilles de Travessani – terrain de jeux et de prouesses de grimpeurs de haut niveau.

Nous continuons, plein nord ; en obliquant, toutefois, légèrement sur la droite, pour regarder **l'estany de Mangades (2 389 m),** aux rives convulsées. Maintenant, nous partons carrément vers la gauche (ouest) pour atteindre **le grand lac Monges (2 420 m),** que le Montardo (2 833 m) semble surveiller et protéger, comme Cerbère aux portes des Enfers...

A voir ce Montardo si près (450 m de dénivellation seulement nous en séparent), à deviner sa voie facile d'ascension... l'envie est trop forte ! Nous y allons !

LE PIC DE MONTARDO 2 833 m

0h00 Nous longeons l'estany Monges par la droite pour buter, en fait, sur les premières pentes du Montardo qui ferment cette partie amont du cirque. Par une montée facile en direction du nord, nous débouchons sur...

0h15 Le GR 11 qui relie le Coll de Crestada (à gauche, tout proche) au port de Caldes (à droite, à l'autre bout du cirque).

Depuis le premier, nous dominons (ouest) tout le vallon qui abrite l'estany deth Cap deth Port et plonge tout au bas dans le lac dera Restanca. C'est là la voie normale, habituelle, pour ascensionner le Montardo. Relativement courte, elle est loin d'avoir la beauté, l'éclat et le prestige du cirque de Travessani.

Toujours sur le GR, partons vers l'est, et très vite, dans l'alignement de l'estany Monges, nous remarquons le départ de l'itinéraire de montée (sur la gauche, cairns). Celui-ci, bien tracé ne présente aucune difficulté. Il gravit en lacets le versant herbeux, en laissant sur la gauche un premier sommet…

0h55 Le Montardo inférieur (2 781 m) qui jusque-là occultait le grand. Un col sépare ces deux frères. Nous longeons un bassin, une cuvette, par la gauche, au-delà de laquelle se dresse notre sommet. Deux petits étangs, les Basses de Montardo, en dehors de la route (à droite), ne doivent jamais recevoir de visite !

La pente devient plus raide, et en longeant l'arête sud-ouest, nous nous dressons sur…

1h10 **Le sommet du Montardo (2 833 m).** "2 833,10 m", précise une certaine carte ! Défense de déplacer un caillou, vous fausseriez la précision de l'altitude !

Alors que le Valier (2 838 m), en Ariège, fut gravi au… Ve siècle, le Montardo ne le fut qu'en 1876 (le 14 juillet), par Maurice Gourdon et deux "guides" (traduisez : deux porteurs). Vue fantastique tous azimuts ! Quelques noms seulement, car il est impossible de dresser une nomenclature complète.

Vers l'est : Montcalm (3 077 m), Sullo (3 072 m), Estats (3 143 m) ; au loin, les massifs de l'Andorre ; plus proches, les Encantats (Parc National d'Ayguastortes).

Vers le sud : Punta Alta de Comalesbienes (3 014 m), les trois Besiberri (3 002 m - 3 003 m - 3 014 m) et la Coma lo Forno (3 033 m).

Vers l'ouest : le Balibierna (3 067 m), la Maladeta (Aneto 3 404 m) avec sa quinzaine de "3 000" (pas tous visibles d'ici, cependant !), les Posets (3 375 m).

Vers le nord : Crabère (2 630 m), Maubermé (2 880 m), Valier (2 838 m)… et j'en passe !

Quant aux paysages lacustres : tout d'abord, bien sûr, les lacs du cirque de Travessani ;

Au sommet du Montardo : vue sur le haut du cirque de Travessani

puis Mar, Rius, Montcasau et les cirques de Colomers, de Saboredo…

Pour le retour, nous pourrions reprendre le même itinéraire qu'à la montée, à moins d'opérer une petite variante ? Pourquoi pas ?

Parvenus en amont de l'estany Monges, nous le longerons par la droite (berge ouest) pour atteindre son déversoir. Nous filerons toujours vers le sud, mais il nous faudra perdre 125 mètres d'altitude tout en nous déportant progressivement vers la droite (finalement sud-ouest), en évitant, quelques obstacles du versant. Nous devinerons un grand creux, un cirque dominé par la pointe de la Tumeneia (2 783 m). C'est là, cernés par de hautes murailles, que nous attendent deux autres lacs : les estanys de Tumeneia (de Dalt et de Baix). Pas de sente, juste deux ou trois cairns !

Vers 2 280 mètres, nous tombons sur le premier estany, séparé du second, plus grand, par un léger mamelon. Le retour ne posera pas de problème. Nous nous laisserons descendre, à vue, tout droit, plein sud, pour retrouver, sous les pieds, l'itinéraire de ce matin aux Llastres de la Morta, la tête remplie de belles images. Combien de lacs avons-nous surpris dans ce massif ? Dix-sept !…

Pour le retour (Pic de Montardo – Barrage de Cavallers), il faut compter **3h00** à **3h30** (arrêts non compris).

LES LACS DE GERBER & LES PICS XIMENEIES ET DE BASSIERO

PAR LE CIRQUE DE GERBER, DEPUIS LA ROUTE DU COL DE LA BONAIGUA

46 Tout est réuni pour composer une excursion idéale, une des plus belles qu'offre la Catalogne. D'abord une randonnée de lac en lac, en zigzaguant tout le long de la montée, pour en dénicher un blotti derrière une butte, en surprendre un autre caché par des pins protecteurs. Ensuite, l'ascension d'un ou de deux sommets, au choix, selon le temps et la forme, d'où, dans un décor de crêtes granitiques en ruine, le panorama, si vaste et si varié, est à couper le souffle.

ACCÈS ROUTIER

Carte Michelin n° 343 Local – Case D 9 (haut, droite).

ACCÈS/DÉPART

De Saint-Gaudens (par la D 8, puis par la N 125) ou de Montréjeau (par la N 125), rejoindre la frontière de Fos – Pont du Roi, puis Vielha par la N 230. À l'entrée de cette ville, au carrefour giratoire, prendre sur la gauche la C 28 en direction du col de la Bonaigua. Celui-ci franchi, descendre sur 2,5 km. Parking (petit plateau herbeux aménagé) juste après une ligne haute tension (alt. 1 900 m).

HORAIRES

- jusqu'au dernier estany (Negre de Dalt, 2 460 m) : 2h40 (aller)
- jusqu'au pic Ximeneies (2 826 m) : + 2h15 (aller), soit 4h55 au total
- jusqu'au pic de Bassiero (2 901 m) : + 1h55 (aller), soit 6h50 au total

DIFFICULTÉS

- jusqu'au dernier estany (Negre de Dalt, 2 460 m) : aucune, mais randonnée "sérieuse". Cependant, en cours de montée on pourra s'arrêter au lac de son choix.
- pour les pics Ximeneies et de Bassiero (2 826 m et 2 901 m) : pour montagnards confirmés.

DÉNIVELÉES

- jusqu'au dernier estany (Negre de Dalt) : 600 m.
- jusqu'au pic Ximeneies : + 400 m, soit 1 000 m au total
- jusqu'au pic de Bassiero : + 170 m, soit 1 170 m au total

CARTES

Rando Éditions n° 22 Pica d'Estats – Aneto, au 1/50 000

Editorial Alpina "Parc Nacional d'Aigüestortes/Estany de Sant Maurici", au 1/25 000

L'estany Llong

LES ESTANYS DE GERBER 2 030 m à 2 460 m

0h00 Départ du parking. Traverser le ruisseau qui descend du port de la Bonaigua et grimper pour rejoindre un bon sentier (bien visible) qui, horizontalement tout d'abord, s'engage dans le vallon de Gerber. Montée en lacets sous-bois. Premier laquet : **estanyola de Gerber, 2 030 m,** tout rond. Herbe grasse, humide, où fleurit la linaigrette, cette plante à haute tige terminée par une houppe cotonneuse toute blanche. Deuxième lac : **estany Petit, 2 120 m** encore dans l'ombre du jour naissant. Puis, en remontant mi-chaos, mi-sentier, vous émergez dans une cluse qui vous laisse espérer une rencontre avec un grand lac.

1h00 Vous venez de découvrir **l'estany Gerber (2 165 m),** profond, d'un bleu de grande pureté ; encore dans l'ombre, entouré de sommets que caresse le soleil levant. Notamment, en face de vous : le Puis de Gerber (2 749 m). Vous resteriez bien ici charmés par le silence et la quiétude du site, pour peu que vous partiez sur la droite auprès de la berge et à

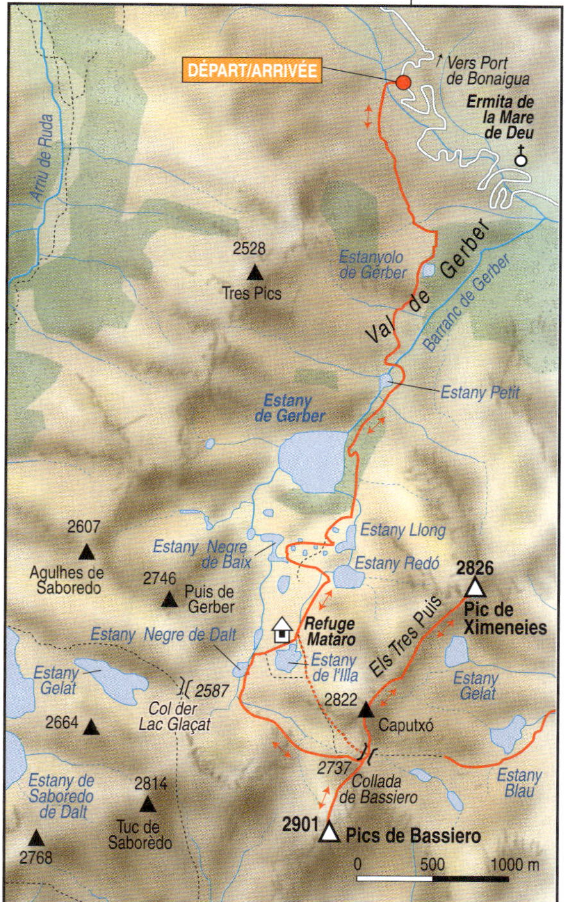

classique, ils reçoivent rarement visite des montagnards qui, s'ils ne consultent pas la carte, ne soupçonnent pas leur existence. Le premier dégage un charme séduisant : berges sauvages, indisciplinées, énormes rochers de granit entourés d'herbes et de fleurs, un peu comme un dallage géant assemblé et orné de joints. Les branches des pins qui s'éparpillent en tous sens oscillent lentement sous les premières brises ; la surface de l'eau frissonne…

Sensiblement à même altitude, mais sur la droite de l'itinéraire "normal", d'autres nappes pures et à la couleur du saphir semblent vous attendre, simples gourgs ou laquets plus généreux, comme **l'estany Negre de Baix (2 280 m).** Continuez à monter, mais cette fois en revenant sur l'itinéraire classique. Perchée sur un mamelon, de façon à être bien en vue, une cabane jaune-orange sera votre point de mire.

l'ombre douce et savoureuse des pins qui balancent sous le souffle chaud du vent ! Mais vous perdriez beaucoup en délaissant les lacs supérieurs… Alors… en marche ! Le sentier longe le lac par la gauche, puis grimpe en oblique pour vous conduire au refuge de Mataro. Mais vous n'y êtes pas encore ! Auparavant, en vous écartant de l'itinéraire logique, vous pouvez dominer le grand lac ; effectivement, il est bien plus beau, vu de ce promontoire.

Consultez la carte pour ne pas manquer d'autres merveilles. Partez vers la gauche (est). Vous tomberez en admiration devant **quatre laquets paisibles** en cette heure encore matinale. Plus retirés, vous arriverez à deux autres estanys importants : **l'estany Llong et l'estany Redó, étalés entre 2 300 m et 2 400 m.** En dehors du circuit

2h30 C'est le joli petit refuge de Mataro (2 474 m), construction terminée et inaugurée le 15 septembre 1985. Modeste, mais très propre et très sain, intérieur en bois verni ! Huit couchettes, matelas mousse, quelques couvertures. Tables, bancs. N'hésitez pas au délice d'y passer une nuit. Vous assisterez, le soir, à l'endormissement du vallon, aux bruits des torrents qui se font plus forts dans la sérénité de l'heure. Et à l'aurore, vous surprendrez l'éveil de la Terre, moments indescriptibles qu'on garde jalousement pour soi.

Au pied du refuge (est) clapote l'onde de **l'estany de l'Illa (2 460 m).** De l'Illa ? En effet, un minuscule îlot affleure. À l'opposé, de l'autre côté du refuge (ouest), vous dominez un autre petit estany, ou deux ou trois… je ne m'en souviens plus ! Il y en a

tellement ! Ils abondent dans ce cirque, au point que les cartes ne peuvent pas les nommer tous par manque de place. Et ces mêmes cartes espagnoles, suivant leur année d'édition, mélangent les noms ; sur l'une, cet estany est désigné sous le nom d'estany Llong, alors que, de plus, il est plutôt de forme ronde !
À peine plus haut, deux autres laquets. Encore quelques minutes, et vous atteignez le dernier lac…
2h40 L'estany Negre de Dalt (2 460 m), miroir scintillant au milieu d'un parterre de blocs et de chaos, terme de votre randonnée lacustre. Lors de votre marche, et depuis les estanys précédents (Llong et Redó, par exemple), la douceur (relative) de la pente dégageait la vue de tous les côtés. Sur la gauche (est) s'alignait la longue crête d'Els Tres Puis, toute hérissée de pointes et d'aiguilles dont celle de Caputxó que vous approcherez lors de votre ascension au Ximeneies ; cette crête qui relie la collada de Bassiero (2 727 m) au pic extrême de Ximeneies (2 826 m). Devant vous (sud), se courbant en arc de cercle, d'une autre muraille vertigineuse et au profil déchiqueté jaillissent, comme des paratonnerres, les pics Brulle, à gauche (2 903 m, aujourd'hui rebaptisé Bassiero occidental), et le pic d'Amitges, à droite (2 851 m). En plein milieu la crête s'abaisse ou plutôt s'effondre de 200 m en un col : le coll de Bassiero (2 719 m), ne pas confondre avec la collada du même nom !
À l'extrême droite (ouest) de ces parois du vertige s'ouvre un autre col, celui-là débonnaire : le còth du lac Glaçat ou collado de Gerber… suivant la carte consultée, passage obligé pour entrer dans un autre cirque également extraordinaire, le cirque de Saboredo.
Depuis l'estany Negre de Dalt, la collada de Bassiero, à l'est, se révèle mieux que durant votre montée. Elle se montre aussi peu agressive. Alors, tout cela est bien tentant. Les falaises abruptes d'Els Tres Puis et du pic de Bassiero sont comme des paravents cachant sûrement des surprises de panoramas ! Encagés au plus creux du cirque, vous vous sentez frustrés. L'ascension paraît si facile (et elle l'est), la dénivelée peu rebutante (même pas 500 m). Une grande marche, c'est tout ! Allez, vite, chargez votre sac sur les épaules.

LES PICS XIMENEIES 2 826 m ET DE BASSIERO 2 901 m

0h00 Si, comme cela arrive parfois, l'absence de cairns peut embarrasser, ici c'est l'abondance de ces repères qui désoriente. À croire que les vilains parents du Petit Poucet ont voulu abandonner leur malheureux fiston dans ces parages. Des cairns ? Il y en a partout, d'autant que de ce point démarre l'itinéraire du coll de Bassiero fendant la muraille du sud (ne pas y aller !). Vous choisissez les vôtres, en sachant que maintenant vous devez vous orienter d'abord vers le sud afin d'affronter un chaos de rochers désagréable et côtoyer de petits laquets (encore !). Puis, le terrain, en forme de petit vallon, s'oriente vers la gauche (est) pour vous placer à la base de la collada de Bassiero. C'est alors que vous découvrez le dernier laquet baptisé – pauvre imagination – l'estany de Bassiero.
Cette collada, carrément à l'est, donc, est facilement repérable puisque c'est le seul passage évident, dans cette direction, pour franchir la crête. La pente s'accentue et devient couloir sur 150 m de dénivellation. Herbe, éboulis et rochers couvrent ce raidillon assez désagréable. *"Subida dura pero franca"* (montée dure mais franche) note un vieux guide espagnol. Le côté gauche semble être la voie la moins malcommode. Tout en haut et à gauche, la petite aiguille de Caputxó se dresse comme un cairn géant signalant le passage céleste de la crête.
1h00 La collada de Bassiero (2 737 m). L'arrivée à un col est toujours un moment très attendu : qu'y a-t-il de l'autre côté ? Un autre vallon lacustre ! Le grand cirque de Cabanès avec une cohorte de lacs qui se cachent derrière des murailles, des croupes, des champs de blocs éparpillés. Un col est aussi un partage de crête qui se développe alors de part et d'autre. Au sud, la pente se redresse, mais avec douceur jusqu'au pic de Bassiero. Au nord, visage différent : une croupe rocheuse, d'allure horizontale, mais tourmentée, hérissée de nombreux petits sommets, qui aboutit au pic Ximeneies, sentinelle et belvédère de choix. Voilà votre premier objectif de cette ascension.
Aucune difficulté ; votre voie se trace à vue, en jouant avec le relief rocheux et tourmenté. Trois sommets (trois bosses plu-

Arrivée au Bassiero et infini du monde…

tôt) cotés 2 822 m (c'est le Caputxó), puis 2 807 m et 2 786 m forment les Tres Puis. La progression sera très lente, pas tellement à cause du terrain accidenté mais parce que vous vous déporterez fréquemment vers la gauche pour admirer, stupéfaits, tout le vallon de Gerber, et cela dans le plus petit détail, comme une carte en relief à votre disposition ! Scruté depuis votre balcon aérien (à plus de 400 m de hauteur), c'est une merveille.

Tous les lacs sont là, à vos pieds. Le refuge de Mataro, sur son mamelon, paraît ridiculement petit, un jouet pour enfant ! Fascination de ces nappes bleues au milieu d'un terrain minéral aux blocs disloqués comme par un cyclone. Vers l'ouest, de longues arêtes parfois enchevêtrées, souvent parallèles, séparent, comme des cloisons, d'autres vallons lacustres : Saboredo, Colomers… Au loin, glaciers étincelants, névés éparpillés comme les pièces d'un puzzle : le grand massif de la Maladeta. L'appareil photo ne chôme pas !

Rusant avec les dalles de granit empilées, vous zigzaguez à la recherche du meilleur passage ; courte descente vers un col (2 734 m) d'où vous surplombez sur la droite l'estany Gelat (2 475 m) qui n'a de "gelat" que le nom !

Après ce parcours du combattant, vous parvenez enfin au…

2h15 Pic Ximeneies (sommet double, 2 826 m et 2 822 m). Bastion orienté au nord. Le panorama complète les visions depuis la crête, à l'aller : les grandes vallées du riu Unyola et de la Noguera Pallaresa barrées par les hauts sommets de la crête frontière. Se découpant sur le ciel, vous identifierez, entre autres, le Crabère, la Serre Haute, le Maubermé, la Mail de Bulard, le Barlonguère…

Après ce coup d'œil sur le nord, il vous reste à parfaire ce tour d'horizon en y ajoutant les montagnes du sud, ce que va vous proposer le pic de Bassiero. Demi-tour, donc, pour retrouver…

3h30 La collada de Bassiero. De là, le reste de l'ascension n'est qu'un jeu d'enfant. J'y ai vu un jour un gamin d'une dizaine d'années galoper sur la pente – mais dans le sens de la descente, il est vrai ! – comme s'il s'amusait dans la cour de son école ! Il faut grimper tout droit, pointant vers le sud. 40 min de montée régulière, sans encombre, et vous voilà au…

4h10 Sommet du pic de Bassiero (2 901 m, mais coté 2 894 m sur certaines cartes !), large et accueillant. Là encore : quelle vue ! 1 000 mètres plus bas : une partie du lac de Sant Maurici ; en face, les deux aiguilles des Encantats s'exposent dans toute leur grâce. Comme un panoramique de cinéma, se déroulent à l'horizon des dizaines de sommets dont le Monestero (2 878 m), le Grand Peguera (2 982 m) et le Subenulls (2 949 m).

Ce Bassiero – pourtant sommet bon enfant – ne fut "vaincu" pour la première fois (mais par quelle voie ?) que le 30 septembre 1880 par Maurice Gourdon, avec Courrège et Illastres. Ils en profitèrent pour gravir un pic jumeau, tout proche mais plus sportif qu'il baptisèrent pic Brulle (2 903 m ou 2 900 m suivant la carte consultée !)

Le retour s'effectuera par le même itinéraire, en usant, toutefois, d'un raccourci. Parvenus au bas du couloir de la collada de Bassiero, vous guetterez des cairns vous invitant à partir sur la droite (nord). Ils vous mèneront aux abords est de l'estany de l'Illa. Si vous perdez le fil, ne vous inquiétez pas : le terrain, bien qu'assez malcommode à cause des chaos, peut être sillonné à votre guise.

Au sommet du Bassiero : les aiguilles d'Amitges, le pic des Encantats (sommet fourchu), au loin, pointu, le grand Peguera

LES ESTANYS NEGRE DE CABANES ET LLONG & LE PIC DEL PINETÓ

DÉPART DU PARKING DE GERDAR – CABANES (ALT. 1 520 m), SUR LA ROUTE DE BOSC DE GERDAR (À L'EST DU COL DE LA BONAIGUA)

47 *"Le joli torrent de Cabanes bondit dans la verdure sous les sapins et les éclaboussures des pierres moussues…. Quelques isards disparaissent derrière des bouquets de bouleaux… Pour bivouaquer, les pêcheurs ont construit de petites murettes près du grand lac de Cabanes, réputé pour ses truites saumonées."* (Louis Audoubert)

L'ascension au pic del Pinetó est d'une incroyable variété de terrain, au point qu'on prend pied sur sa cime en s'écriant "déjà ?" Le panorama y est grandiose et envoûtant, que ce soit vers le nord ou vers le sud où l'on a, sur 180°, toute la région des Encantats !

ACCÈS ROUTIER
Carte Michelin n° 343 Local – Case E 9 (milieu, gauche) ; pic non porté, mais que l'on peut situer légèrement à l'est d'une ligne Monte Saliente (2 762 m) – Estany de la Cabaña.

ACCÈS/DÉPART
De Montréjeau, prendre la N 125 jusqu'à la frontière de Fos, puis N 230 jusqu'à Vielha. Emprunter la C 142 menant au col de la Bonaigua. Le col franchi, et à 2,4 km après la Mare de Déu de les Aires, on s'engagera sur la route (à droite) de Bosc del Gerdar que l'on suivra sur 2,8 km. Stationner sur le parking aménagé (pour une dizaine de voitures), en plein virage aigu. Alt. 1 520 m.

HORAIRES
- jusqu'à l'estany Negre de Cabanes (2 190 m) : 1h55 (aller).
- jusqu'à l'estany Llong (2 230 m) : + 0h30 (aller), soit 2h25 au total.
- jusqu'au pic del Pinetó (2 648 m) : + 2h00 (aller), soit 4h25 au total.

DIFFICULTÉS
- pour les deux estanys : pas de difficulté, mais pour randonneurs entraînés à la marche en montagne.
- pour le pic del Pinetó : pour montagnards habitués aux terrains compliqués et chaotiques.

DÉNIVELÉES
- jusqu'à l'estany Negre de Cabanes : 670 m
- jusqu'à l'estany Llong : + 50 m, soit 720 m au total
- jusqu'au pic del Pinetó : + 420 m, soit 1 140 m au total

CARTES
Rando Éditions n° 22 Pica d'Estats – Aneto, au 1/50 000

Editorial Alpina "Estany de Sant Maurici/Encantats", au 1/25 000

L'île de l'estany Negre de Cabanes ; à droite, le Xemeneiss

LES ESTANYS NEGRE DE CABANES 2 190 m ET LLONG 2 230 m

0h00 Un panneau nous le précise : *"Vall de Cabanes"*, nous sommes bien au débouché de la vallée de Cabanes. Tout de suite, un bon chemin s'infiltre au cœur d'une haute et épaisse forêt de sapins pour se rapprocher du torrent – le riu de Cabanes – qu'il longera jusqu'au lac, d'abord par sa rive gauche orographique. La lumière du jour s'avive, le chemin s'estompe ; une grande clairière aère la marche. Nous continuons à nous élever par un tracé dans l'herbe rase pour nous rapprocher du riu (sans le traverser). À l'approche, à nouveau, de l'orée de la forêt, il faut chercher des cairns qui remettent sur le droit chemin. Aucune hésitation, toutefois, car si le grand chemin du départ s'est atrophié pour devenir sentier, il est facile de suivre sa trace. Quelques piquets plantés, ronds et peints en jaune, bordent l'itinéraire. Nous émergeons encore sur une prairie remontante. Plus loin, la marche reprend sous bois ; mais pour un court moment, car elle se poursuit, au-delà, sur un terrain envahi de hautes herbes.

0h55 Une minuscule sente, de l'autre côté du ruisseau, nous invite à traverser. Une passerelle rustique (trois longs troncs de sapins) enjambe le torrent, là où il y a peu d'années nous devions traverser… les pieds dans l'eau et les chaussures à la main ! À sa sortie, une pancarte : *"Pla de Breviari (à g.) – Estany de Cabanes* (à d.)". Évidemment, nous prendrons à droite.

Le sentier grimpe vaillamment sur le versant herbeux en direction d'un balcon, partie relevée du vallon. Notre cheminement nous amène dans un bois, puis sur…

1h35 Ce balcon d'où nous apercevons mieux la suite du ravin pacifique mais encombré de chaos que notre voie aborde au mieux, toujours sur la gauche, par un parcours bien marqué.

1h45 Notre combe s'évase et c'est ici que débouche, venant de la droite, un court vallon dans lequel nous allons nous engager pour déguster le grand estany Negre de Cabanes. Nous traversons le vallon principal (le Riu de les Cabanes) pour le rejoindre ; le torrent invisible coule sous de gros blocs. À quelque 100 m, ouvrons l'œil pour repérer sur la gauche un cairn, point de départ d'une mince sente qui nous déposera tout à l'heure à l'estany Llong.

Mais pour l'instant, il nous tarde de surprendre le premier lac de la journée.

1h50 Tout d'abord, un laquet, tout simple, sans prétention. Vite, traversons son déversoir, longeons sa berge et à…

1h55 C'est le spectacle grandiose et émouvant du grand **estany Negre de Cabanes (2 190 m).** Une merveille, avec sa petite île de granit. Par quel miracle ont pu s'enraciner et grandir sur ce sol inhospitalier une dizaine de pins ? Sur les versants environnants, abrupts, des milliers de pins, encore, s'éparpillent. Leur couleur vert sombre, la teinte gris-blanc des rochers, le jaune des lichens qui les recouvrent, le rouille et le mauve des falaises fracassées et l'azur du ciel composent une palette de couleurs qui, mélangées, donnent au lac cette coloration verdâtre que l'on retrouve rarement ailleurs. Et pourtant, cet estany ne reçoit que rarement visite. Si vous avez décidé de passer la journée sur ses berges, vous aurez un avant-goût du Paradis.

1h55 (horaire établi ici sans tenir compte du temps passé à contempler ce site) Nous n'en restons pas là ? Alors, faisons demi-tour. En 10 min nous revenons au départ de la mince sente (cairn) repérée en montant au lac, pour nous diriger, maintenant, vers l'estany Llong, tout au bout du vallon principal. Elle serpente sur la droite avec aisance, évitant les rochers qui recouvrent le terrain avec de plus en plus de densité ! Quelques cairns guident le trajet. Sur la gauche, une longue, une très longue muraille nous surplombe. En fait, nous l'avons longée depuis bien avant la passerelle (voir à **0h55**) ; mais ici elle se révèle dans toute sa verticalité et dans toute sa sévérité. Des pointes, comme des aiguilles, hérissent son profil sur près de 3 km : la Pala del Teso, lo Teso (point culminant avec ses 2 701 m), et plus loin la Roca Blanca, puis le pic del Pinetó (encore invisible).

2h25 **L'estany Llong (2 230 m).** Déjà ! Un lac tout en longueur (d'où son nom), avec en fond la Serra de les Agudes qui élèvent aussi des pointes et des dents massives. Encore une merveille, dans un cadre sauvage mais au silence apaisant.

Là, encore, ne nous attardons pas, si…

LE PIC DEL PINETÓ 2 648 m est notre but final. La route est encore longue… Attention, cependant : la carte mentionne deux pics del Pinetó. L'un, juste au sud (en deux sommets, 2 715 m et 2 704 m) ; l'autre – et celui-ci sera le nôtre – plus à l'est, culmine à 2 648 m, toujours caché, et marque la fin de la longue muraille mentionnée plus haut.

Nous entrons dans un monde minéral propre à cette région de la Catalogne, paysage de blocs, de rochers et de chaos ; la montagne est en ruines ! La progression y serait difficile si des cairns providentiels n'en soulignaient le parcours, car le terrain tourmenté ne retient aucune trace de passage. De plus, les randonneurs y sont fort rares ! Nous longeons l'estany par sa droite, très près de l'eau. Le dessous d'un énorme rocher a servi jadis d'abri puisqu'une murette en arc de cercle en délimite l'entrée. Aménagements de pêcheurs ou de campeurs ? Un peu plus loin, un autre "asile" semblable, celui-là bien inconfortable !

2h45 Nous voici à l'amont de l'estany.

L'estany Llong

Quelques cairns nous incitent à poursuivre toujours tout droit, dans le prolongement du lac. Zone de blocs à remonter. Toujours ces “cailloux du Petit Poucet” que sont ces cairns qui accompagnent, de repère en repère. Ils nous conduisent, plus loin, à un laquet sans nom que nous longerons sur la droite.

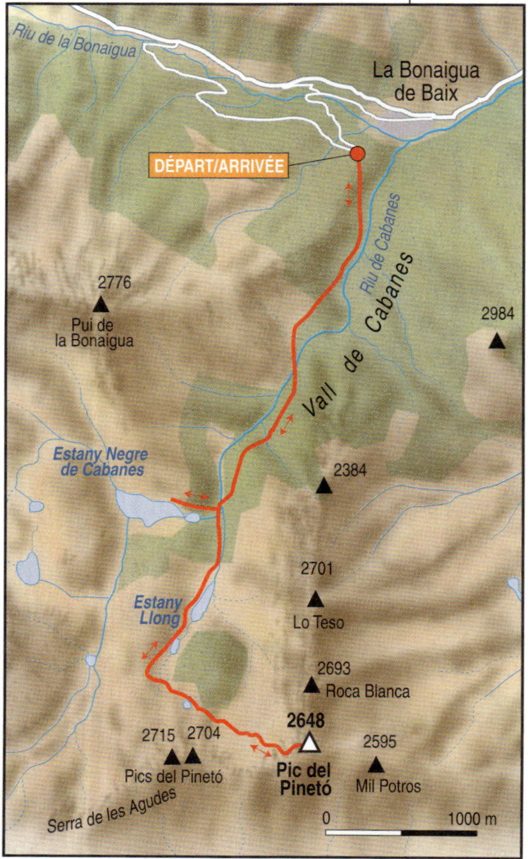

3h00 Un bel abri, encore sous une énorme dalle de granit, avec muret qui le ferme en une “pièce d’habitation”, mais au sol bien rude ! Un aménagement séculaire (?) de bergers, si l’on se fie aux murs de blocs, à proximité, pour parquer quelques bêtes (moutons ou vaches).

Deux à trois minutes plus haut : attention ! Quatre cairns bien visibles sont le signal pour obliquer carrément sur la gauche, à angle droit. En ce point, nous sommes dans le prolongement parfait des deux lacs précédents.

La suite de notre ascension serait vraiment “paumatoire” si des cairns nombreux (parfois tous les 20 m !) et bien évidents, placés sur de gros rochers, n’en soulignaient pas l’itinéraire. Ce balisage est remarquable : un vrai “marquage de pro” ! Et c’est dans l’insouciance – mais non sans effort – que nous parvenons, vers 2 400 mètres, sur une pente assagie, large et en pelouse.

Depuis le sommet del Pinetó : à droite, la Roca Blanca

3h45 Un plateau à pâturage, mais désert ! Sur la droite, un petit estany n'eut pas souvent l'occasion de refléter la silhouette de montagnards ; ce massif est si peu fréquenté, voire inconnu. Un petit sentier naît ici, bien dessiné sur l'herbe, et, le suivant du regard (avant de l'arpenter), nous apercevons tout en haut du vallon, se dégageant sur le ciel, une large échancrure : le coll del Pinetó (2 551 m), avec un poteau planté là comme pour le matérialiser.

Par sa clarté, sa facilité, la montée paraîtrait même... de tout repos, ce qu'infirment toutefois une accélération cardiaque et respiratoire !

4h05 À peu de distance du col, un sentier part sur la gauche, en direction de la crête, entre le col lui-même et la Roca Blanca, ce sommet sévère de granit blanchâtre. Nous le prendrons pour raccourcir, tout d'abord, et surtout pour avoir la surprise totale et complète du paysage que nous découvrirons soudain une fois perchés sur l'arête. Cairns, points jaunes peints sur des rochers...

4h25 Nous y sommes ! Que c'est beau ! Nous voulons tout voir, tout détailler, tout découvrir ; c'est immense.

D'abord à quelques pas un énorme cairn décore... **le pic del Pinetó (2 648 m)** que le relief et l'arête finale nous avaient toujours caché ! Plaisir d'être au sommet... alors que nous le croyions encore loin !

Vers le sud ? Toute la région des Encantats ! Le sommet mythique des Encantats (sommet double, 2 734 m et 2 745 m ; mais, vue d'ici, une pointe cache l'autre), au cœur d'une exposition de pics géants que dominent en grands seigneurs le Monestero (2 878 m), le Peguera (2 983 m) et le Subenuix (2 949 m).

Malheureusement, le relief du versant, sous nos pieds, cache le grand et célèbre estany de Sant Maurici ; absence compensée par la grandeur du point de vue.

Notre crête se poursuit vers l'est, avec douceur, jusqu'au Mil Potros (2 595 m), autre belvédère complémentaire sur des villages, des vallées et des plaines.

Vers le nord ? En premier plan, se dresse, arrogante, la Roca Blanca. Sur sa gauche et au loin se déploie un vaste décor de chaos, de laquets et de crêtes. À l'extrême droite de cet ensemble, nous reconnaissons les pics de la Bonagua et le Ximeneies auquel fait suite une longue arête, vers le sud, qui se creuse au col de Bassiero pour se relever en pointe au pic de Bassiero (2 900 m). Oui, vraiment, tout ce spectacle céleste récompense largement de l'effort de l'ascension.

L'arête horizontale sur laquelle nous sommes perchés aboutit à la base de la Roca Blanca. Nous pouvons ajouter ce sommet à notre palmarès... Son ascension, un peu délicate pour certains, ne sera que formalité pour des montagnards exercés. La cime est atteinte en moins de 45 min. Belle vue sur toute la vallée de Cabanes, plus ouverte que depuis le pic del Pinetó.

Pour le retour, nous reprendrons sagement le même itinéraire que celui suivi à la montée. Et en **3h00** nous retrouverons notre point de départ du matin. Ouf !

Du même auteur chez le même éditeur

– 112 pages –
9,90 €

– 112 pages –
9,90 €

– 112 pages –
9,90 €

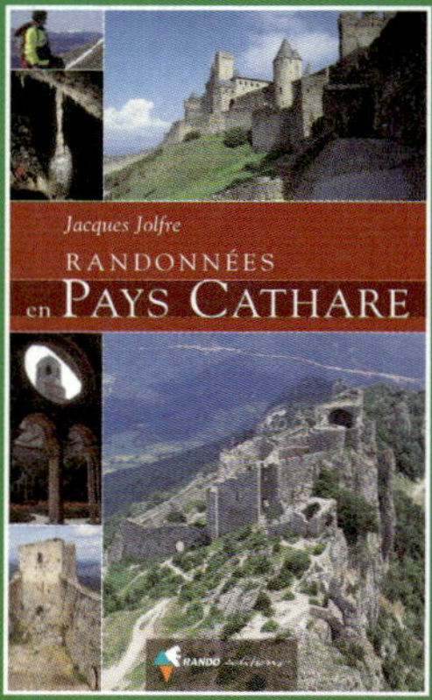

– 112 pages –
9,90 €

– 56 pages –
7,50 €

LIRE UNE CARTE ET S'ORIENTER EN RANDONNÉE

Bruno Valcke

64 pages - 7,50 €

Qu'est-ce qu'une carte ? Comprendre les notions d'échelle, d'ombrage, de courbe de niveau, d'équidistance de courbes. Décoder le jeu des couleurs (hydrographie, végétation, habitat), interpréter les symboles.

Comment bien lire une carte ? Orienter sa carte sans instrument, sélectionner les repères, anticiper son cheminement, toujours corréler carte et terrain.

Qu'est-ce qu'un azimut ? Comment définir sa position ? Savoir utiliser boussole, altimètre et GPS…

Parce que la plupart des automobilistes et des marcheurs n'ont que des notions très vagues de tous ces éléments pourtant indispensables à une bonne orientation dans l'espace, ce petit ouvrage illustré et vivant, didactique sans être pesant, donne toutes les clés de compréhension et d'analyse pour ne plus errer, pour ne pas se perdre. Et pour mieux comprendre l'environnement qui nous enveloppe, l'étendue qui nous cerne, les trajets que nous devons effectuer…

CARTES DE RANDO

Cartographie réalisée sur la base des fonds topographiques de l'Institut Géographique National ou de l'Institut Cartogràfic de Catalunya, avec surimpression des itinéraires de randonnées et de promenades à pied, à ski, à VTT. Localisation des refuges gardés, gîtes d'étape, Rando'Plume, campings, zones de bivouac, indications d'ordre touristique (points de vue, sites), culturel (musées, etc.), sportif (centres d'activités équestres, VTT, vol libre, escalades, canyoning, rafting…). Impression cinq couleurs.
Format plié : 11 x 22 cm,
à plat : 89 x 121 cm ou 90 x 132 cm
Chaque carte : 8,90 €

PYRÉNÉES VERSANT FRANÇAIS

1. Pays basque Ouest - Labourd
2. Pays basque Est - Barétous - Soule - Basse Navarre
3. Béarn - Parc national des Pyrénées
4. Bigorre - Parc national des Pyrénées - Parque nacional de Ordesa y Monte Perdido
5. Luchon - Aure-Louron - Sud Comminges
6. Couserans - Valier -Maubermé
7. Haute-Ariège - Vicdessos - Orlu
8. Cerdagne-Capcir - Haute-Ariège
10. Canigou - Vallespir - Fenouillèdes
11. Roussillon - Massif des Albères - Côte Vermeille

NNÉES AU 1/50 000^{e}

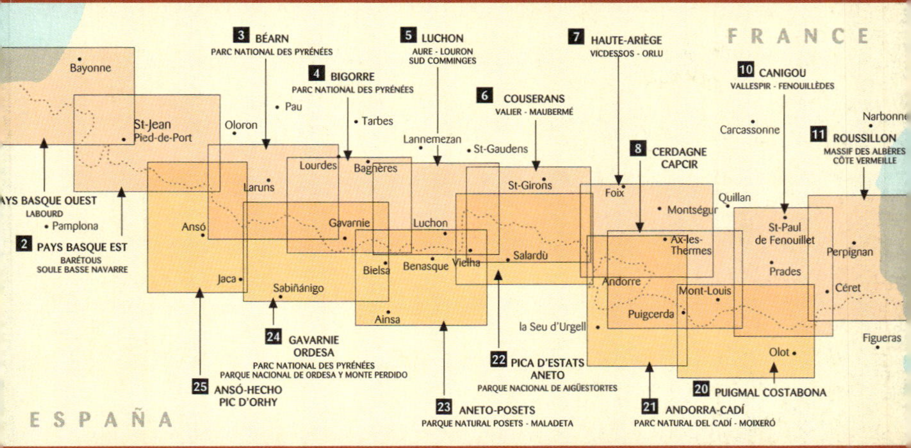

PYRÉNÉES VERSANT ESPAGNOL

20. Puigmal - Costabona - Núria - Carança - Volcans de la Garrotxa
Coédition : Institut Cartogràfic de Catalunya

21. Andorra - Cadi
Coédition : Institut Cartogràfic de Catalunya

22. Pica d'Estats - Aneto - Parque nacional d'Aigüestortes i Sant Maurici
Coédition : Institut Cartogràfic de Catalunya

23. Aneto - Posets - Parque natural Posets Maladeta
Coédition : Institut Cartogràfic de Catalunya

24. Gavarnie - Ordesa - Parc national des Pyrénées - Parque nacional de Ordesa y Monte Perdido
Coédition : Institut Cartogràfic de Catalunya

25. Anso - Hecho - Roncal
Coédition : Institut Cartogràfic de Catalunya

AVANT DE PARTIR, QUELQUES RECOMMANDATIONS...

- La montagne est un milieu qui demande beaucoup d'attention ; elle peut se révéler dangereuse dans certaines conditions : versants herbeux très inclinés et glissants, glaciers, voire crevasses ; en hiver : névés gelés, pentes et couloirs avalancheux...
- Avant tout départ, se renseigner sur les prévisions météorologiques est une sage précaution pour éviter des échecs, du temps perdu et certains déboires dus au mauvais temps.
- Par téléphone : 08 36 68 02 + le numéro du département.
- Par Minitel : 3615 code Météo.
- Pour l'Espagne, composer le 08 99 70 08 08.

QUELQUES PRÉCISIONS...

Horaires Donnés sans pause ni arrêt, ils sont toutefois établis selon une allure "tranquille" mais continue. Lorsque l'excursion ne s'effectue pas en circuit, nous ne chronométrons pas le retour car, suivant le temps dont il dispose, le randonneur ou le montagnard aime à flâner à sa guise... (compter généralement les 2/3 du temps de montée).

Difficulté Les qualificatifs "facile", "difficile" ou tout autre expression du genre "pour randonneur ou montagnard expérimenté" n'ont aucune signification objective ou réelle par eux-mêmes, bien que nous les employions ici faute de mieux. Un montagnard passera en sifflotant là où un autre se cramponnera de peur à son bâton ou à son piolet !

Dénivelée Elle est établie approximativement, car une ascension ne s'effectue jamais en montée régulière. Des descentes sur des cols et des traversées de vallons modifient toujours le résultat de la soustraction simpliste "altitude du sommet – altitude du départ = dénivelée".

A droite, à gauche Ces directions s'entendent dans le sens de la marche, que ce soit pendant la montée ou pendant la descente.

Rive droite, rive gauche Dans ce cas, il s'agit de la rive orographique d'un vallon ou d'un ruisseau.

Itinéraires et photographies : Jacques Jolfre
Cartographie : Patrick Mérienne
Maquette et mise en pages : Pierre Le Hong
Photogravure : Isokéa (64 – Anglet)
Impression : Pollina (85 – Luçon)

N° d'impression : L99341
Dépôt légal : mars 2006
ISBN : 2-84182-306-7

Rando Éditions – 4, rue Maye Lane – 65420 Ibos
accueil@rando-editions.com

L'auteur et l'éditeur vous suggèrent des itinéraires. En aucun cas ils ne peuvent être tenus pour responsables de quelque accident que ce soit dont la cause réside le plus souvent en une mauvaise interprétation de la météo ou de ses aptitudes physiques, en une modification des conditions objectives du terrain (effondrement, avalanche, inondation, chute d'arbre, etc.). Un guide de randonnée ne saurait avoir de valeur contractuelle...